高等职业教育计算机类专业系列教材

网络设备配置与调试

案例教程

主编 万 鹏

参编 杨 晶 张 颖 焦 燕

西安电子科技大学出版社

内 容 简 介

　　本书按照高职培养方案的要求以及网络工程人员所必备的知识和技能编写而成。书中以华为网络技术及设备为基础，通过网络规划与设计、网络互联设备分类与选型、交换设备配置、路由设备配置、网络设备安全配置、无线设备配置及综合实训项目完成网络技能的学习，引导学生掌握网络搭建的流程，提高职业能力，实现职业技能与岗位需求的无缝衔接。

　　本书通俗易懂并配有相关实例资源，可作为高职高专院校网络技术相关专业学生的教材，也可作为网络技术工作人员的学习参考书。

图书在版编目(CIP)数据

网络设备配置与调试案例教程 / 万鹏主编. --西安：西安电子科技大学出版社，2024.4
ISBN 978 - 7 - 5606 - 7197 - 0

Ⅰ.①网…　　　Ⅱ.①万…　　Ⅲ.①网络设备—配置—高等职业教育—教材　　Ⅳ.①TN915.05

中国国家版本馆 CIP 数据核字(2024)第 047148 号

策　　划　秦志峰
责任编辑　秦志峰
出版发行　西安电子科技大学出版社（西安市太白南路 2 号）
电　　话　(029)88202421　88201467　　　邮　　编　710071
网　　址　www.xduph.com　　　　　　　电子邮箱　xdupfxb001@163.com
经　　销　新华书店
印刷单位　陕西天意印务有限责任公司
版　　次　2024 年 4 月第 1 版　　2024 年 4 月第 1 次印刷
开　　本　787 毫米×1092 毫米　1/16　印张 14
字　　数　332 千字
定　　价　41.00 元
ISBN 978 - 7 - 5606 - 7197 - 0 / TN
XDUP 7499001-1

＊＊＊ 如有印装问题可调换 ＊＊＊

前　言

随着互联网的迅猛发展，人们的工作、生活和学习越来越离不开网络平台的支撑，而正确配置网络设备是搭建人与人之间信息交流的"桥梁"，是实现安全、高效信息传输的基本要求之一。

本书抽取网络技术中若干知识技能，以华为网络设备为依托，通过交换机基本配置、网络隔离与广播风暴控制、交换网络中的冗余链路等任务完成网络交换技能训练；通过路由器基本配置、静态路由的建立、动态路由配置、广域网接口协议封装等任务完成网络路由技能训练；通过路由器 AAA 配置、VPN 技术、USG 防火墙配置等任务完成网络安全技能训练。

本书的编写团队长期从事网络设备配置、管理、维护的实践及教学工作，具有丰富的教学经验和实际网络工程经验。在编写本书时以项目案例为驱动，力求通过教学梳理，把网络工程中零散的网络技术按照工作过程的规范整合起来，达到理论知识与企业实践的深度融合。本书面向高职院校的学生，希望能成为其学习网络设备配置的得力助手。

本书分为三大部分，共 7 章。

第一部分为网络基础，包括第 1 章网络规划与设计和第 2 章网络互联设备分类与选型，此部分内容介绍网络项目规划、网络设计的相关知识，帮助读者了解和掌握计算机网络工程的设计与实施方法；介绍路由设备、交换设备、网络安全设备、无线设备等设备的性能参数及使用环境，为网络设备配置的学习做好铺垫。

第二部分为网络设备配置，包括第 3 章至第 6 章内容，通过实训项目的完成来满足实践教学对学生创新意识与能力的培养。第 3 章为交换设备配置，主要介绍交换机的基本配置方法、生成树协议、冗余链路、VLAN 划分和广播风暴等内容；第 4 章为路由设备配置，主要介绍路由的基本配置方法、静态路由、动态路由、访问控制列表、NAT 和路由优化等内容；第 5 章为网络设备安全配置，主要介绍主流网络安全设备的基本配置方法、路由器端到端的 VPN、入侵检测与管理和路由器 AAA 安全等内容；第 6 章为无线设备配置，主要介绍无线网络设备的基本配置方法和中型企业无线网的组建等内容。

第三部分为网络技术综合应用，即第 7 章综合实训项目。此部分内容给出了校园网、企业网、政府上网工程三种不同的工作场景，可使读者学会有针对性地选择和应用网络技术、网络接入方式、组网模式和网络设备，提升工作能力。

本书第 1 章由杨晶编写，第 2 章和第 3 章由张颖编写，第 4 章和第 5 章由万鹏编写，第 6 章和第 7 章由焦燕编写。

由于编者水平有限，书中难免有不足之处，恳请读者批评指正。

编　者
2024 年 1 月

目　录

第一部分　网　络　基　础

第二部分　网络设备配置

1

第三部分 网络技术综合应用

第一部分
网络基础

第 1 章　网络规划与设计

教学目标

本章讲解网络规划与设计知识，并对实际项目进行了分析、设计和模拟实现。

知识目标

➤ 掌握网络规划与设计的基础知识。

➤ 了解和掌握网络工程分析的一般过程。

➤ 掌握网络需求分析的方法。

➤ 掌握网络规划的原则、网络规划流程和网络生命周期。

➤ 掌握网络设备配置中 IP 地址方案的规划、分析与制定。

技能目标

➤ 能够进行网络工程需求分析。

➤ 能够进行网络 IP 地址设置。

➤ 具备大、中、小型网络方案的规划设计能力。

1.1　网络规划与设计知识

网络工程是一项复杂的系统工程，涉及技术问题、管理问题等，必须遵守一定的系统分析和设计方法。实施网络工程的首要工作就是要进行网络规划，深入细致的网络规划是成功构建网络的前提。缺乏规划的网络必然是失败的网络，其稳定性、扩展性、安全性和可管理性是无法保证的。通过科学合理的规划能够用最低的成本建立最佳的网络，达到最高的性能，提供最优的服务。

网络规划与设计知识

1.1.1　网络规划的基本原则

一般来说，在网络工程设计前要对主要规划设计原则进行选择和平衡，并且应将这一步安排在其他方案设计之前，规划设计原则的选择与平衡对网络工程的规划和设计具有指导意义。网络规划原则要体现对用户网络技术和服务的全面支持。这些原则应该以用户为中心，包括以下 7 个方面。

1. 可靠性原则

网络应具有容错功能，管理、维护方便，网络的设计、选型、安装和调试等各个环节都应进行统一的规划和分析，确保系统运行可靠，这一可靠性原则需从设备本身和网络拓扑两方面考虑。

2. 可扩展性原则

为了保证用户的已有投资以及用户不断增长的业务需求，网络和布线系统必须具有灵活的结构，并留有合理的扩充余地，既能满足用户数量的扩展，又能满足因技术发展需要而实现低成本的扩展和升级的需求。这需从设备性能、可升级能力、IP 地址规划和路由协议规划等方面考虑。

3. 可运营性原则

网络仅仅提供 IP 级别的连通是远远不够的，还应能够提供丰富的业务，足够健壮的安全级别，以及对关键业务的 QoS 保证。搭建网络的目的是真正能够给用户带来效益。

4. 可管理原则

网络应提供灵活的网络管理平台，利用这个平台实现对系统中各种类型的设备统一管理，包括对设备进行拓扑管理、配置备份、软件升级，实时监控网络中的流量及异常情况等。

5. 实用性原则

计算机设备、服务器设备和网络设备的技术性能逐步提升的同时，价格却在下降。因此，不可能也没必要实现所谓"一步到位"。因此，网络方案设计中应把握"够用"和"实用"的原则。网络系统应采用成熟可靠的技术和设备，达到实用、经济和有效的目的。

6. 安全性原则

在企业网、政府行政办公网、国防军工内部网、电子商务网站以及 VPN(Virtual Private Network，虚拟专用网络)等网络方案设计中，应重点体现安全性原则，确保网络系统和数据的安全运行。

7. 先进性原则

建设一个现代化的网络系统，应尽可能采用先进而成熟的技术，应在一段时间内保持其主流地位。网络系统应采用当前较先进的技术和设备，符合网络未来发展的潮流。但是要注意太新的技术也有其不足之处：一是不成熟，二是标准还不完备，三是价格高，四是技术支持力量不足。

1.1.2 网络规划的相关理论知识

1. 网络规划的主要步骤

实施网络工程的首要工作就是要进行规划，网络规划要求对相关指标给出尽可能明确的定量或定性分析和估计。进行网络规划的具体步骤有需求分析、综合布线系统规划、设备选型、系统软件及应用系统规划、投资预算、制订工程实施步骤、制订培训计划和测试与验收。

1) 需求分析

需求分析是从软件工程和管理信息系统引入的概念，是任何一个工程实施的第一个环节，也是关系到一个网络工程成功与否的最重要砝码。如果网络工程应用需求分析做得透，网络系统体系结构架构得好，网络工程方案的设计就会赢得用户青睐，网络工程实施及网络应用实施相对就容易得多。反之，如果网络工程设计方没有对用户方的需求进行充分调研，不能与用户方达成共识，那么随意的需求更改就会贯穿整个工程项目的始终，破坏工程项目的计划和预算。

从事信息技术行业的技术人员都清楚，网络产品与技术发展非常快，通常是同一档次网络产品的功能和性能在提升的同时，产品的价格却在下调。因此，网络工程设计方和用户方在论证工程方案时，也会一再强调工程性价比。

需求分析阶段主要完成对用户方网络系统的调查，了解用户方建设网络的需求，或用户方对原有网络升级改造的要求。需求分析包括以下 6 个方面：

(1) 用户建网的目的和基本目标。了解用户需要通过组建网络解决什么样的问题，用户希望网络提供哪些应用和服务。

(2) 网络的物理布局。充分考虑用户的位置、距离、环境，并到现场进行实地查看。

(3) 用户的设备要求和现有的设备类型。了解用户数目、现有物理设备情况以及还需配置设备的类型、数量等信息。

(4) 通信类型和通信负载。根据数据、语音、视频及多媒体信号的流量等因素对通信负载进行估算。

(5) 网络安全程度。了解网络在安全性方面的要求，以便根据需要选用不同类型的防火墙以及采取必要的安全措施。

(6) 网络总体设计。网络总体设计是网络设计的主要内容，是网络建设质量的关键，包括局域网技术选型、网络拓扑结构设计、地址规划、广域网接入设计、网络可靠性与容错设计、网络安全设计和网络管理设计等。

2) 综合布线系统规划

综合布线系统规划是网络工程的基础。综合布线系统是一种模块化的、灵活性极高的建筑物内或建筑群之间的信息传输通道，设计时要注意其应符合楼宇管理自动化、办公自动化、通信自动化和计算机网络化等多种需要，能支持文本、语音、图形、图像、安全监控、传感等各种数据的传输，支持光纤、UTP(Unshielded Twisted Pair，非屏蔽双绞线)、STP(Shielded Twisted Pair，屏蔽双绞线)和同轴电缆等各种传输介质，支持多用户多类型产品的应用，支持高速网络的应用。

3) 设备选型

在完成需求分析、网络设计与规划之后，就可以结合网络的设计功能要求选择合适的传输介质、集线器、路由器、服务器、网卡、配套设备等各种硬件设备。硬件设备选型应遵从以下原则：必须综合考虑网络的先进性、合理性、扩展性和可管理性等要素；设备既要具有先进性，又要具有可扩展性和技术成熟性。

因此，对所选设备既要看其可扩充性和内核技术的成熟性，还要求其具备较高的性能价格比。同时，在设计方案中应对设备产品的主要技术性能指标做详细的分析。

4) 系统软件及应用系统规划

目前国内流行的网络操作系统有 Windows Server 2012、Linux (CentOS、Ubuntu)和 UNIX 等，它们的应用层次各有不同。UNIX 主要应用于高端服务器环境，其操作系统的安全性能级别高于其他操作系统。UNIX 通常被用在系统集成的后台，用于管理数据服务。

系统集成前台或者一般的局域网环境可采用 Linux 和 Windows Server 2012 等网络操作系统，具体选用哪种操作系统，还要根据用户的应用环境来确定。另外，还要根据网络操作系统及相关应用环境来选择数据库系统等系统软件。

一般的网络系统的基本应用包括数据共享、门户网站、电子邮件和办公自动化系统等。不同性质的用户需求也不尽相同，如校园网的网络教学系统和数字化图书馆系统、企业的电子商务系统、政府的电子政务系统等。目前的应用系统都是基于服务器的，有 C/S(客户机/服务器)和 B/S(浏览器/服务器)两种模式。

5) 投资预算

网络投资预算包括硬件设备、软件购置、网络工程材料、网络工程施工、安装调试、人员培训和网络运行维护等所需的费用。需要仔细分析预算成本，在满足应用需求的同时，把成本降到最低。

6) 制订工程实施步骤

根据用户的网络应用需求和用户投资情况，分期分批制订网络基础设施建设和应用系统开发的工作安排。

7) 制订培训计划

计算机网络是高新技术，建设单位不一定有足够的技术人员。为了让用户能够管理好、使用好计算机网络系统，在设计方案时，必须制订详细的网络管理与维护人员的技术培训计划。

8) 测试与验收

网络系统的测试与验收是保证工程质量的关键步骤。测试与验收包括开工前的检查、施工过程中的测试与验收、竣工测试与验收 3 个阶段。通过各个阶段的测试与验收，可以及时发现工程中存在的问题，并由施工方立即纠正。测试与验收一般由用户方、设计方、施工方和第三方人员组织。

2. 网络系统集成的内涵

网络系统集成是在网络工程中根据用户需求，将优选的各种方案、产品和技术进行整合，并使其彼此协调工作。

1) 应用集成

系统集成首先要做到的是应用集成。系统集成商要深入地了解用户的实际需求，协助用户进行系统可行性分析、需求分析、总体方案设计、数据库组织管理等，对用户的需求重点、历史情况、行业特点及投资预算都需有一个完整的了解，并将这些信息有机地体现在系统集成方案中。

2) 产品功能集成

在应用集成的基础上，为保证用户的应用在有限资金预算内得以顺利实现，系统集成商需给出一个完整的软硬件产品清单，从型号、功能、价格到选择理由都需有清楚的说明，并且最好是有过使用该类产品的实际经验。系统集成商会有很多的选择，但不管如何配置，必须遵循两条原则，下限是满足用户的需求，上限是保证资金在预算内。在这个范围内系统集成商之间就设备及价格的竞争才是有意义的。

3) 技术集成

设备采购清单不等于系统集成，对用户的需求支持及设备的技术支持是一个系统集成商真正的技术集成。用户最终需要的不是设备的陈列，而是系统的良好运转。

因此，一个好的系统集成商应该能向用户提供全面的应用集成、产品功能集成及技术集成服务。

1.1.3　网络规划的相关实践知识

以太网技术是目前局域网设计的主要选择。当然在一些特殊场合还可能用到 FDDI (Fiber Distributed Data Interface，光纤分布式数据接口)、ATM(Asynchronous Transfer Mode，异步传输模式)或者几种技术的混合应用。网络技术的发展比较迅速，因此，在进行局域网设计时要考虑网络升级时还能够使用现有的网络技术和产品，否则将会带来极大的资金浪费。

目前使用的以太网主要有 10 Mb/s、100 Mb/s、1 Gb/s 和 10 Gb/s 4 种。一般来说，连接桌面的网络大多是 1000 Mb/s 以太网，网络主干的选择应根据用户的计算机及网络的应用水平、业务需求、技术条件和费用预算等，选择合理的以太网技术，目前校园网络的主干技术大多已选择 10 Gb/s 以太网技术，从而形成了 10 Gb/s、1 Gb/s 和 100 Mb/s 的分层网络结构。

1. 网络基本结构

大型网络的设计是把整个计算机网络划分为核心层、汇聚层和接入层，如图 1-1 所示。

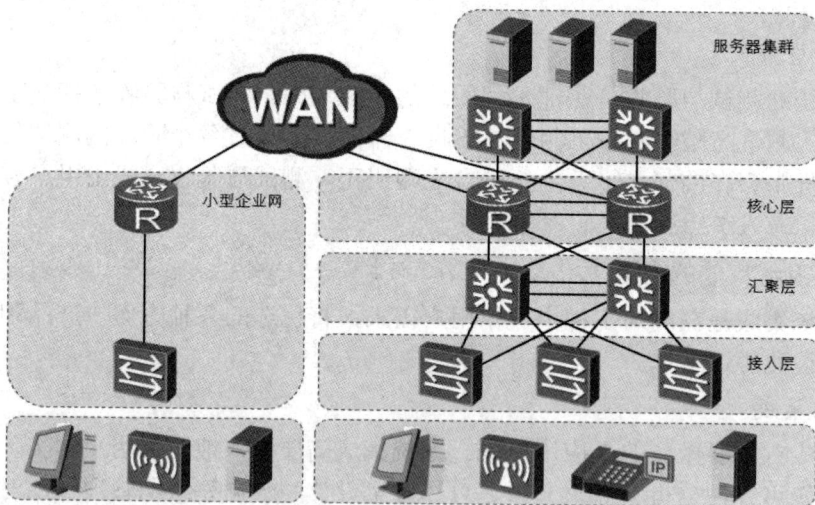

图 1-1　网络层次划分

1) 接入层

通常将网络中直接面向用户连接或访问网络的部分称为接入层。接入层允许终端用户连接到网络，提供了带宽共享、交换带宽、MAC(Media Access Control，介质访问控制)层过滤和网段划分等功能。同时优先级设定和带宽交换、接入控制等优化网络资源的设置也在接入层完成。接入层的主要任务如下：

(1) 支持汇聚层的访问控制和策略。

(2) 建立独立的冲突域。

(3) 建立工作组与汇聚层的连接。

2) 汇聚层

位于接入层和核心层之间的部分称为分布层或汇聚层。汇聚层网络组件完成了数据包处理、过滤、寻址、策略增强和其他数据处理的任务。汇聚层的主要任务如下：

(1) 为接入层提供基于策略的连接，例如地址合并、协议过滤和路由器。

(2) 通过网段划分与网络隔离，可以防止某些网段问题的蔓延，或者影响到核心层。

(3) 提供接入层虚拟网直接的互联，控制和限制接入层对核心层的访问，保证核心层的安全和稳定。

(4) 在路由选择域之间重分布(Redistribution，在两个不同路由选择协议之间)。

(5) 在静态和动态路由选择协议之间的划分。

3) 核心层

网络主干部分称为核心层。核心层的主要目的在于通过高速转发通信，提供可靠的骨干传输结构，因此核心层上的交换机应拥有更高的可靠性，更快速率的链路连接技术，并且能快速适应网络的变化。性能和吞吐量应根据不同层次的要求设计网络，并且使用冗余组件来设计，在与汇聚层上的交换机相连时要考虑采用建立在生成树基础上的多链路冗余连接，以保证与核心层上的交换机之间存在备份连接和负载均衡，完成高带宽、大容量网络层路由交换功能。核心层的主要任务如下：

(1) 提供高可靠性。

(2) 提供冗余链路。

(3) 提供故障隔离。

(4) 迅速适应升级。

(5) 提供较少的滞后和良好的可管理性。

2. 地址分配设计

在网络规划中，IP 地址方案的设计至关重要。良好的 IP 地址方案不仅可以减少网络负荷，还能为以后的网络扩展打下良好的基础。IP 地址方案的具体设计方法将在 1.2 节"网络 IP 地址规划与分配"中详细介绍，这里仅指出地址分配设计的一般原则和一般方法。

1) IP 地址分配和管理应遵循的原则

(1) 唯一性。分配的 IPv6 地址必须保证在全球范围内是唯一的，以保证每台主机都能被正确地识别。

(2) 可记录性。已分配的地址必须记录在数据库中，为定位网络故障提供依据。

(3) 可聚集性。地址空间应该尽量按层次划分，以保证聚集性，缩短路由表长度，并且对地址的分配要尽量避免地址碎片的出现。

(4) 节约性。地址申请者必须提供完整的书面报告，证明其确实需要地址。分配地址时，应该避免连续出现间断的情况。

(5) 公平性。所有团体无论其所处地理位置或所属国家，都具有公平地使用 IPv4 全球单播地址的权利。

(6) 可扩展性。考虑到网络的高速增长，必须在一段时间内留给地址申请者足够的地址增长空间，而不需要其频繁地向上一级组织申请新的地址。

2) IP 地址的划分方法

(1) 根据地理范围进行划分，为在地理上属于同一范围的所有子网分配共同的网络前缀。

(2) 根据组织范围进行划分，为属于同一组织的所有团体分配共同的网络前缀。

(3) 根据服务类型进行划分，为预定义好的服务(如 VoIP，QoS 等)分配特定的网络前缀。

3. 网络性能设计

网络性能设计的目标是使网络系统能够满足用户应用对网络各个方面的需求。为了避免网络建成后可能出现的各种性能问题，网络性能设计时应重点考虑以下几种情况。

1) 硬件容错

硬件容错是通过使用备用设备或组件来替代有故障的设备或组件，以保证网络的连续运行。常见的硬件容错方法有以下两种：

(1) 硬件堆积冗余：增加线路、设备、部件在物理级通过硬件的重复而获得容错能力。

(2) 待命储备冗余：系统中共有 M + 1 个模块，其中只有 1 个模块(工作模块)处于工作状态，其余 M 个模块(储备模块)都处于待命接替状态。一旦工作模块出了故障，系统将立刻切换到一个储备模块，当换上的这个储备模块发生故障时，又将切换到另一个储备模块，直到资源枯竭。

2) 数据备份

为了更有效地利用信息，通常把常用的信息放在联机的硬盘或磁盘阵列等设备上，组成联机的资料库，把不常用的但有时又要检索的信息，放在联机的后备设备如磁带库、光盘库上。而大量的长时间不使用的信息，则保存在脱机介质上脱机备份。数据备份可按照以下 4 个方面加以区分。

(1) 按备份的策略可分为完全备份、差分备份、增量备份和按需备份。

完全备份是对系统应用程序和数据库等一个备份周期内的数据进行完整的备份；差分备份只备份上次完全备份以后有变化的数据；增量备份只备份上次备份以后有变化的数据；按需备份根据临时需要有选择地进行数据备份。

完全备份所需时间最长，但恢复时间最短，操作最方便。当系统中数据量不大时，适宜采用完全备份，但是随着数据量的增大，可以采用所用时间更少的增量备份或差分备份。

为防范风险，应当每天进行备份。在大多数组织中，一周进行一次完全备份，之后每天再进行增量备份。至少一个月要对备份介质进行一次测试，以保证数据确实被正确保存了下来，这是最低要求。很多公司每天都进行完全备份，甚至一天就要进行多次完全备份。

(2) 按备份介质存放的位置可分为本地备份和异地备份。

本地备份是在本地硬盘的特定区域备份数据。异地备份是指备份的数据存放在异地。可以将数据备份到与计算机分离的存储介质，也可以通过网络直接备份在云端。

考虑到本地环境安全性原因，常规数据备份一般要求一份数据至少应有两个拷贝，一份放在生产中心，以保证数据的正常恢复和数据查询恢复，另一份则要移到异地保存。异地备份十分重要，可以保证在本地出现灾难后最低限度的数据恢复。

(3) 按备份后的数据是否可更改可分为活备份与死备份。

活备份是将数据备份到可擦写存储介质，以便更新和修改。死备份是将数据备份到不可擦写的存储介质，以防错误删除和别人有意篡改。

(4) 按选择的备份软件的功能可分为动态备份与静态备份。

动态备份利用软件功能定时自动备份指定文件，或文件内容产生变化后随时自动备份。静态备份是指为保持文件原貌而进行的人工备份。

为了有效地进行备份，应列出一份紧要系统的列表，然后对每一个系统可能遇到的风险和威胁进行分析，根据分析结果制定备份方式和策略。备份的目的是保障网络系统的顺利运行，在网络出现故障甚至损坏时，能够迅速地恢复。

3) 灾难恢复

灾难恢复在整个安全保障体系中占有重要的地位。灾难恢复通常分为系统恢复和个别文件恢复两类。

在服务器发生意外灾难导致数据全部丢失、系统崩溃或是有计划的系统升级、系统重组等，需要系统恢复。

个别文件恢复可能要比系统恢复常见得多，利用网络备份系统的恢复功能，很容易恢复受损的个别文件。只需浏览备份数据库或目录，找到该文件，启动恢复功能，软件将自动驱动存储设备来加载相应的存储媒体，然后恢复指定文件。

4) 双机容错

双机容错系统具有保障服务器连续运行的能力，简单地说，就是监控功能和切换功能的有机结合，其基本工作原理是服务器之间通过软件来监控 CPU 或服务器上各应用的运行状况，同时不断地相互收发信号。当某服务器发生中断，其他服务器接收不到其发出的信号时，软件的切换功能会将中断服务器的工作在指定服务器上启动起来，使服务器的工作得以继续，且不会引起服务器中数据的丢失，充分保证数据的一致性和完整性。

5) 三机表决系统

三机表决系统可以保证系统的正确性。在三机表决系统中，3 台机器同时运行，由表决器根据 3 台机器的运行结果进行表决，有 2 台以上的机器运行结果相同，则认定该结果为正确。目前三机系统中较多采用的是将双机备份和三机表决两者结合起来的方式，当 3 台机器中的 1 台出现故障后就当作双机备份系统来用。

6) 集群系统

多服务器集群系统的具有更快的速度、更好的平衡和通信能力，而不仅仅是数据可靠性很好的备份系统。实际上，均衡负载的双机或多机系统就是集群系统(Clusting)。

图 1-2 所示的是一个计算机集群管理系统。3 台服务器通过以太网相连，并通过 SCSI(Small Computer System Interface，小型计算机系统接口)电缆接到磁盘阵列柜上，磁盘阵列柜作为 3 台服务器的共享数据存储设备。其中服务器 A 用作 Sybase，服务器 B 用作 Lotus Notes，服务器 C 用作 Internet 服务，这 3 个应用都安装在磁盘阵列柜上。正常工作时，3 台服务器分别作

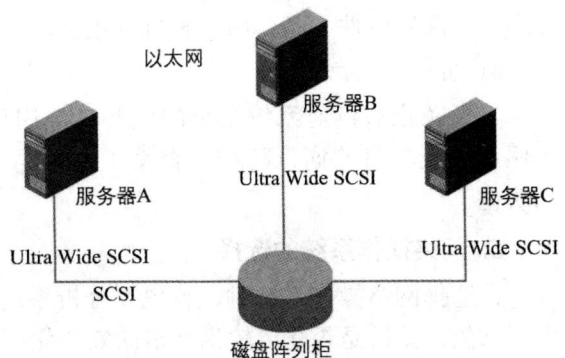

图 1-2 计算机集群管理系统

各自的应用，并通过网链及 SCSI 链相互侦测工作状态。当有一台服务器发生故障时，另外两台服务器中工作量较小的一台服务器自动接管发生故障的服务器的数据、用户及应用进程。故障服务器恢复正常后，自动恢复到初始的正常状态。

4. 网络安全设计

网络安全设计主要体现在 4 个方面：重要信息的保密设计、网络系统的安全设计、数据的安全设计和病毒的防护设计。

1) 重要信息的保密设计

在网络操作系统或防火墙中建立网络 CA(Certificate Authentication)系统，构建基于 PKI(Public Key Infrastructure)的鉴别及证书系统，为应用安全系统提供鉴别和证书及密钥分发等基本安全服务，设置口令加密传输和对重要数据进行链路层数据加密措施。

在服务器设置监测和自动恢复功能，并建立审计记录，提供针对用户网络操作的监视和统计，对用户身份和活动进行审计，对信息资源的访问进行控制及计费等。

在网络交换及路由设备中设置三层交换协议，即路由功能，对不同网络区域的用户和不同网段的用户进行身份和权限设置，对信息资源的访问进行级别控制。

2) 网络系统的安全设计

要解决外部网的用户对系统的威胁、内部网用户对系统的泄密等问题。可以进行以下安全设计：

(1) 安全策略的制定、实施及修改。

(2) 抵御非法用户对局域网的攻击。

(3) 控制内部用户对外部的访问。

(4) 对网络传输的信息内容的检查。

(5) 软硬件防火墙的设置。

(6) 远程用户账号和数据加密传输，以防外人窃取。

3) 数据的安全设计

网络控制中心服务器的性能好坏直接关系到网络信息访问速度及数据文件的安全。对数据安全部分采用双机热备份、磁盘冗余阵列 RAID(Redundant Arrays of Independent Disks)、磁带机备份等多种手段，确保数据的安全。

双机热备份可采用双机双控的服务器集群技术，保障操作系统及数据系统平台具有高可靠性、高安全性、高可用性和抗灾难性。

4) 病毒的防护设计

为了防止病毒对系统安全的威胁，选用性能优越的网络版杀毒软件负责内部网络系统服务器及单机的病毒防护、查杀工作。同时利用防火墙的设置对病毒的入侵进行有效的防范。

5. 网络操作系统的选择

在选择网络操作系统时，首先要分析系统未来运行的应用程序是简单短小的，还是庞大复杂的，系统是否需要较为严格的安全保密等。

下面分别介绍几种网络操作系统的特点。

1) Linux

Linux 是美国 Banyan System 公司的产品,其特点是安装及管理简单,可靠性高;支持对称多处理技术,充分利用硬件处理能力,速度快;对于一台服务器上的并发用户和打开文件的数目没有限制,支持多服务器,与 WAN 具有极强的联网能力。虚拟网络系统 VINES (Virtual Network System)虽然已得到广大用户的认可,但还存在一定的局限性:多种平台的可移植性差、容错能力不足、与其他(PC 机)操作系统的集成能力较低以及所占市场份额较小。

2) Microsoft 的 Windows Server 2003/2008

Windows Server 2003/2008 的特点是:硬件的独立性较强,网络操作系统能在不同的硬件平台上运行;具有强大的管理特性,如系统备份、容错性能控制等。

Windows Server 2003/2008 是一个高性能的客户/服务器应用平台,支持多种网络协议,具有 Cz 级(操作系统安全级别)安全性和目录服务功能;通过域(Domain)对用户资源进行控制,并提供简单的方法来控制用户对网络的访问;具有良好的用户界面,支持多窗口操作;具有自动再连接特性,即当服务器从故障中恢复正常时,能重新建立与工作站的通信。Windows Server 2003/2008 对硬件的要求较高,所占的内存较大。

3) Novell 公司的 NetWare

NetWare 是一个真正的网络操作系统,而不是其他操作系统下的应用程序。它直接对微处理器编程,因而伴随着最新的微处理器一起发展,充分利用微处理器的高性能,从而达到高效的服务。

NetWare 的特点是支持各种硬件,支持多种网络平台的互联,如 DOS、OS/2、Windows、Macintosh 等具有广泛的网络互联性能。Novell 提供内桥、外桥、远程桥等多种互联选件,从而将具有相同或不同的网络接口卡、不同协议和不同拓扑结构的网络连接起来。另外还具有出色的容错性,NetWare 提供一、二、三级容错。整体系统的保密、安全性好。NetWare 4.0 以后的版本提供的目录服务,能更好地支持多服务器网络,实现单一的全局的系统管理。

4) UNIX

UNIX 是一个多用户、多任务的操作系统。UNIX 已发展为两个重要的分支,一个分支是 AT&T 公司的 UNIX System V,在微机上主要采用该版本;另一个分支是 UNIX 伯克利版本(BSD),主要运行于大、中型机上。

UNIX 操作系统可以运行在从 PC 到超级计算机的服务器平台上,并支持网络文件系统(Network File System,NFS)和提供数据库应用。局域网操作系统能够运行在 UNIX 环境的服务器上,许多基于 UNIX 系统的计算机厂家拥有功能强大、升级方便的服务器系列,随着 UNIX 厂家的联合,将使 UNIX 网络服务器平台在今后的市场上更加引人注目。

综上所述,当网络用户数量较多或增长较快时,选择 Windows NT 或 VINES 较为合适。因为这两类产品能够适用于大量用户的场合。而 Novell 支持较多用户的 NetWare 版本,售价较为昂贵。

存储容量方面,以上系统均能支持 TB 以上字节,满足当前各种应用的需求。

1.2　网络 IP 地址规划与分配

1.2.1　工作任务

大型网络 IP 地址管理结构的设计需要进行充分考虑，设计不合理就很容易导致整个网络 IP 地址的重新设计和部署。这不仅需要长时间的停机，在重新编址阶段引起网络的不稳定，还会消耗很多的人力和财力。

网络 IP 地址
规划与分配

大部分网络能够通过使用子网划分技术获得较好的地址规划，不过在大型网络中，由于网络的数量与主机的数量比例不平衡，所以还需要可变长的子网掩码(Variable Length Subnet Mask，VLSM)技术作为规划的依据。

校园网络给师生提供网络资源服务，在实施过程中需要对网络环境、用网需求进行分析、规划，合理设置子网，使网络具有可扩展性，保证教学区域和办公区域网络的稳定。具体实施过程如下：

1. 网络规划需求

某学校的网络 ID 为 180.29.0.0/16，此次 IP 规划分配任务首先需要保留一半的地址空间供将来使用。另外，学校共有 15 个分系部，每个系部可能包含 2000 台主机和不同用途的服务器，为此需要将网络再划分子网。

当然，不能规范每个系部的分配方案，因此，需要为其中一个系部创建 8 个可拥有 250 个主机的子网，其他系部可参照这个模板执行。

2. VLSM 技术分析

严格按照 TCP/IP 中的 A 类、B 类、C 类、D 类地址的定义给 IP 地址分类的环境下，全 0 和全 1 网段都不允许使用，这种环境叫作基于类的 IP。在这种环境下，子网掩码只在所定义的路由器内有效，掩码信息无法传递到其他路由器。如 RIP vl 版本，它在进行路由广播时根本不带掩码信息，收到路由广播的路由器因为无从知道该网络的掩码，只好按照标准 TCP/IP 的定义赋予它一个掩码。

使用子网划分技术可以将基于类的网络细分为一系列同等大小的子网。例如，对 B 类网络进行 4 位子网划分后，会生成 16 个同等大小的子网，也可以将基于类的网络或无类别的网络划分为不同大小的子网，这一规则正好适合现实网络的环境。因为在现实网络中包含的主机数量不同，所以需要使用不同大小的子网来避免 IPv4 地址浪费的现象。从 IPv4 网络创建和部署不同大小子网的做法叫作可变长度子网划分，这种技术使用可变前缀长度，又叫作可变长度子网掩码。

3. 任务实施

学校的网络管理员将网络 ID 为 180.29.0.0/16 的地址段按要求完成并实施，具体要求如下：

• 保留地址：需要保留一半的地址空间供将来使用。

• 分配各系部地址：有 15 个子网供各个系部使用，每个系部可能包含 2000 台主机和不同用途的服务器。

• 创建 IP 地址模板：为其中一个系部创建 8 个可拥有 240 台主机的子网，其他学院可参照执行。

1) 保留地址任务

为了达到保留一半地址空间供将来使用这一要求，应当对网络 180.29.0.0 进行 1 位的子网划分，划分之后生成 2 个子网：180.29.0.0/17 和 180.29.128.0/17，并将地址空间平均分成了两部分。可以选择 180.29.0.0/17 作为保留部分地址空间的网络，从而满足上述要求。表 1-1 列出了保留的一半地址空间。

表 1-1 第 1 次子网划分

子网编号	网络 ID (点分十进制)	网络 ID (网络前缀)
1	180.29.0.0 255.255.128.0	180.29.0.0/17

2) 分配各系部地址

为了达到拥有 15 个子网，每个子网有大约 2000 台主机这一要求，对子网网络 180.29.128.0/17 执行 4 位子网划分，地址前缀变为 21。第 2 次子网划分生成了 15 个子网。每个子网最多可拥有 2046 台主机，从而完成了第 2 个任务。表 1-2 列出了这些子网的网络地址。

表 1-2 第 2 次子网划分

子网编号	网络 ID (点分十进制)	网络 ID (网络前缀)
1	180.29.128.0 255.255.248.0	180.29.128.0/21
2	180.29.136.0 255.255.248.0	180.29.136.0/21
3	180.29.144.0 255.255.248.0	180.29.144.0/21
4	180.29.152.0 255.255.248.0	180.29.152.0/21
5	180.29.160.0 255.255.248.0	180.29.160.0/21
6	180.29.168.0 255.255.248.0	180.29.168.0/21
7	180.29.176.0 255.255.248.0	180.29.176.0/21
8	180.29.184.0 255.255.248.0	180.29.184.0/21
9	180.29.192.0 255.255.248.0	180.29.192.0/21
10	180.29.200.0 255.255.248.0	180.29.200.0/21
11	180.29.208.0 255.255.248.0	180.29.208.0/21
12	180.29.216.0 255.255.248.0	180.29.216.0/21
13	180.29.224.0 255.255.248.0	180.29.224.0/21
14	180.29.232.0 255.255.248.0	180.29.232.0/21
15	180.29.240.0 255.255.248.0	180.29.240.0/21

3) 创建 IP 地址模板

为达到创建 8 个可拥有 240 台主机的子网模板要求，以子网 180.29.248.0/21 为例进行 3 位的子网划分。第 3 次子网划分会生成 8 个子网。180.29.248.0/24、180.29.249.0/24、…、180.29.254.0/24 和 180.29.255.0/24，每个子网最多可拥有 254 台主机。可以选择所有 8 个子网，从 180.29.248.0/24 到 180.29.255.0/24，作为网络地址分配给单个子网，从而完成整个任务。表 1-3 列出了这 8 个子网，其中每个子网可拥有 254 台主机。

表 1-3　第 3 次子网划分

子网编号	网络 ID (点分十进制)		网络 ID (网络前缀)
1	180.29.248.0	255.255.255.0	180.29.248.0/24
2	180.29.249.0	255.255.255.0	180.29.249.0/24
3	180.29.250.0	255.255.255.0	180.29.250.0/24
4	180.29.251.0	255.255.255.0	180.29.251.0/24
5	180.29.252.0	255.255.255.0	180.29.252.0/24
6	180.29.253.0	255.255.255.0	180.29.253.0/24
7	180.29.254.0	255.255.255.0	180.29.254.0/24
8	180.29.255.0	255.255.255.0	180.29.255.0/24

当然，每个系部的内部还有可能对 240 台主机再次进行可变长子网掩码的操作，如划分 VLAN 等。此次 IP 规划情况可以根据图 1-3 所示子网划分流程图实现。

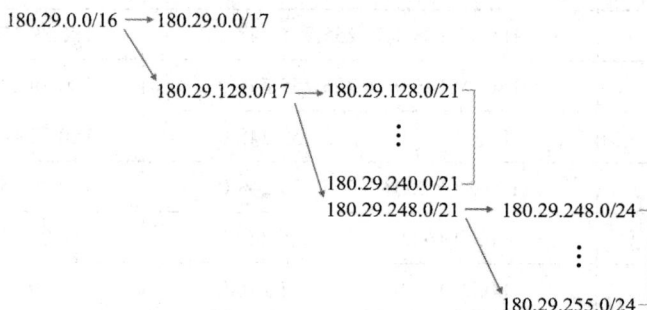

图 1-3　子网划分流程图

1.2.2　相关知识

1. 合法地址

在 IP 地址规划中有些 IP 地址是不能被配置到网络设备接口使用的，这些 IP 地址是网络标识地址和广播地址。

网络中第 1 个不能使用的地址就是网络标识地址。网络标识地址用于表示网络本身，主机号部分为全"0"的 IP 地址代表一个特定的网络。网络标识地址对于网络通信数据量的控制非常重要，位于同一网络中的主机必然具有相同的网络号，它们之间可以直接相互通信。而网络号不同的主机之间则不能直接进行通信，必须经过第 3 层网络设备(如路由器)进行转发。

如图 1-4 的示例，上半部分的框架中表示网络 198.150.11.0。从局域网外部看，任何发往该网络主机 198.150.11.1～198.150.11.254 的数据，目的网络都是 198.150.11.0，只有数据到达上半部分的框架(局域网)时，才能进行主机号的匹配。下半部分的网络编号用 198.150.12.0 表示，数据进行比对的情况与上半部分相同。

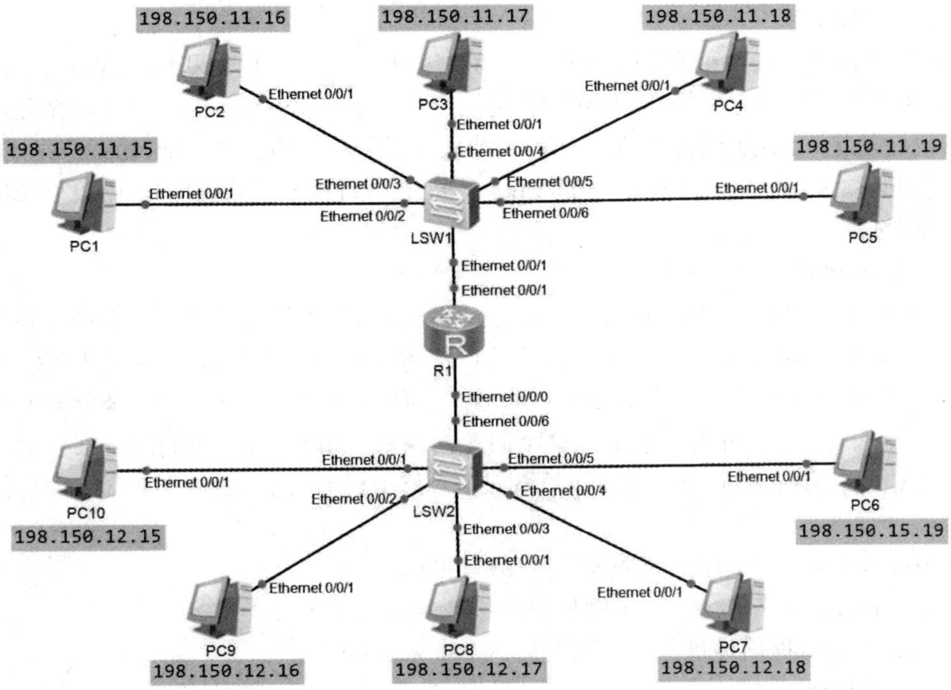

图 1-4　网络地址与寻址

网络中第 2 个不能使用的地址是广播地址。它用于向网络中的所有设备广播分组，具有正常的网络号部分，主机号部分为全"1"的 IP 地址代表一个在指定网络中的广播，被称为广播地址。

广播地址对于网络通信同样重要。在计算机网络通信中，经常会出现对某一指定网络中的所有机器发送数据的情形，如果没有广播地址，源主机就要对所有目的主机启动多次 IP 分组的封装与发送过程。

除了网络标识地址和广播地址，其他一些包含全"0"和全"1"的地址格式也是保留地址。图 1-5 中标明了这些特殊地址的用途。

00 … 00	0000 … 0000	本机
00 … 00	主机号	本网络中的主机
11 … 11	1111 … 1111	局域网中的广播
网络号	1111 … 1111	对指定网络的广播
网络号	0000 … 0000	网络地址
127	任意值	环回Loopback

图 1-5　特殊的保留地址

2. 专用 IP 地址

网络地址的唯一性是 Internet 稳定的直接保证。最初是由 InterNIC(Internet 网络信息中心)分配 IP 地址，现在此工作已被 IANA(Internet 地址分配中心)取代。IANA 管理着剩余 IP 地址的分配，以确保不会发生公用地址重复使用的问题。

1) 公用 IP 地址

公用 IP 地址在 Internet 上是唯一的，因为公用 IP 地址是全局的和标准的，所以没有任何两台连到公共网络的主机拥有相同的 IP 地址。所有连接 Internet 的主机都遵循此规则，公用 IP 地址是从 Internet 服务供应商(ISP)或地址注册处获得的。如果 Internet 是直接(路由)连接的，则必须使用公用地址；如果 Internet 是间接(代理或转换)连接的，则可以使用公用地址或专用地址。

2) 私有 IP 地址

随着 Internet 的发展，各个连接到 Internet 的组织需要为每台设备的每个接口获取一个公用地址。至少在 IPv4 版本中，每个网络接口都需要有一个公有 IP 地址是不可能的。这一需求对公用地址池提出了很高的要求，A、B、C 类地址的总数满足不了全世界所有网络设备的标识。Internet 设计者注意到了这个问题，保留了 IPv4 地址空间的一部分供内部地址使用。IANA 提供了一个为专用网际网络保留网络 ID 地址的方案，内部网络中可任意部署的网络 ID 如下：

(1) 10.0.0.0 网络地址池，子网掩码为 255.0.0.0。

(2) 172.16.0.0 网络地址池，子网掩码为 255.240.0.0。

(3) 192.168.0.0 网络地址池，子网掩码为 255.255.0.0。

3. 地址转换技术

有一种情况需要特别注意，如果某公司网络还没有连接到 Internet，则应当使用公用地址或地址转换技术连接到 Internet，以防止私有 IP 地址暴露在公网之上，使得使用私有 IP 地址的计算机也可以接入 Internet。

为了让使用私有 IP 地址的计算机能够访问 Internet，必须使用网络地址转换(NAT)和路由。NAT 使用户能够把使用专用 IP 地址的客户端计算机连接到使用公共 IP 地址的 Internet。这需要有两个接口来隔离本地网络和 Internet 网络。这两个接口是必需的，因为两个网络之间的请求必须通过路由器服务或设备进行传送。当路由器接收到请求时，它在两个接口之间转发这些请求。NAT 服务帮助从源网络到目标网络，把 IP 地址转换成正确的地址。

4. IP 地址配置

1) 手工分配

手工设置的 IP 地址为静态 IP 地址，在没有重新配置之前，计算机将一直拥有该 IP 地址。因此，既可以据此访问网络内的某台计算机，也可以据此判断计算机是否已经开机并接入网络。不过，默认网关必须是计算机所在的网段中的 IP 地址，而不能填写其他网段中的 IP 地址。

2) 自动分配

动态主机配置协议(Dynamic Host Configuration Protocol，DHCP)提供了自动的 TCP/IP 配置。DHCP 服务器为其客户端提供 IP 地址、子网掩码和默认网关地址等各种配置。网络中的计算机可以通过 DHCP 服务器自动获取 IP 地址信息。DHCP 服务器维护着一个容纳许多 IP 地址的地址池，并根据计算机的请求而出租。DHCP 是 Windows 默认采用的地址分配方式。

IP 地址配置要视具体情况而定，如文件服务器需要手工配置，这样所有用户都可以随时访问到该静态 IP 地址，而其他客户端采用路由器上的 DHCP 功能，自动获得 IP 地址。

5. IP 地址规划

在局域网内部的 IP 地址分配中，小型网络可以选择 192.168.0.0 的私有地址段，大中型企业由于网络设备众多，有的可以达到上万台，则可以选择 172.16.0.0 或 10.0.0.0 的地址段。

1.3　网络规划与设计实训项目

本节介绍的网络规划与设计实训项目包括校园网、企业网、政府上网和无线局域网的用户需求分析、拓扑结构设计、IP 地址方案和设备选型等内容。

1.3.1　校园网

网络规划与设计实训项目

某高校在公共区域，如教学楼、宿舍楼等位置为老师和学生提供 FTP 服务、邮件服务及资讯 Web 服务，并搭建网络以方便老师和学生进行学习交流，分享学习资料，增加学生的课余娱乐方式等。

1. 用户需求分析

根据用网需求，在网络搭建的过程中需要对网络进行 VLAN 的划分，从而减小广播风暴的影响，保证教室、办公室的网络安全性。为方便 IP 地址配置，在整个网络中实现 IP 的自动分配功能。

校园内各建筑互连，从而形成园区主干网；各建筑物内再扩展面向用户的局域网。园区主干网连接 1000 Mb/s 网络带宽，建筑物内部的用户局域网提供到桌面的 100 Mb/s 网络带宽。

校园网应以宽带 IP 网为目标，具有数据、语音、图形、图像等多种信息媒体传递功能，具备性能优越的资源共享功能。校园网主干传输带宽应达到 1000 Mb/s 的要求，楼宇之间千兆连接。建设校园网的同时必须考虑网络安全、资源共享和带宽的要求。具体建设如下：

(1) 学院采用 1000 Mb/s 做主干网，提供 100 Mb/s 网络带宽到桌面。

(2) 校园网内具有 WWW 服务器、FTP 服务器和 DNS 服务器，用于提供一些培训中常用的资料下载、网络管理等。

(3) 校园网采用"路由器 + 防火墙"结构接入，网络互联设备包括交换机、路由器、线缆及其他设置。其中防火墙是路由器的内置防火墙。

（4）所有教室各自划分 VLAN，各系办公室各自划分 VLAN，行政办公室为一个 VLAN，各宿舍为一个 VLAN，服务器组为一个 VLAN。

（5）做好路由器与防火墙之间的安全通信工作，防止搭线窃听和 IP 盗用。

（6）选择客户机 TCP/IP 配置的最佳方案，最大限度地减少 IP 地址的冲突和管理员的工作量，采用 B 类私有 IP 地址进行局域网内部 IP 地址分配。

2．拓扑结构设计

在现代网络结构化布线工程中多采用星形结构，该结构主要用于同一楼层，由各个房间的计算机直接与交换机连接产生，具有施工简单、扩展性高、成本低和可管理性好等优点。而本例校园网的拓扑结构基本上是混合型的，是由星型、总线型等典型拓扑结构组成，在分层布线时主要采用树型结构；每个房间的计算机连接到本层的交换机，然后每层的交换机连接到本楼出口的交换机或路由器上，各楼的交换机或路由器再连接到校园网的通信网中，由此构成了校园网的拓扑结构。

目前，校园网大多数是纯三层的交换网络。由于交换机都具有三层功能，汇聚层可以与接入层归纳为一个层次。各楼层和各楼之间的交换设备都直接连接到核心设备上。

本例校园网简明网络拓扑结构图如图 1-6 所示。其中校园局域网以三层交换机为交换核心，即网络中心，下设若干二层交换机，图中以两台交换机进行模拟，形成汇聚层。汇聚层交换机用作模拟校园中各个楼宇(如教学楼、学生宿舍楼)的网络节点，同一个楼宇中依据需求划分 VLAN，隔离网络风暴，提升网络安全性和效率。

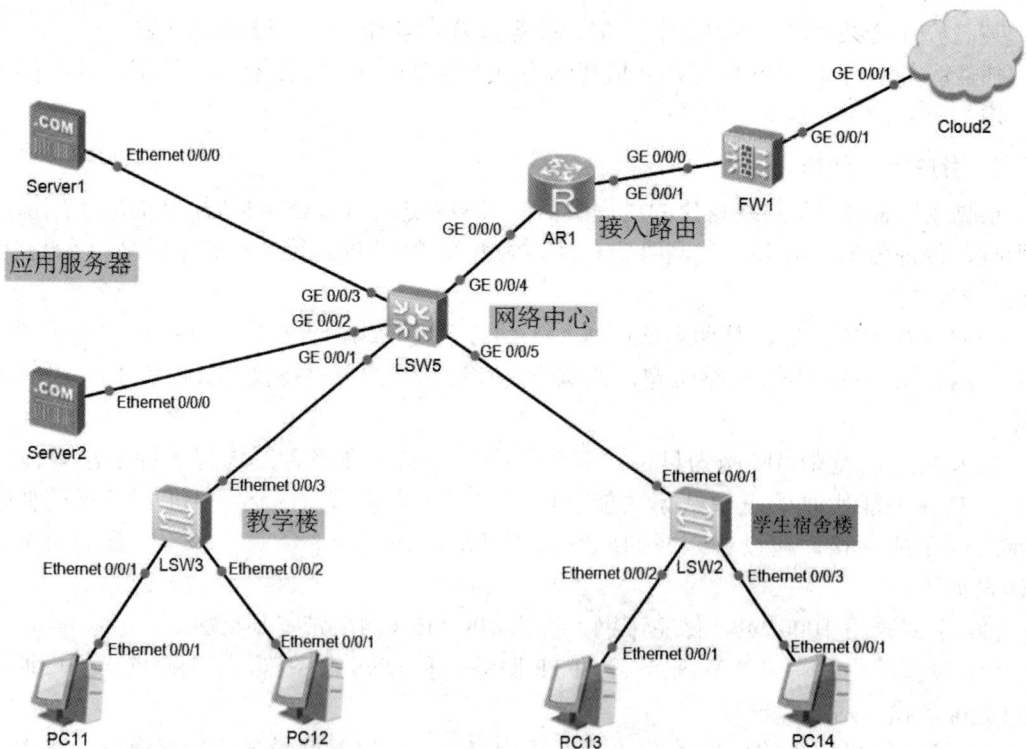

图 1-6　校园网简明网络拓扑结构图

3. IP 地址方案

根据用户需求和拓扑结构图做出地址规划，IP 地址规划如表 1-4 所示。

表 1-4 校园网 IP 地址规划表

部 门	VLAN	IP 地址范围	网 关
102 教学楼	VLAN 10	172.16.1.0/24	172.16.1.1
105 教学楼	VLAN 20	172.16.2.0/24	172.16.2.1
1 号宿舍楼	VLAN 30	172.16.3.0/24	172.16.3.1
2 号宿舍楼	VLAN 40	172.16.4.0/24	172.16.4.1
内网服务器群	VLAN 50	172.16.5.0/24	172.16.5.1

4. 设备选型

根据规划设计进行设备选型，如表 1-5 所示。

表 1-5 校园网设备选型表

设备名称	设备型号	设 备 参 数
路由器	多业务路由器：Router	• 传输速率：10/100 Mb/s • 端口结构：模块化 • 其他端口：2 个固定 USB1.1 端口 • 防火墙：内置防火墙 • QoS 支持：支持 • VPN 支持：支持 • 网络管理：SNMP • 扩展模块：2 个板载 AIM(内部)插槽，4 个接口卡插槽，1 个插槽(支持 NM 和 NME 模块)
企业级三层交换机	HUAWEIS5700-28C-HI	• 传输速率：10/100/1000 Mb/s • DRAM 内存：128 MB • FLASH 内存：32 MB 纠错 • 背板带宽：32 Gb/s • 包转发率：38.7 Mp/s • MAC 地址表：12 K • 端口结构：非模块化 • 扩展模块：2 • 端口数量：28 个，24 个以太网 10/100/1000 Mb/s 端口，4 个 SFP 上行链路端口纠错 • 堆叠功能：可堆叠 • VLAN：支持 • QOS：支持 • 网络管理：网管功能 SNMP，CLI，Web，管理软件

设备名称	设备型号	设 备 参 数
交换机	二层智能交换机 HUAWEI 2400- 26C-HI	• 传输速率：10/100 Mb/s • DRAM 内存：64 MB • FLASH 内存：32 MB • 交换方式：存储-转发 • 背板带宽：4.4 Gb/s • 包转发率：6.5 Mp/s • MAC 地址表：8 K • 端口结构：非模块化纠错 • 端口数：26 个(24 个以太网 10/100 Mb/s 端口，2 个两用上行端口) • 传输模式：全双工/半双工自适应 • VLAN：支持 • QOS：支持 • 网络管理：Web 浏览器，SNMP，CLI
服务器	企业级纠错、塔式、5U 服务器：Tecal RH22 88H V2	• CPU 类型：Intel 至强 5600 • CPU 型号：Xeon E5606 • CPU 频率：2.13 GHz • 标配 CPU 数量：1 颗 • 最大 CPU 数量：2 颗 • CPU 核心：四核 • CPU 线程数：四线程 • 主板芯片组：Intel 5500 • 扩展槽：4×PCI-E 插槽，2×PCI-X 插槽(可选) • 内存类型：DDR3 • 内存容量：4 GB • 内存插槽数：12 • 硬盘接口类型：SATA/SAS • 内部硬盘架数：最大支持 8 块(LFF)SAS/SATA 硬盘 • 热插拔盘位：支持热插拔 • 网络控制器：NC326i 双端口千兆网卡 • 显示芯片：ATIRN50，64 MB 显存 • 标准接口：3 个 RJ-45 网络接口，8 个 USB 2.0 端口(正面 2 个，背面 4 个，内置 2 个)，1 个串行接口，1 个键盘接口，1 个定位设备(鼠标)接口，1 个显卡接口

1.3.2 企业网

某企业现有 3000 个信息点，需要建设一个网络以实现该企业内部的相互通信以及与外部的联系,通过该网络提高企业的发展和企业内部办公的信息化、办公自动化。该企业有 15 个部门,需要使这 15 个部门能够通过该网络访问 Internet,并能实现部门之间信息化的合作。因此该网络必须体现办公的方便性、迅速性、高效性、可靠性、科技性、资源共享、相互通信、信息发布及查询等功能,以作为支持企业内部办公自动化、供应链管理以及各应用系统运行的基础设施。

1. 用户需求分析

通过分析该企业的用网需求,该网络是一个单核心的网络结构,采用典型的 3 层结构,包括核心层、汇聚层和接入层。各部门独立成区域,防止个别区域发生问题时影响整个网络的稳定运行。若某汇聚层交换机发生问题,则只会影响个别部门。同时,该网络使用 VLAN 进行隔离,方便员工调换部门。具体建设如下:

(1) 核心层交换机连接 3 台汇聚层交换机对所有数据进行接收并分流,并能尽快地交换分组。该设备不承担访问列表检查、数据加密、地址翻译或者其他影响最快速率分组的任务。

(2) 汇聚层交换机位于接入层和核心层之间,该网络有 3 台汇聚层交换机分担 15 个部门,能帮助定义和分离核心层,汇聚层将网络分段为多个广播域,访问控制列表可以实施策略并过滤分组。汇聚层将网络问题限制在发生问题的工作组内,防止这些问题影响到核心层,该层的交换机运行在第 2 层和第 3 层上。

(3) 接入层为网络提供通信,并且实现网络入口控制。最终用户是通过接入层访问网络的。作为网络的"前门",接入层交换机使用访问列表以阻止非授权的用户进入网络。

2. 拓扑结构设计

本例企业网拓扑结构图如图 1-7 所示。

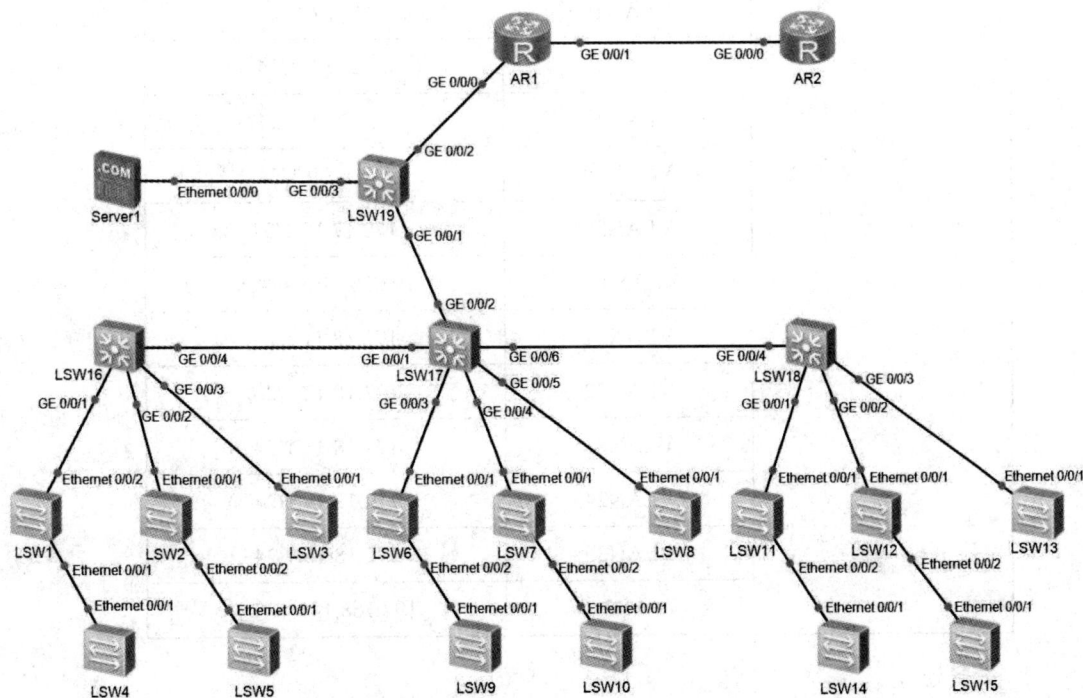

图 1-7 企业网拓扑结构图

3．IP 地址方案

根据用户需求和拓扑结构图做出地址规划，表 1-6 列出了各设备的 IP 地址规划表。

表 1-6　企业网 IP 地址规划表

设　备	接　口	IP 地址
CE12800	VLAN100	192.168.128.45/29
	VLAN200	192.168.129.45/29
	VLAN300	192.168.130.45/29
	VLAN400	192.168.86.17/28
AR2220	E0	192.168.86.30/28
	E1	210.30.80.88/30
S3700	VLAN11	172.16.1.1/24
	VLAN12	172.16.2.1/24
	VLAN13	172.16.3.1/24
	VLAN14	172.16.4.1/24
	VLAN15	172.16.5.1/24
	VLAN100	192.168.128.44/29
	VLAN16	172.17.6.1/24
	VLAN17	172.17.7.1/24
	VLAN18	172.17.8.1/24
	VLAN19	172.17.9.1/24
	VLAN20	172.17.10.1/24
	VLAN200	192.168.129.44/29
	VLAN21	172.18.11.1/24
	VLAN22	172.18.12.1/24
	VLAN23	172.18.13.1/24
	VLAN24	172.18.14.1/24
	VLAN25	172.18.15.1/24
	VLAN300	192.168.130.44/29

4．设备选型

根据规划设计进行设备选型，如表 1-7 所示。

表 1-7　企业网设备选型

设备名称	设备型号	设 备 参 数
路由器	多业务路由器 AR2220	• 传输速率：10/100 Mb/s • 端口结构：模块化 • 其他端口：2 个固定 USB1.1 端口 • 防火墙：内置防火墙 • QoS 支持：支持 • VPN 支持：支持 • 网络管理：协议 SNMP • 扩展模块：2 个板载 AIM(内部)插槽＋4 个接口卡插槽＋1 个插槽(支持 NM 和 NME 模块)
交换机	核心设备： 多业务万兆核心路由交换机 CE12800	• 核心设备：S68 系列，配置千兆光缆接口 2 块 • 传输方式：存储转发 • 背板带宽：0.8 Gb/s (可扩展 1.6 Tb/s) • 传输速率：10/100/1000 Mb/s • VLAN 支持：支持 VLAN • 端口聚合：支持端口聚合 • 网管功能：Telnet 远程配置、Console 口配置、Web 网管、SNMP 管理、RMON 管理、SSH 管理
	汇聚设备： 以太网交换机 S5700	• 接口：1 块千兆光缆接口 • 传输速率：10/100 Mb/s • 端口数量：24 • MAC 地址表：12 K • 配置形式：可堆叠，最大支持 16 台 • 传输模式：支持全双工 • 交换方式：存储转发 • 背板带宽：32 Gb/s
	接入设备： S3700 交换机	• 接口介质：10/100Base-TX/FX • 传输速率：10/100 Mb/s • 端口数量：24 • 背板带宽：12.8 Gb/s • VLAN：支持 • 网络管理：SNMPvl/v2C/v3、Web • 包转发率：6.6 Mp/s • 端口结构：非模块化 • 交换方式：存储-转发 • 扩展模块：2 • 传输模式：全双工/半双工自适 • 堆叠功能：可堆叠 • QoS：支持 • 安全管理：支持

1.3.3　政府上网

某政府机关总部在市中心某区域，分部在不同区域，为了实现统一管理和资源共享，并形成一个灵活、高效且经济的接入方式是该机关单位的客观需求。

1．用户需求分析

经过反复推敲用户需求可知，总部和分部之间用一条线路连接，在总部和分部间运行 OSPF。在使用网络过程中经常出现由于线路故障导致网络中断的情况，为了提高分部与总部之间的网络可用性，希望在分部的网络中通过配置 VRRP，实现通过两条线连接到总部。具体建设如下：

(1) 建立总部和分部之间网络高效稳定。

(2) 链路可实现遇到故障自动切换。

(3) 具有完善的网络安全机制。

2．拓扑结构设计

本例政府上网拓扑结构图，如图 1-8 所示。

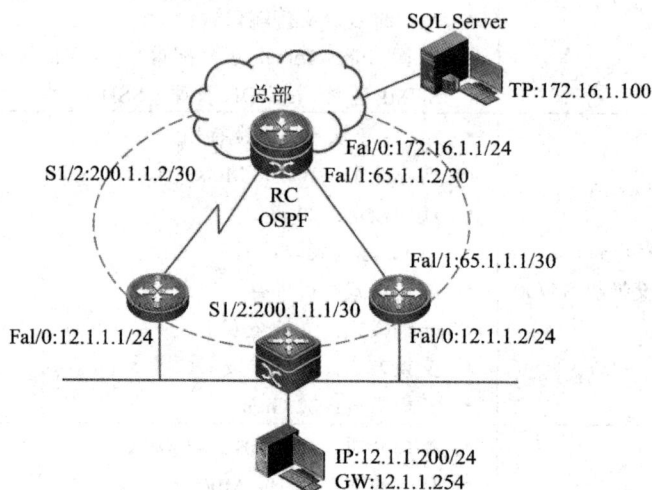

图 1-8　政府上网拓扑结构图

3．IP 地址方案

根据用户需求和拓扑结构图设计 IP 地址方案，如表 1-8 所示。

表 1-8　政府网 IP 地址方案

区　域	链　路　1		设　备
总部	S1：200.1.1.2	Fa1/0：172.16.1.1 Fa1/1：65.1.1.2	锐捷路由器
分部	S1：200.1.1.1 Fa1/0：12.1.1.1	Fa1/1：65.1.1.1 Fa1/0：12.1.1.2	锐捷路由器 2 台

4. 设备选型

根据规划设计进行设备选型，如表 1-9 所示。

表 1-9　政府网设备选型

设备名称	设备型号	设 备 参 数
路由器	宽带路由器：router	• 传输速率：10/100/1000 Mb/s • 端口结构：非模块化 • 广域网接口：3 个 • 局域网接口：5 个 • 防火墙：内置防火墙 • 网络安全：彻底防 ARP 攻击，防机器狗病毒，防内网攻击/外网攻击，支持安全地址绑定 • 网络管理：中文 Web 配置管理和监控，支持 SNMPv1/v2、CLI、TFTP 升级和配置文件管理
交换机	三层智能交换机：HUAWEIS5700	• 传输速率：10/100/1000 Mb/s • 端口数量：28 个 • 背板带宽：208 Gb/s • VLAN：支持 4 K 个 802.1Q VLAN • 网络管理：SNMPv1/v2C/v3CLI • 包转发率：51 Mp/s • 端口结构：非模块化 • 交换方式：存储-转发 • QOS：支持端口流量识别 • 安全管理：支持 IP、MAC、端口 • 端口描述：24 个 10/100/1000 Mb/s 自适应端口 • 控制端口：1 个 USB 接口

1.3.4　无线局域网

随着信息技术的不断发展，拥有台式机和便携式计算机的高校学生越来越多，学生的用网需求也越来越大。通常情况下，1 间宿舍会提供 1~2 个信息点，学生宿舍的信息点数严重不足，在保证正常用网的情况下解决上述问题是校园网络基础建设完善的一个重要体现。

1. 用户需求分析

从经济方面考虑，重新实施布线不仅花费较多，而且连接非常不方便。从学生用网需求考虑，特别是携带便携式计算机频繁出入教室、图书馆和宿舍，不断插拔网线的学生，不但给他们用网带来一定的麻烦，而且还容易造成网卡接口的损坏。综合考虑后，在学生宿舍实现无线局域网的组建是最便捷、最节约、最可行的方式。具体建设如下：

(1) 每栋宿舍楼配置一台支持 PoE 技术的二层交换机，用于为无线 AP 提供电源和网络接入。PoE 接入交换机至少提供 24 个 100Base-T 端口和 2 个 1000Base-T 端口。

(2) 学生宿舍楼每层提供 3 个无线 AP，平均分布于楼道中，作为固定网络接入的补充，实现便携式计算机的移动接入。

(3) 室内无线 AP 采用 IEEE802.11a/b/g 的 FIT AP，并借助无线局域网控制器进行统一管理，由于 FIT AP 价格低且配置简单，便于实现无线漫游和统一管理，因此，应当作为构建无线宿舍网的首选。

(4) 每栋学生宿舍楼提供 3～5 个室外无线 AP，用于辐射宿舍楼周边范围，实现校园网的无线漫游。室外无线 AP 采用 IEEE802.11b/g/n 的 FAT AP，借助网管软件进行统一管理。

2. 拓扑结构设计

根据学生宿舍的需求设计网络的拓扑，其拓扑结构图如图 1-9 所示。

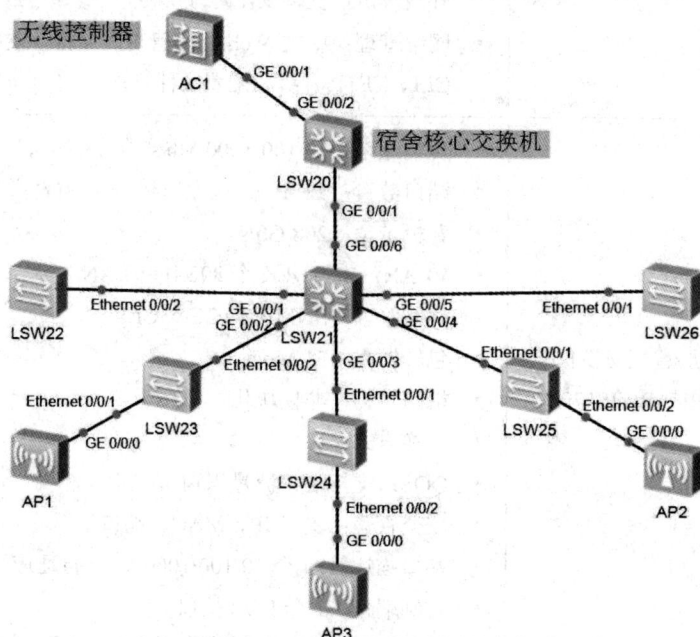

图 1-9　学生宿舍网拓扑结构图

3. IP 地址方案

根据学生宿舍的需求及网络拓扑设计 IP 地址方案，如表 1-10 所示。

表 1-10　学生宿舍网 IP 地址方案

设　备	IP 地址方案
无线网络控制器	服务接口 IP 地址：192.168.1.1
	管理地址：10.1.128.101，255.255.255.0
	管理接口 DHCP 服务器地址：10.1.32.1
	AP Manager 地址：10.1.128.103
无线 AP	地址从 DHCP 服务器获取

4. 设备选型

根据规划设计进行设备选型，如表 1-11 所示。

表 1-11　学生宿舍网设备选型

设　备	设　备　参　数
无线 AP	室内 AP： • 无线 AP 必须选择同一厂商、同一标准、同一型号的产品(不同区域的无线漫游可以选择不同的标准和型号) • 2030 系列 1130AG 室外 AP： • 5030DN
无线网络控制器	• HUAWEIAC6605 系列的无线局域网控制器适用于大中型机构 • 4402 型号：2 个千兆位以太网端口，其配置可支持 12、25 和 50 个接入点 • 1 个扩展插槽 • 支持 1 个可冗余电源

1.4　网络规划与设计项目训练

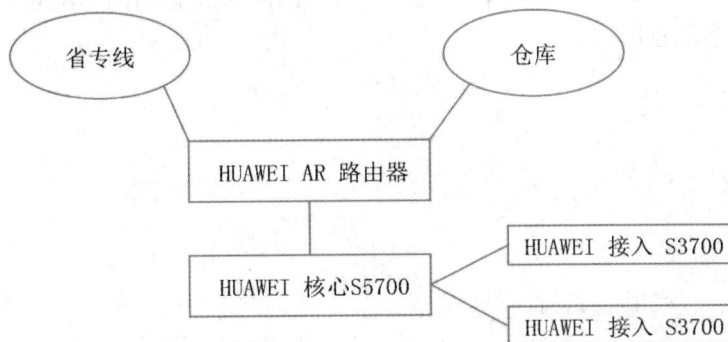

某公司要进行企业网络改造，根据下面介绍的情况，给出网络改造的规划与设计方案。

1.4.1　旧厂网络现状

某公司旧厂区的核心交换机为 HUAWEI 5700 三层路由交换机，其拓扑结构图如图 1-10 所示。

网络规划与设计项目训练

图 1-10　旧厂区拓扑结构图

1.4.2　新厂网络架构

新厂区是一个全新的在建园区，包括新的综合办公楼、联合工房和厂房辅区。新的网络中心将建成 4 层综合办公楼。为了保证生产的顺利进行，网络采用全网双冗余链路的双星型网络拓扑设计。

生产中最重要的 5 个中控为车间中控室、物流中控室、二层备件室、三层中控室和能源动力中心，建设中需要重点考虑，但这 5 个中控室原有的配置尽量不要改动。

联合工房和厂房辅区相对集中，分别在这两个地方设置一个汇聚中心。隶属联合工房和厂房辅区的接入交换机分别接入相应的汇聚中心。

考虑申请电信光纤与 LAN 专线结合作为新厂区的互联网接入方式，还应考虑其安全设备。为提高访问 Internet 的速度，还需考虑内容缓存设备，新厂址物理图如图 1-11 所示。

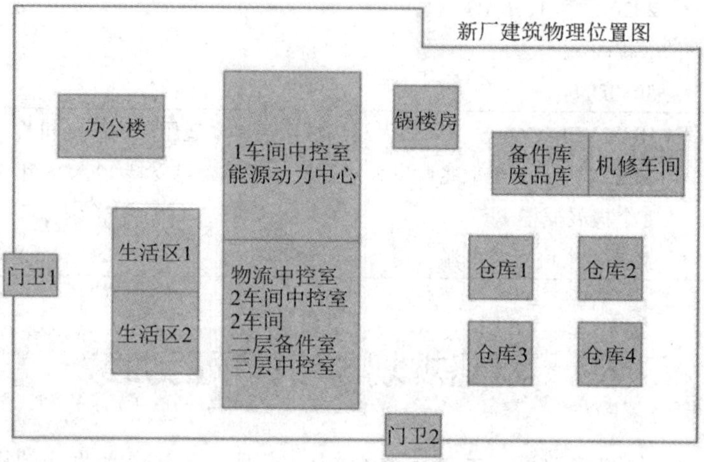

图 1-11　新厂址物理图

原有的省专网和国家卫星网也应该考虑相应的安全接入方式。

新厂区建设牵涉到旧厂区设备的依次迁移。旧厂区将继续保持网络运作，直到新厂区网络建设完全正常为止。

新旧厂区很长一段时间保持同步运作，应尽量保留旧厂区的网络规划和 IP 地址分配。在新的网络规划中，应保留两套网络规划：旧网络的配置和新的网络配置，但旧网络配置将逐渐被新的网络配置所取代。

第 2 章　网络互联设备分类与选型

教学目标

本章讲解网络互联设备分类与选型原则，其目的在于使读者对路由交换、安全配置技术有更深刻的理解，并掌握网络互联设备实际应用中的选型技能。

知识目标

➢ 掌握路由设备的分类和选型原则。
➢ 掌握交换设备的分类和选型原则。
➢ 了解网络安全设备的分类和选型原则。
➢ 了解无线设备的分类和选型原则。
➢ 了解语音设备的分类和选型原则。
➢ 了解交换、路由、安全等设备的主要厂商及产品。

技能目标

➢ 能够理解路由器、交换机的工作原理。
➢ 能够正确选择路由器、交换机等网络互联设备。
➢ 能根据主流厂商的交换、路由、安全等产品的性能参数，基本确定产品的性能及应用场景。

2.1　路　由　设　备

路由设备也称路由器，是 LAN 与 Internet 连接或远程 LAN 之间互连的关键网络产品，是网络的核心，如图 2-1 所示。

图 2-1　路由设备

路由设备

1. 路由器的分类

路由器产品众多，分类也较多，常见的分类主要有以下几种：

(1) 按照性能档次来分，路由器可分为高档路由器、中档路由器和低档路由器。通常将背板交换能力大于 40 Gb/s 的路由器称为高档路由器；背板交换能力在 25～40 Gb/s 的路由器称为中档路由器；背板交换能力低于 25 Gb/s 的路由器称为低档路由器。

(2) 按照结构来分，路由器可分为模块化路由器和非模块化路由器。模块化结构可以灵活地配置路由器，以适应企业不断增加的业务需求；非模块化的只能提供固定的端口。

（3）按照功能来分，可分为骨干级路由器、企业级路由器和接入级路由器。

（4）按照位置来分，可分为边界路由器和中间节点路由器。边界路由器处于网络的边缘，通常用于不同网络路由的连接；而中间节点路由器位于网络中间，通常用于连接不同网络，起到数据转发的桥梁作用。

（5）按照性能来分，可分为线速路由器和非线速路由器。

2. 路由器的选型原则

鉴于路由器的种类较多，产品较复杂，在进行路由器选型的时候一般遵循以下原则：

（1）类型要对口实用。对于局域网用户而言，低端路由器是用户的首选。如果局域网中用户较多，信息量较大，则应当考虑中端路由器。高端路由器一般只出现在某个行业或系统的主干网上。

（2）功能要强大、实在。在选择路由器时，要根据局域网的需求，选择对应的接口带宽，如 100 Mb/s 和 1000 Mb/s 路由器已逐渐成为主流。在考虑带宽的同时，还应该考虑路由器管理的方便性、路由器的可靠性和安全性等性能指标。

（3）尺寸品牌要兼顾。用户在选择路由器时，不应该盲目选择品牌，应根据网络设计进行路由器的尺寸选择，充分考虑路由器的性价比。

2.1.1　华为集成多业务路由器

本节将主要介绍华为路由器的产品分类以及常用的路由器产品，通过本节的学习，读者可以掌握华为路由器主要产品性能，并能够根据网络设计的需求，选择合适的路由器产品。

华为集成多业务路由器主要包括华为的 NE80E 系列、NE40E 系列、NE20E 系列、NE500E 系列。NE500E 系列采用先进的无阻塞交换网络架构，多种集群模式，如背靠背集群、2＋4 集群、2＋8 集群等；NE80E 主要应用在 IP 骨干网、IP 城域网以及其他各种大型 IP 网络的边缘位置，与 NE500E、NE40E 路由器产品配合组网，形成结构完整、层次清晰的 IP 网络解决方案。

1. 主要型号及性能说明

华为系列主要路由器型号及性能说明，如表 2-1 所示。

表 2-1　华为系列主要路由器性能说明

产品名称	说　　明
NE500E	· 主要用于大中型企业和企业分支机构 · 配备可现场升级的主板，服务启用时，提供高达 350 Mb/s 的线速广域网性能 · 3RU 模块化外形 · 4 个增强的高速广域网接口卡插槽 · 完全集成的模块电源分配，支持 802.3af 以太网供电
NE80E	· 提供互动媒体服务以及服务虚拟化 · 对要求业务灵活敏捷并提供协作服务的中端部署而言，正是最佳选择 · 高达 75 Mb/s 的线速 WAN 性能，外加各种服务 · 1-2RU 模块化外形

产品名称	说　明
NE40E	• 适用于 WAN 部署的入门级解决方案，不但高度保障安全，而且经济实惠 • 对需要灵活模块化的小型办公室而言是理想之选 • 高达 25 Mb/s 的线速性能，支持并发服务 • 台式机外形
NE20E	• 提供安全的 WAN 连接能力，台式机外形 • 远程员工和小型办公室的理想之选 • 线速性能，提供安全数据服务 • 出厂可选 802.1 In 接入点与 3G WAN 选件

2. 选型原则

一般来说，小型企业在选购路由器时，可选择 NE20E 系列或 NE40E 系列的路由器。NE80E 系列的路由器主要用于中型企业或分支机构，可提供虚拟化技术，满足目前日益增长的虚拟化服务。而 NE500E 系列路由器主要用于大型企业或分支机构，它在平台的模块化架构上具有更大的优势，能够满足企业日益增长的业务需求，并根据业务增长扩展功能。

2.1.2　WAN 汇聚服务路由器

WAN 汇聚服务路由器可以将企业的业务从广域网扩展至园区边缘，主要产品包括 NetEngine 系列高端路由器，SPTN 系列分组传送新一代多业务平台，AR 系列物联网关和 AR G3 系列企业路由器。其中每种产品都能为企业客户提供高度安全的集成式并发服务。

1. 产品分类

WAN 汇聚服务路由器的产品分类，如表 2-2 所示。

表 2-2　WAN 汇聚服务路由器产品分类

产品名称	说　明
NetEngine AR 系列 企业路由器	• 性能、服务功能及可界性均位居业界前沿 • 专用 WAN、互联网边缘以及 WAN 汇聚的最佳选择 • NetEngine AR 系列企业路由器是华为面向云化时代推出的首款企业级 AR 路由器，具备 3 倍业界转发性能，5G 超宽上行 • 同时融合 SD-WAN、云管理、VPN、MPLS、安全、语音等多种功能，帮助全球客户轻松应对企业上行流量激增和未来业务多元化发展
AR3200 系列 企业路由器	• 支持各种密度、性能及服务需求 • 企业及服务提供商边缘应用的最佳选择 • 外观小巧，性价比出众，功能全面 • 服务质量(QoS)功能、性能广受赞誉 • 依托于自主知识产权的 VRP(Versatile Routing Platform)软件平台，提供路由、交换、语音、安全等功能，广泛部署于大中型园区网出口、大中型企业总部或分支等场景

2. 选型原则

使用华为集成多业务路由器在分支机构部署更多服务，使得处于前端的广域网聚合路由器的角色正被重新定义。通过 WAN 和 VPN 汇聚、数据和身份保护、业务连续性等功能，增强了网络的自防御能力，填补了路由器之间的空白，显著增强了华为的中端路由产品组合。与前几代的华为中端路由解决方案相比，将服务运行性能提高了 10 倍以上，采用硬件和软件冗余技术，显著提升了其价值。在选购时，要考虑安全、性价比、端口密度等因素。

2.1.3　服务供应商级路由系统

1. 产品分类

厂商根据不同网络的需求对相应产品进行分类，如表 2-3 所示。

表 2-3　服务供应商的路由器产品列表

产品名称	说　明
华为运营商级 路由系统	• 更强大的硬件性能，可以提供更快的网络速度和更稳定的网络连接 • 更丰富的功能，通常配备更多的网络管理和安全功能 • 更高的兼容性，可以更好地适配运营商的网络环境
AR3200 系列 企业路由器	• 提供不间断的视频服务和更高的扩展能力，同时降低碳排放量 • 提供家庭及企业服务的有线运营商的最佳选择 • 秉承了华为在数据通信、无线通信以及软交换领域的深厚积累，并依托于自主知识产权的 VRP 软件平台，提供路由、交换、语音、安全等功能，广泛部署于大中型园区网出口、大中型企业总部或分支等场景 • 提供独特的服务与应用级智能
AR1200-S 商业 体验级系列企业路由器	• 性能、服务功能及可靠性均位居业界前沿 • 大型企业及服务提供商的最佳选择 • 提供高安全性、高性能以及通过集成软件进行支持的服务 • 全新协作且高度安全的连接功能
NetEngine AR300 系列 企业路由器	• 扩展实现高安全性的虚拟化以及完整的服务交付 • 大型企业及服务提供商的最佳选择 • 确保系统运行不中断，并实现多服务扩展能力 • 集路由、交换、安全等丰富业务特性于一体，满足企业客户的业务多元化和高性能需求
华为 NetEngine5000E 集群路由器	• 业界领先的运营商级边缘路由器 • 提供消费者服务和企业服务的服务提供商的最佳选择 • 多种外观可供选择，旨在实现高可用性 • 是华为公司面向 IP 骨干网、城域网核心节点和国际网关等推出的集群路由器产品，具有大容量、高可靠、智能等特点
AR1200 系列 企业路由器	• 面向中小型企业的多业务路由器，提供 Internet 接入、专线接入、语音、安全、无线等功能，可广泛部署于中小型园区网出口、中小型企业总部或分支等场景

2. 选型原则

华为路由器的选择需要关注以下几点：

(1) 带机量。一般来说，选择华为企业路由器的带机量最好大于企业实际的接入终端数量，留有一定的冗余，以应对突发的接入需求。

(2) NAT 性能。NAT 性能就是进行内网 IP 和公网 IP 之间的地址转换，这里需要关注两个参数：一是最大并发连接数；二是每秒新建连接数。

注意：建立 NAT 连接的速度越快越好，这样网络延迟会越小。

(3) 接入带宽数量。华为企业路由器都要接入多个外网宽带，用于负载均衡、链路备份或者是策略路由。这就需要路由器的接口支持多 WAN 口功能，而且能够满足未来可能增长的宽带接入数量的需求。

(4) 网络服务质量。通过保证传输的带宽，降低传送的时延、降低数据的丢包率以及时延抖动来可以提高网络服务质量。企业路由器需要对内部上网终端进行流量控制、访问控制管理，合理利用带宽资源。路由器可以识别不同业务流量，对上网应用进行应用保障、应用限速，或者是简单的基于 IP 对终端网速进行限制。

(5) 无线控制器。部分小型企业为了节省成本，不希望采购单独的无线控制器，而使用集成无线功能的路由器，这样可以直接对企业内部的接入点进行同一的管理、升级和后台维护。

2.2 交 换 设 备

交换设备(Switch)是一种工作在 OSI 第 2 层(数据链路层)上的、基于 MAC(网卡的介质访问控制地址)识别、能完成封装转发数据包功能的网络设备。通过在数据帧的始发者和目标接收者之间建立临时的交换路径，使数据帧直接由源地址到达目的地址，交换设备如图2-2 所示。

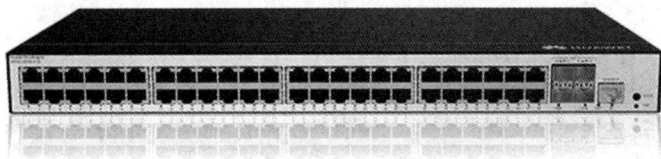

图 2-2　交换设备

交换设备

一般来说，交换机可以分为以下几类：

(1) 根据覆盖范围划分，可分为局域网交换机和广域网交换机。

(2) 根据传输介质划分，可分为以太网交换机、快速以太网交换机、千兆交换机、万兆交换机以及 ATM 交换机等。

(3) 根据应用划分，可分为企业交换机、工作组交换机和桌面型交换机。

(4) 根据接口结构划分，可分为固定端口交换机和模块化交换机。

(5) 根据工作协议层划分，可分为两层交换机、三层交换机和四层交换机等。

(6) 根据是否支持网管功能划分，可分为网管型交换机和非网管型交换机。

交换机选购时，应从以下几个方面进行综合考虑。

1. 端口密度

交换机端口数多少的选择不仅要考虑到网络中需要连接的用户数多少,还要考虑到单端口的成本和交换机所处的位置。一般来说,端口数越多,单端口成本越低,但也不是说越多越好,通常建议控制在 48 个端口之内。越是上层的交换机,端口数可以越少,越是下层的交换机,端口数可以越多。一般固定端口的核心或者骨干层交换机选择 24 个端口以内、12 个端口以上的为宜,而分布层和接入层可以选择最多为 48 个端口的交换机,通常选择24 个端口的交换机。

2. 端口类型

交换机端口有 10 Mb/s、100 Mb/s、1000 Mb/s 和光纤端口,在进行端口类型选择时,应根据需求和所处位置所定。

3. 工作层次

目前主要应用的还是两层和三层两种。具体如何选择也要根据交换机所处的位置、实际的网络应用和投资预算而定。一般来说,在大中型网络中,核心和骨干层交换机都要采用三层交换机,它不仅性能远优于两层交换机,而且还提供了许多新的功能,如路由支持和根据 IP 地址、通信协议等标准划分 VLAN 等。但是三层交换机的价格远比两层的要高,在考虑了实际的网络应用需求的基础上,还要充分考虑到投资成本预算。至于四层和七层交换机,绝大多数企业是无须采用的,因为这类交换机主要用于电信级企业中。

4. 性能档次

在一般的小型企业中,担当核心交换机的也为工作组级交换机,一般仅具有两层交换机性能,采用的多数是桌面级交换机。在大中型企业网络中,或者在有复杂应用的网络中,担当核心或骨干层交换机的通常为部门级或者企业级交换机。这类交换机通常是三层或三层以上交换机,具有网管、堆栈、VLAN、路由功能和模块结构,其交换性能也得到了极大的加强,以方便用户使用、管理和扩展。

5. 网管功能

三层及三层以上交换机的复杂性体现在网管功能上,它不像普通的两层交换机那样接上去就可以用,而是需要根据实际应用来进行较复杂配置的。实际应用中,三层及三层以上交换机是否需要支持网管也不能一概而论,一般核心和骨干层、汇聚层交换机通常采用支持网管功能的,以便管理员维护,而边缘层交换机则通常无须支持网管功能。如果在网络中安装部署有大型的网管系统,最好全部选择支持 SNM 协议的网管型交换机,这样管理员就可以通过网管系统全面有效地监控网络中的所有交换机和所连接的用户设备,这在大型网络中是非常必要的。

6. 堆栈功能

交换机的连接方式分为级联和堆栈两种,级联通过双绞线把交换机连接在一起,交换机背板带宽并不发生变化;堆栈后的交换机背板带宽是整个交换机的堆栈带宽总和,因此堆栈比级联具有更快更高的处理数据的能力,但是并不是所有的交换机都支持堆栈的功能,在选购交换机时应充分考虑实际的需求。

2.2.1　局部区域网 LAN——核心和分布式交换机

本节将主要介绍华为交换机的产品分类以及常用的交换机产品，通过本节的学习，读者可以掌握华为交换机主要产品性能，并能够根据网络设计的需求，选择合适的交换机产品。

1. 产品分类

厂商根据实际应用场景对核心和分布式产品进行分类，如表 2-4 所示。

表 2-4　局部区域网 LAN-核心和分布式交换产品列表

产品名称	说　　明
华为 CloudEngine S12700E 系列交换机	• 是华为智简园区网络的旗舰级核心交换机，提供高品质海量交换能力、有线无线深度融合网络体验和全栈开放，平滑升级能力，帮助客户网络从传统园区向以业务体验为中心的智简园区转型 • CloudEngine S12700E 系列交换机是华为面向 WiFi 6 全无线时代高端园区网络推出的全新一代旗舰级核心交换 • 具备领先的数据交换能力及海量的终端接入能力，同时提供随板 AC、VxLAN、业务随行、智能 HQoS、iPCA、SVF 等创新特性 • 是构建 WiFi 6 时代高品质园区网络核心交换机的理想选择，助力全球客户数字化转型
华为 CloudEngine S5732-H 系列全光交换机	• 是华为公司全新研发的增强型全光千兆/万兆混合交换机，可以提供 24 口及 48 口全光接入端口，及固定 6×40GE 上行端口 • CloudEngine S5732-H 系列全光交换机支持随板 AC，最多可管理 1K AP，实现有线无线深度融合，具备业务随行能力，提供一致的用户体验 • 具备 VxLAN 能力，支持网络虚拟化功能，满足园区网络一网多用的需求 • 该系列交换机内置安全探针，支持异常流量检测、加密流量的威胁分析，以及全网威胁诱捕等功能 • 是大中型园区网络汇聚及接入、小型园区网核心以及数据中心接入的最佳选择
华为 CloudEngine S5731-S 系列交换机	• 是华为公司全新研发的标准型千兆接入交换机，可以提供全千兆电口接入及固定万兆上行端口 • 是华为公司推出的新一代千兆接入交换机，基于华为公司统一的 VRP 软件平台，具有增强的三层特性 • 简易的运行维护，智能 iStack 堆叠，灵活的以太组网，成熟的 IPv6 特性等特点，广泛应用于企业园区接入和汇聚、数据中心接入等多种应用场景
华为 S12700 系列敏捷交换机	• 是面向下一代园区网核心设计开发的敏捷交换机，采用全可编程架构，灵活快速满足业务需求，新业务 6 个月即可上线 • 提供高性能的 L2/L3 交换服务，百万级硬件表项，满足园区 10 年演进，内置大容量 WLAN，AC 控制器实现有线无线业务的深度融合，突破无线 AC 的容量瓶颈 • 为高价值的无边界网络服务提供全面支持

2. 选型原则

在网络设计时，一般按照核心层、分布层和接入层 3 层模型进行设计，但在实际情况中，根据企业规模的大小、性能的需求等诸多因素，用户在设计时往往会考虑将核心层和分布层进行合并，因此，在核心层和分布层交换机选型时应重点考虑网络的大小和性能需求。

2.2.2　园区 LAN——接入交换机

1. 产品分类

根据场景需求对 LAN 交换产品进行分类，如表 2-5 所示。

表 2-5　园区 LAN-接入交换机产品列表

产品名称	说　　明
华为 CloudEngine 5800 系列数据中心交换机	• 支持 40GE 上行接口的千兆接入交换机，最大支持 9 台堆叠，风道方向可以灵活选择，满足云网络高密千兆接入需求 • 定位于数据中心的高密千兆接入，帮助企业和运营商构建面向云计算时代的数据中心网络平台，也可以用于园区网的汇聚或接入 • 可以与华为新一代核心交换机 CloudEngine 16800/CloudEngine 12800 配合，构建弹性、简单、开放、安全的云数据中心网络
华为 CloudEngine S5731-S 系列交换机	• 是华为公司全新研发的标准型千兆接入交换机，可以提供全千兆电口接入及固定万兆上行端口 • 是华为公司推出的新一代千兆接入交换机，基于华为公司统一的 VRP 软件平台 • 具有增强的三层特性，简易的运行维护，智能 iStack 堆叠，灵活的以太组网，成熟的 IPv6 特性等特点 • 广泛应用于企业园区接入和汇聚、数据中心接入等多种应用场景
S5730S-EI 系列交换机	• 具备高可用性和高级安全性，确保提供稳定一致的服务 • 是华为全新的三层千兆以太网交换机，提供灵活的全千兆接入以及高性价比的固定万兆上行接口 • 同时可提供一个子卡槽位用于 40GE 上行端口扩展 • 基于新一代高性能硬件和华为公司统一的 VRP 软件平台 • 具有增强的三层特性，智能 iStack 堆叠，灵活的以太组网，成熟的 IPv6 特性以及简易的运行维护等特点 • 广泛应用于企业园区接入和汇聚、数据中心接入等多种应用场景

2. 选型原则

接入层交换机是直接面向终端连接的交换机，在交换机选择时，一般考虑的因素包括端口密度、端口转发速度及交换机处理速度(背板带宽)等因素，此外，还要考虑交换机安全性和网络整体策略设置的安排。一般来说，综合考虑安全策略和实现路由功能。

2.2.3　园区 LAN——紧凑型交换机

1. 产品分类

根据场景需求对紧凑交换产品进行分类，如表 2-6 所示。

表 2-6　园区 LAN-紧凑型交换机产品列表

产品名称	说　明
华为 Catalyst 3560 与 3560-C 系列紧凑型交换机	• 设计精巧的静音交换机可在配线柜外部提供全面的接入服务 • 支持 Power Over Ethernet Plus、Huawei Energy Wise 和高级 QoS • 独特的 PoE 透传功能一举消除了对电源插座的需求 • 华为 TrustSec 和 MACsec 还遵循支付卡行业安全法规
华为 Catalyst 2960 与 2960-C 系列紧凑型交换机	• 设计精巧的静音交换机可在配线柜外部提供基础的接入服务 • 支持 Power Over Ethernet Plus、Huawei EnergyWise 和高级 QoS • 独特的 PoE 透传功能一举消除了对电源插座的需求 • 华为 TrustSec 还遵循支付卡行业安全法规

2. 选型原则

紧凑型交换机主要的特点是设计精巧、外观紧凑，因此紧凑型交换机主要用在对于布线空间和缆线基础架构均有限的场所(如网亭、会议室和呼叫中心)，用户在空间狭小或需要安静的会议室内布置紧凑型交换机。

2.2.4　数据中心交换机

1. 产品分类

根据数据中心对数据交换的需求，对交换机产品进行分类，如表 2-7 所示。

表 2-7　数据中心交换机产品列表

产品名称	说　明
CloudEngine 12800 系列交换机	• CloudEngine 12800 系列交换机是华为公司面向数据中心网络推出的高性能核心交换机 • 提供稳定、可靠、安全的高性能 L2/L3 层交换服务，实现弹性、虚拟、敏捷和高品质的网络 • CloudEngine 12800 提供 1290/3870 Tb/s 超大交换容量 • 单设备支持 576 个 100GE，576 个 40GE，2304 个 25GE 或 2304 个 10GE 全线速接口 • CloudEngine 12800 系列支持工业级可靠性，以及严格前后风道设计，并支持全面的虚拟化能力和丰富的数据中心特性 • CloudEngine 12800 系列采用了多种绿色节能创新技术，大幅降低设备能源消耗，是叠加式数据中心和园区核心部署的理想之选

产品名称	说　明
CloudEngine 6800 系列交换机	• 是华为公司面向数据中心推出的新一代高性能、高密度、低时延 10GE/25GE 以太网交换机 • 采用先进的硬件结构设计，提供高密度的 10GE/25GE/50GE 端口接入，支持 40GE/100GE/200GE 上行端口 • 支持丰富的数据中心特性和高性能堆叠，风道方向可以灵活选择 • 定位于数据中心的高密万兆接入，帮助企业和运营商构建面向云计算时代的数据中心网络平台，也可以用于园区网的核心或汇聚 • 可以与华为数据中心核心交换机 CloudEngine 16800/CloudEngine 12800 配合，构建弹性、简单、开放、安全的云数据中心网络
CloudEngine 8800 系列交换机	• 交换机是面向数据中心推出的新一代高性能、高密度、低时延灵活插卡以太网交换机 • 可以与华为 CloudEngine 系列数据中心交换机 CloudEngine 16800/CloudEngine 12800//CloudEngine 6800/CloudEngine 5800 配合 • 构建弹性、简单、开放、安全的云数据中心网络 • 提供高密度的 400GE/200GE/100GE/40GE/25GE/10GE 端口 • 支持丰富的数据中心特性和高性能的堆叠，帮助企业和运营商构建面向云计算时代的数据中心网络平台 • 定位于数据中心的核心或汇聚，也可以用于园区网的核心或汇聚
CloudEngine 16800 数据中心交换机	• 是华为推出的面向智能时代的数据中心交换机，承载独创的 iLossless 智能无损交换算法，对全网流量进行实时的学习训练，实现网络 0 丢包与 E2E 微级时延，达到最高吞吐量

2. 选型原则

数据中心交换机的选购主要考虑交换机的业务槽位数、交换容量、包转发率、背板带宽、MAC 容量、VLAN 功能、路由功能、组播功能、链路聚合、端口镜像、QoS 功能、安全可靠性等性能，尤其在虚拟化技术越来越普及的今天，数据中心交换机尤其要考虑集群虚拟化的功能。鉴于此，在进行数据中心交换机的选择时，一般根据企业网络的需求进行选购，不同规模企业根据特性进行不同的选择，在满足功能需求的前提下节约成本。

2.2.5　服务供应商——聚合交换机

1. 产品分类

根据汇聚网络的需求对汇聚交换机产品进行分类，如表 2-8 所示。

表 2-8　聚合交换机产品列表

产品名称	说　　明
华为 ME 3800X 系列交换机	• 符合成本效益的 1 RU(机架单元)交换路由器，协助聚合宽带、移动与运营 　商级以太网 • 非常适合带宽汇聚和移动回传应用 • 占用空间小、功耗低，且服务扩展能力高 • 提供功能齐全的平台，适用于远程总部以及低密度汇聚
华为 Catalyst 6500 系列交换机	• 先进的模块化园区平台，可简化操作，降低成本，实现现有投资的最大价 　值，非常适合园区核心层及分布层部署，对希望部署集成服务模块的数据 　中心客户而言也是理想之选 • 借助虚拟交换系统，实现高可用性 • 集成的服务模块，可降低总拥有成本并简化可管理性
华为 Catalyst 4500E 系列交换机	• 高度可扩展的模块化接入以及高性价比分布式交换机 • 是服务供应商和大中型企业的最佳选择 • 借助 Flexible Netflow 提供应用可视化和控制功能 • 能够在运行期间升级软件，可用性高
华为 ME 4900 系列交换机	• 提供新一代家庭服务 • 高性能、1 RU(机架单元)运营商级以太网交换机 • 非常适合要部署新家庭服务的服务供应商 • 提供三网合一服务支持(语音、视频和数据) • 业界领先的 48 Gb/s 和 71 Mp/s 的线速性能

2. 选型原则

对于服务供应商而言，聚合交换机目前较为主流的产品是 Catalyst 6500 系列和 Catalyst 4500E 系列交换机，这两类交换机也可作为核心层的应用交换机，如果网络设计较为复杂，则采用多层汇聚的方式。如果面向接入层汇聚，则可选用 ME 3800X 系列和 ME 4900 系列交换机。

2.2.6　服务供应商——以太网接入交换机

1. 产品分类

根据接入网络的需求对以太网接入交换机产品进行分类，如表 2-9 所示。

表 2-9　以太网接入交换机产品列表

产品名称	说　　明
S1700 系列 企业交换机	• 提供简单便利的安装维护手段和丰富的业务特性，助力用户打造安全可靠 　的高性能网络 • 可广泛应用于中小企业、网吧、酒店、学校等以太接入场景，实现高度的 　服务可用性 • 打造灵活、与众不同的服务

续表

产品名称	说　明
CloudEngine S5735-S 系列交换机	• 是华为公司全新研发的标准型千兆接入交换机，可以提供灵活的全千兆接入及固定万兆上行端口 • CloudEngine S5735-S 系列交换机基于新一代高性能硬件和华为公司统一的 VRP 软件平台 • 具有增强的三层特性，简易的运行维护，灵活的以太组网，成熟的 IPv6 特性等特点 • 广泛应用于企业园区接入和汇聚、数据中心接入等多种应用场景
CloudEngine S5735S-L 系列交换机	• 是华为公司全新研发的精简型千兆接入交换机，可以提供灵活的全千兆接入及固定千兆或者万兆上行端口 • 基于新一代高性能硬件和华为公司统一的 VRP 软件平台 • 灵活的以太组网，多样的安全控制等特点 • 具备更高性能和更丰富的业务处理能力，广泛应用于企业园区接入、千兆到桌面等多种应用场景
S600-E 系列交换机	• 是华为公司面向弱电场景推出的高性能、高安全、智能管理、具备大规模用户接入能力的三层以太交换机产品

2. 选型原则

对于服务供应商而言，接入层交换机在考虑性能的同时，还要充分考虑到端口密度以及三网合一服务的支持，在三网合一服务上能够提供更好的性能，是服务商的首选产品。针对企业对 VPN 有特殊的需求和在企业需求不是很强烈的情况下，足以满足一般企业的接入需求。

2.3　网络安全设备

网络安全设备也被称为安全网关，其主要目的是保护网络信息的安全，其设备涉及网页过滤、防病毒、策略控制等多种功能。本节主要从 4 个方面对网络安全设备进行阐述，通过学习，读者能够根据网络设计的需求选择合适的网络安全设备。

网络安全设备

2.3.1　保护数据中心和虚拟化设备

1. 产品分类

根据数据中心和虚拟化设备的需求对相应安全产品进行分类，如表 2-10 所示。

表 2-10 保护数据中心和虚拟化设备产品列表

产品名称	说 明
HUAWEI ASA 5585-X 下一代数据中心防火墙	• 集成熟的防火墙、功能全面的企业级入侵防御和 VPN 于一体 • 性能密度高达竞争性防火墙产品的 8 倍 • 可以集群成高达 300 Gb/s 的防火墙和 60 Gb/s IPS 的吞吐量 • 与防火墙竞争产品相比,只需要 15%的能耗 • 将入侵防御与全局关联技术集成 • 支持情景感知型防火墙功能
HUAWEI ASA 1000V 云防火墙	• 与 HUAWEI Nexus 1000V 虚拟交换机集成 • 采用经过实践验证的自适应安全设备(ASA)主流技术 • 可扩展至涵盖多个 VMware ESX 主机,保障它们的安全,在物理 基础架构、虚拟基础架构和云基础架构之间实现一致性
HUAWEI IPS 4500 系列传感器	• 针对攻击者、受害者和相关攻击信息提供详尽的可视性 • 避免重要数据中心资源受到有目的的攻击和复杂的恶意软件威胁 • 通过无与伦比的高性能攻击防御能力,提升业务持续性,帮助企 业满足法规遵从性需求 • 自动化的威胁管理功能可在短短数分钟内就落实关键资产保护
华为虚拟安全网关(VSG) (US)	• 与 HUAWEI Nexus 1000V 虚拟交换机和虚拟机管理程序集成 • 在虚拟机级别实施安全策略并提供可视性 • 在虚拟数据中心和多重租赁环境层面中,在逻辑上隔离应用程序 • 在安全管理员与服务器管理员之间实现权责分明
HUAWEI Catalyst 6500 系列 /7600 系列 ASA 服务模块	• 集功能全面的交换性能与业内一流的安全性于一身 • 直接为数据中心主干提供安全保障 • 每秒连接数达 300 000 个,各协议上的吞吐场共达 16 Gb/s • 1 个机箱最多可支持 4 个模块

2. 选型原则

数据中心和云端处于网络的核心部分,承载着用户的核心业务和机密数据,同时为内部、外部以及合作伙伴等客户提供业务交互和数据交换,因此在数据中心安全设备选型必须满足转发速率高、扩展性强、冗余丰富等原则。ASA 5585-X 数据中心防火墙、ASA 1000V 云防火墙和 IPS 4500 系列适合大型运营商数据中心和云计算处理中心,而虚拟安全网关适合专业从事云计算业务的大型企业,Catalyst 6500 系列/7600 系列 ASA 服务模块适合园区网络的数据中心。

2.3.2 保护边缘和分支机构设备

1. 产品分类

根据边缘和分支机构设备的需求对安全产品进行分类,如表 2-11 所示。

表 2-11　保护边缘和分支机构设备产品列表

产品名称	说　明
ASA 5500 和 5500-X 系列 下一代防火墙	• 结合企业级状态检测和下一代防火墙功能 • 集成功能全面的下一代网络安全服务 • 使用成熟的企业级平台 • 提供多种尺寸和外观
ASA 下一代防火墙服务	• 提供端到端网络智能 • 实现对应用和微应用的精准控制 • 具备几近于实时更新的主动威胁防护的优势 • 基于用户、设备、角色和应用类型实施差异化策略
入侵防御系统	• 识别并阻止恶意流量、蠕虫、病毒和应用程序滥用 • 提供智能化的威胁检测和保护 • 借助声誉过滤和全局检测，防止威胁入侵 • 提升业务持续性，帮助企业满足法规遵从性需求
ISR G2 上的集成式安全性	• 提供防火墙、入侵防御、VPN 和内容过滤功能 • 推动在现有路由器上集成新的网络安全功能 • 最大化提升网络安全性，同时无需添加硬件 • 降低后续支持和管理费用

2. 选型原则

企业级的安全产品主要考虑扩展性和转发效率，ASA 5500、5500-X 系列和入侵防御系统适合大型企业，而 ASA 适合人中型企业以及政府单位，ISR G2 上的集成式安全性则适合中小型企业。

2.3.3　网络安全访问解决方案设备

1. 产品分类

对网络安全访问控制安全产品进行分类，如表 2-12 所示。

表 2-12　网络安全访问产品列表

产品名称	说　明
身份服务引擎	• 借助情景识别和一致的策略管理实现高度安全的访问 • 借助自助式终端用户设置提升生产率 • 在单独一个窗格中访问基于用户、设备和应用的策略控制
网络准入控制设备	• 只允许访问受信任的设备，从而强制实施网络安全策略 • 阻止对不合规设备的访问，面对不断涌现的威胁和风险，对其带来的损失予以限制 • 兼容第三方管理应用程序，保护用户的现有投资 • 通过与其他华为产品集成，抵御病毒、蠕虫和恶意访问的威胁

产品名称	说　明
安全访问控制系统	<ul><li>可根据动态状况和属性控制网络访问</li><li>借助基于规则的策略，满足不断变化的访问需求</li><li>借助集成的监控、报告和故障排除功能提高遵从性</li><li>充分利用内置的集成功能和分布式部署方案</li></ul>
虚拟办公室	<ul><li>扩展为向远程员工提供高度安全可管理的网络服务</li><li>采用各种标准或速成版本，以符合成本效益的方式调整规模</li><li>纳入认可的合作伙伴服务、远程站点聚合以及系统</li><li>提供全 IP 电话服务、无线服务、数据服务和视频服务</li></ul>

2. 选型原则

网络安全访问最主要的一种方式就是 VPN 访问，通过用户身份识别等策略对用户访问进行策略控制。华为在网络安全访问方面提出了专门的安全访问解决方案，该方案主要基于华为身份服务引擎、网络准入控制设备、安全访问控制系统等硬件，并利用 WebEx 技术或 VPN 客户端等技术实现虚拟办公室，以方便远程员工的安全访问。企业在解决安全访问的问题时，可参考华为的安全访问解决方案进行配置和管理，在经济允许的条件下，可选择成熟的安全访问方案。

2.3.4 保护移动网络设备

1. 产品分类

对保护移动网络设备产品进行分类，如表 2-13 所示。

表 2-13　保护移动网络设备产品列表

产品名称	说　明
适用于 ASA 系列的 VPN 服务	<ul><li>提供的远程连接支持高达 10 000 个 SSL 或真正的 IPsec 连接</li><li>支持无客户端并基于浏览器的 VPN 连接所不具备的功能</li><li>通过 IPv4 网络隧道将用户连接到 IPv6 资源</li><li>方便创建用户个人资料和定义主机名称及地址</li></ul>
AnyConnect Mobility 解决方案	<ul><li>提供智能、顺畅并且可靠的网络连接体验</li><li>可让用户使用任何设备随时随地访问自己的信息</li><li>提供全面主动的远程访问连接</li><li>强制实施情景感知型策略，防御恶意软件的威胁</li></ul>

2. 选型原则

针对 ASA 防火墙系列，华为在保护移动网络方面推出了专门的基于 ASA 系统的 VPN 服务，该服务能够更直观地对移动设备访问进行设置和管理。此外还推出了 HUAWEI Any Connect Secure Mobility 解决方案，用户在保护移动网络方面，可以参考方案进行设计。

2.3.5 保护电子邮件和 Web 设备

1. 产品分类

对基于 Web 设备的安全产品进行分类，如表 2-14 所示。

表 2-14　保护电子邮件和 Web 设备产品列表

产品名称	说　明
Web 安全	• 让所有用户获得主动安全保护、应用可视化和控制能力 • 可扩展为向远程员工提供实时保护和策略实施功能 • 运用部署灵活性，满足企业和网络需求 • 与现有华为投资集成，进而降低复杂性
电子邮件安全	• 支持各种规模的企业防御垃圾邮件、病毒和混合型威胁的攻击 • 协助实现法规遵从性，保护声誉和品牌资产 • 减少 Down 机时间，简化企业邮件系统的管理工作 • 已部署于全球 40% 以上的企业巨头

2. 选型原则

企业可根据网络设计的需求，考虑是否需要添加保护电子邮件和 Web 设备。一般来说，防火墙系统和入侵防御系统(Intrusion Prevention System，ISP)也能够保护电子邮件和 Web 的安全，在此基础上，华为推出了 Web 安全和电子邮件安全设备，可以更简化地进行配置和管理。

2.4　无 线 设 备

构成 WLAN 的主要无线设备称之为接入点(Access Point，AP)，AP 又可以分为"瘦"AP 和"胖"AP。其中，前者也称无线网关、无线网桥，作用相当于有线网络中的集线器，在无线局域网中不停地接收和传送数据，任何一台装有无线网卡的 PC 均可通过其分享有线局域网络甚至广域网络的资源。"胖" AP 也称无线路由器，与"瘦" AP 不同的是，除无线接入功能外，一般还具备 WAN 和 LAN 两个接口，多支持 DHCP 服务器、DNS 和 MAC 地址克隆，以及 VPN 接入、防火墙等安全功能。某种无线设备的外观如图 2-3 所示。

无线设备

图 2-3　某种无线设备

根据实现方式和应用环境的不同，无线设备可分为以下几类：

(1) 按无线设备的实现方式来分，可分为桥接型无线设备、路由型无线设备、集中控制型无线设备。

(2) 按无线设备的应用环境来分，可分为室内型无线设备和室外型无线设备。

2.4.1　接入点设备

本节主要介绍华为的接入点设备、无线局域网控制器、无线网络管理设备以及室外无线和客户端设备，方便读者在进行无线局域网构建时选择合适的无线产品。

1. 产品分类

接入点设备产品的分类，如表 2-15 所示。

表 2-15　接入点设备产品列表

产品名称	说　明
AP8050DN-S 系列	• 是华为最新一代 802.11ac Wave 2 室外型双频无线接入点设备，支持 2×2 MU-MIMO 和 2 条空间流，具有卓越的室外覆盖性能及超强的硬件防护，支持 2.4 GHz 和 5 GHz 频率，支持无线网桥，内置蓝牙，兼容 IEEE 802.11a/b/g/n/ac 标准 • 双频同时提供业务时可提供更高的接入容量，使室外无线网络带宽突破千兆，同时具备完善的业务支持能力、高可靠性、高安全性、网络部署简单、自动上线和配置、实时管理和维护等特点，满足室外无线网络部署要求 • 适用于高密场馆、广场、步行街、游乐场等覆盖场景，或者无线港口、无线数据回传、无线视频监控、车地回传等桥接场景
AP4051TN 无线接入点	• 支持 802.11ac Wave 2 标准的三射频设计，其中：2.4G 频段支持 2×2 MIMO 和 2 条空间流，一个 5G 射频支持 2×2 MIMO 和 2 条空间流，另外一个 5G 射频支持 4×4 MIMO 和 4 条空间流 • AP4051TN 无线接入点具有完善的业务支持能力，适合部署在普教电子教室、商超密集区等应用环境
AP350 无线接入点	• 是面向 SOHO 类型企业市场的 802.11ac wave2 标准无线接入点，整机三射频设计，2.4 GHz 频段支持 2×2MIMO，双 5 GHz 频段并发，分别支持 2×2 MIMO 和 4×4MIMO，整机速率可达 3 Gb/s • AP350 适用于中小型企业、商铺、餐馆、酒店等人流较密集场景

2. 选型原则

随着 802.11ac 标准的逐渐普及，目前主流的无线接入设备均采用 802.11ac 的标准，因此在选择无线路由设备时，应充分考虑无线设备所处的环境及企业对于无线网络带宽的需求。企业在进行 WLAN 设计时，如移动接入端较少且对带宽需求较小，考虑到企业后期发展对无线设备功能要求较小的情况下，可选择 HUAWEI Aironet 1600 系列；企业在 WLAN 设计时，移动接入端较多且带宽需求较大，或企业在短期内人员增加、数据量增加较大，可选择 HUAWEI Aironet 3600 系列或 HUAWEI Aironet 2600 系列的无线路由器。鉴于 802.11n 标准已成为主流，推荐企业使用 HUAWEI Aironet 3600 系列或 HUAWEI Aironet 2600 系列无线接入设备。

2.4.2　无线局域网控制器

传统的 WLAN 中没有无线局域网控制器，所有 AP 都通过交换机连接起来，每个 AP 单独负担 RF、通信、身份验证、加密等工作，因此需要对每一个 AP 进行独立配置，难以实现全局的统一管理和集中的 RF、接入和安全策略设置。这种局限性已经无法满足大型的无线局域网以及非常依赖无线业务的高级用户。在此基础上，诞生了基于无线局域网控制器的解决方案，无线局域网控制器也应运而生。

1. 产品分类

无线局域网控制器产品的分类，如表 2-16 所示。

表 2-16　无线局域网控制器产品列表

产品名称	说　　明
8500 系列无线控制器	• 凭借集中式接触点，在一个机架单元空间中实现高扩展性 • 管理高达 6000 个接入点，64 000 个客户端和 6000 个分支机构 • 支持万兆以太网高速连接，2 个万兆以太网冗余端口 • 具备亚秒级接入点状态故障转移功能，实现高可用性 • 配备双冗余电源，实现高灵活性
华为 5760 无线局域网控制器	• 每台控制器均配有高级网络服务，可带来线速 60 Gb/s 吞吐量 • 每台控制器均可支持高达 1000 个接入点和 12 000 个客户端 • 在 72 000 个接入点之间无缝漫游，扩展性出众 • 华为 IOS 搭载 Flexible Netflow，高级 QoS 和可下载的 ACL 等多项功能
5500 系列无线局域网控制器	• 用于企业园区部署 • 最多可连接 500 个接入点 • 支持 HUAWEI ClientLink 和 CleanAir 技术等移动性服务

2. 选型原则

无线局域网控制器的选择，取决于客户对无线接入点数目的需求以及无线接入点接入客户端的数量，同样需要考虑的是无线接入点的数据量。华为的无线局域网控制器种类繁多，包括 2500、5500、7500、8500 等诸多系列，在选择时主要是依据企业的规模大小及对无线 AP 的需求等，其中 2500 系列的无线网络控制器适用于中小型企业，5500 系列适用于大中型企业，8500 系列的则一般用于企业具有大量分支机构的情况。

2.4.3　无线网络管理设备

1. 产品分类

无线网络管理设备产品的分类，如表 2-17 所示。

表 2-17 无线网络管理设备产品列表

产品名称	说　　明
华为 Prime 基础架构	• 融合式管理，可全面管理有线网络和无线网络的生命周期 • 改善配置、应对变动情况并增强遵从性管理，进而降低总拥有成本 • 集成应用保证
移动业务引擎	• 增强 HUAWEI CleanAir 的性能 • 依托自适应无线入侵防护服务，支持经提升的无线安全 • 凭借位置服务检测其在网状态并追踪和回溯非法设备
高级位置服务	• 位置分析捕获和分析室内位置和历史趋势，以支持更高的客户动态和模式可视性 • 移动门房(Mobile Concierge)向用户的智能电话传送实时情景，以吸引用户的关注 • 移动门房软件开发人员提供了一项简单易用的方案，可用于针对移动业务和服务，并提供极具个性化的内容

2. 选型原则

目前，无线网络管理的主要工具是通过软件进行管理，市面上也有很多无线网络管理的软件，因此华为也推出了 Prime 基础架构，以方便用户对无线网络进行管理。在此基础上，华为还开发了移动业务引擎和高级位置服务，可以针对无线网络管理要求较高的企业或安全要求较高的企业进行无线网络的管理工作。

2.4.4 室外无线和客户端设备

1. 产品分类

室外无线及客户端设备产品的分类，如表 2-18 所示。

表 2-18 室外无线和客户端设备产品列表

产品名称	说　　明
HUAWEI Aironet 550 系列(US)	• 适用于室外部署的加固型(IP67 等级)接入点 • 该系列产品可用于危险位置(1 类 2 区/区域) • 以 802.11n 为基础，包括带双空间流的 2×3 多路输入和多路输出(MIMO) • 功能强大的回传选择，包括以太网、无线、光纤或线缆 • HUAWEI CleanAir Technology 可实现主动式干扰防护
HUAWEI Aironet 1552S 系列(US)	• 适用于室外危险位置的加固和部署 • 以 802.1 In 为基础，包括带双空间流的 2×3MIMO • 以 802.1 In 为基础，包括带双空间流的 2×3 多路输入和多路输出(MIMO) • 包括适用于传感器网络的集成式 ISAWO.lla 主干路由器 • 针对 WiFi 客户端和传感器设备接入的一体化解决方案，适用于多项工业应用 • 包含华为无线局域网和 Honeywell One Wireless 架构的集成解决方案的关键组件

2. 选型原则

HUAWEI Aironet 1550 系列室外无线接入点提供了一个灵活、安全、可扩展的网状平台，为大型城区、企业园区和生产厂区带来了高性能通信。运营商级设计使电信运营商能够利用 WiFi 支持下一代移动数据下载。HUAWEI Aironet 1550 系列通过 802.1 la/b/g/n 多输入多输出 (MIMO)技术和两个空间流提高了无线灵敏度和覆盖范围，从而提供了高性能设备接入。该接入点可支持多个上行链路和电源选项。符合 802.3af 的以太网供电(PoE)接口允许轻松连接 IP 视频摄像机等 IP 设备。1550 系列包含了 1552E、1552C、1552H、15521 等产品，一般情况下，选用 1552E 就足够了，但对于危险场所，可以选择 1552H 或 1552S 无线设备。

2.5　语音设备

网络电话会议系统是为商务人士适时协作、沟通量身打造的电话与网络并行互通的会议服务，代表一种有效、实时的协作工作方式，是全球流行的商务工具。通过简单的商务流程开通网络电话会议标准版服务，即可获取长期有效的使用账号(主持人密码和参与人密码)。需要进行实时沟通协作时，只需将参与人密码和会议接入号通知其他参与人员，便可快速召开一场电话会议。个人专属"会议室"随时随地无须预约，即刻召开，如图 2-4 所示。

语音设备

图 2-4　语音设备

本节将着重介绍华为的网络电话会议系统和网络视频会议系统，企业可根据自身对于会议的要求，方便快捷地选择使用电话会议系统还是视频会议系统。

2.5.1　网络电话会议系统应用

1. 产品分类

网络会议、电话会议协作产品的分类，如表 2-19 所示。

2. 选型原则

针对网络电话会议系统，华为推出了一系列的 IP 可视电话，包括 9900 系列、8900 系列、7900 系列，这些可视电话可用于企业或家庭，满足了当前日益流行的 SOHO (Small Office Home Office)工作方式。针对企业客户，可选择华为的网真 MX 系列，该系列产品可以将即时通信的优势延伸到办公室、家庭办公室或其他远程位置。TX9000 系列产品则将现有的企业会议室进行升级，能够更方便地提供视频，以满足分散在各地的团队进行面对面的沟通。通过 HUAWEI Jabber 软件，用户可在任何设备上随时享受即时语音、即时视频和会议的功能。

表 2-19 网络会议、电话会议协作产品列表

产品名称	说　明
华为统一 IP 电话 9900 系列	• 专业协作终端 • 最适合追求高质量多媒体的知识工作者和经理使用 • 高性能的互动式标清视频 • 有效像素分辨率为 640×480 的触摸显示屏
华为统一 IP 电话 7900 系列	• 专业通信终端 • 最适合需要高级电话特性和功能的企业 • 高清语音、全彩显示屏和千兆以太网连接 • 每条线路支持多个呼叫
HUAWEI Desktop Collaboration ExperienceDX600 系列	• 集成的高清语音和视频通信以及 Web 会议 • 即时访问基于云和 Android 的桌面虚拟化 • 借助通信小组件、商业和自定义 Android 应用程序，构建全新的工作流程
华为网真系统 EX 系列	• 提供两种尺寸的显示屏，分辨率为 1080p/30fps，画面栩栩如生 • 简化会晤与分享，从单机工作到拨打视频电话都能满足 • 简单易用的界面
华为网真 MX 系列	• 完全集成、专为会议室设计的 42 英寸和 55 英寸系统 • 具有自动设置和自我配置功能，易于安装 • 以经济实惠的价格实现高价值
华为网真 TX9000 系列	• 全新的工业设计，提供更出色的沉浸式体验 • 3 个优质并发视频流 • 高清全动态内容共享，实现卓越的视频和内容协作 • 配备精致的摄像头外壳和触摸式界面，提供优异的照明和音效 • 与先前型号相比，带宽需求降低 20%，安装更迅速，维修更容易
HUAWEI Jabber	• 作为云服务在企业内部部署或按需部署 • 轻松访问即时状态、即时消息、语音和视频、桌面共享和会议功能 • 在任何设备上提供始终如一的体验：PC、Mac、iPhone、iPad、Android、Nokia 或 BlackBerry

2.5.2　网络视频会议系统应用

1. 产品分类

网络视频会议系统产品的分类，如表 2-20 所示。

表 2-20 网络视频会议系统产品列表

产品名称	说　明
华为网真服务器	• 借助 HUAWEI ActivePresence 和 HUAWEI ClearPath 开展高质量且灵活的 360p 全高清多方会议和协作 • 多种灵活的部署选项(机箱或设备)以及虚拟化选项 • 通过 WebEx 会议中心客户端或网真系统参加会议 • 通过关键产品功能支持华为无处不在的会议 • 支持多点呼叫 • 可与标准的第三方终端兼容
HUAWEI TelePresence Conductor	• 简化网真会议，支持更轻松、更智能、更符合成本效益的体验 • 利用智能网真服务器和多点控制单元(MCU)资源分配提供最佳的多点会议 • 尽享会议虚拟化和个性化的优势
华为网真内容服务器	• 留存视频和演示，轻松观看流媒体直播和视频点播 • 与华为网真或第三方标准视频终端(作为首选)相结合 • 支持通过轻型目录访问协议(LDAP)进行 Active Directory 验证 • 允许使用简单的 Web 界面实现基本视频编辑和共享功能 • 与领先的企业和教育 Web 2.0 门户集成

2. 选型原则

在网络视频会议系统应用方面，华为推出了基于 WebEx 的网真视频会议系统，该系统包括网真服务器、网真内容服务器系统，可以通过 HUAWEI TelePresence Conductor 简化网真会议。网真系统的部署可以方便企业尤其是分支机构较多的企业进行视频会议的召开，但是该系统的部署对于网络的带宽需求及企业的资金投入具有较高的要求，企业可根据实际情况进行选购。

第二部分
网络设备配置

2

第 3 章　交换设备配置

教学目标

本章通过介绍主流交换机的基本配置方法、生成树协议、VLAN、中继协议等内容，使读者熟练掌握交换设备配置方法与配置途径，能够进行交换机 VLAN 划分与 VLAN 配置，并理解生成树 STP 及快速生成树 RSTP 的工作原理，掌握在交换机上配置快速生成树协议，以及熟练掌握 VTP 的基本配置等。

知识目标

➤ 掌握交换机的基本配置。
➤ 理解交换机带内、带外管理。
➤ 掌握交换机 VLAN 的基本配置。
➤ 理解 VLAN 中继的概念。
➤ 掌握生成树协议的工作过程。
➤ 掌握 VTP 协议原理及配置方法。

技能目标

➤ 能够通过配置使能 VTY 密码、设置交换机的管理 IP 和默认网关，实现交换机的 Telnet 远程登录，能完成交换机备份、交换机系统升级配置。
➤ 能够通过配置完成跨交换机 VLAN 间的通信。
➤ 能够进行 STP、RSTP 配置。
➤ 能够进行 VTP 配置。

3.1　交换机基本配置

3.1.1　项目背景

1. 需求分析

公司购置的交换机已经全部到货，需要尽快对交换机进行检查，并完成基本配置，使之能够被远程管理，便于在今后的网络建设中应用。

交换机基本
配置

2. 环境准备

以太网交换机 1 台，PC(计算机)2 台，标准网线 2 根。每组 2 名学生，各操作 1 台 PC，协同进行实训。

3. 技能准备

全新交换机在使用前需完成一些基本配置，下面将按照技能要求对新交换机进行配置。

(1) 正确识别反转线(Console 线)、交叉线及直连线，并使用反转线将 PC 与交换机连接，如图 3-1 所示。

图 3-1　交换机、Console 线、电源线

选择登录方式，采用一条反转线，一端连接到交换机的 Console 端口上，另一端通过 RJ45-DB9 转换器，连接到 PC 的 COM1 或 COM2 上，然后通过 PC 超级终端进行登录配置。

(2) 首次使用实体交换机。给交换机加电，在 PC 上依次选择"开始"→"程序"→"附件"→"通信"→"超级终端"菜单命令，打开"超级终端"程序。启动超级终端后，新建一个连接，正确配置相应参数如图 3-2 和图 3-3 所示。

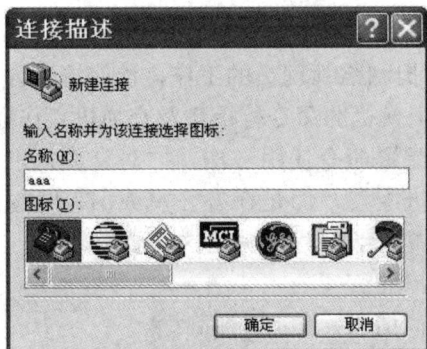

图 3-2　定义超级终端名称 aaa

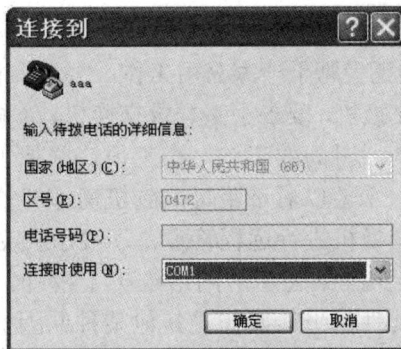

图 3-3　定义超级终端连接端口 COM1

(3) 开启交换机电源，这时在超级终端窗口可以看到交换机的启动过程或按 Enter 键就可看到交换机提示符，表示已登录到交换机上了，如图 3-4 和图 3-5 所示。

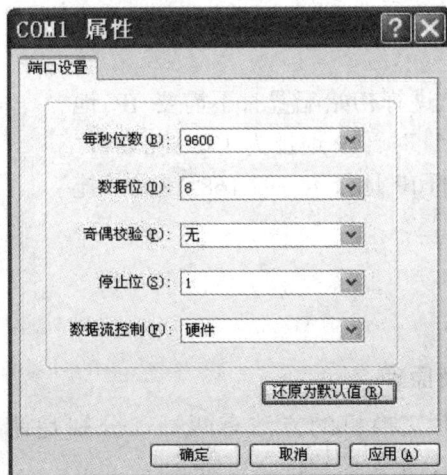

图 3-4　超级终端定义相关参数

```
[c:\~]$

Connecting to 192.168.100.254:23...
Connection established.
To escape to local shell, press 'Ctrl+Alt+]'.

Warning: Telnet is not a secure protocol, and it is recommended to use Stelnet.

Login authentication

Username:cloud
Password:
Warning: The initial password poses security risks.
The password needs to be changed. Change now? [Y/N]: n
Info: The max number of VTY users is 10, and the number
      of current VTY users on line is 1.
      The current login time is 2000-04-05 17:12:28+00:00.
<Cloud>
```

图 3-5　登录交换机界面

3.1.2　项目设计

1. 配置需求

(1) 小王受聘于一家公司工作，公司安排小王承担网络管理员的工作，恰好这时公司新购进一批交换机，要求小王登录交换机，了解、掌握交换机的命令行操作及交换机工作原理。

经过一段时间的工作，小王很快掌握了交换机配置命令使用方法，并对交换机进行了初始配置，希望以后不用每次到机房才能修改交换机配置，而是在办公室或出差时也可以对机房的交换机进行远程管理，现要求在交换机上做适当配置，满足这一要求。

(2) 小张是某公司的网络维护工程师，现某客户的交换机配置文件由于误操作或其他某种原因被破坏了，请求公司给予技术支持，帮助初始化交换机。

2. 拓扑设计

本项目中计算机 COM1 端口连接拓扑结构图如图 3-6 所示。

3. IP 地址设计

交换机通过 Console 口进行初始配置时不需要 IP 地址；在配置交换机的管理地址时，IP 地址为 192.168.0.1，掩码为 255.255.255.0；PC 的 IP 地址为 192.168.0.100，掩码为 255.255.255.0。

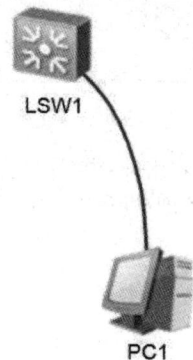

图 3-6　计算机 COM1 端口连接

3.1.3　项目实施

1. 交换机的基本操作及原理

常用配置和管理 LAN 交换机的方法有两种，分别是命令行界面 (Command Line Interface，CLI)和管理软件。

本书中主要介绍使用命令行界面来配置交换机。

交换机的视图

1) 命令界面层次关系

(1) User Exec(用户视图)。

- 提示符：<Huawei>。
- 退出：输入 quit 命令。
- 功能：基本测试、显示系统信息。
- 可进入特权模式，输入 system 命令。

(2) system-view(特权视图)。

- 进入：<Huawei> system-view。
- 提示符：[Huawei]。
- 返回：[Huawei]quit → <Huawei>。
- 进入特权配置模式：<Huawei> system-view。
- 功能：验证设置命令的结果。

(3) Interface Configuration(接口配置模式)。

- 进入：[Huawei] interface 接口。
- 提示符：[Huawei-GigabitEthernet0/0/1]。
- 返回：[Huawei-GigabitEthernet0/0/1]quit。
- 功能：配置交换机的各种接口。

(4) Config-vlan(VLAN 配置模式)。

- 进入：[Huawei]vlan 100。
- 返回：[Huawei-Vlan100]quit。
- 功能：配置 VLAN 参数。

2) 获得帮助

(1) help 或 ?。

在命令提示符下输入 help 或 ?，即会显示帮助系统的简短说明，具体如下：

```
[Huawei]interface GigabitEthernet ?
  <0-0>    GigabitEthernet interface slot number
<cr>
[Huawei]int?
  Interface
```

(2) 错误指示符(^ 符号和 % 符号)。

在输入命令的过程中出错，此时 CLI 便会输出消息，指出该命令无法识别或不完整。%符号代表错误标记消息。用户有时很难发现所输入命令中的错误，这时，CLI 提供了检测错误的机制，并使用错误指示符(^ 符号)来提示出错的地方，具体如下：

```
[Huawei]config
       ^
Error:Ambiguous command found at '^' position.
```

3) 简写命令

只需要输入命令关键字的一部分字符，这部分字符须足够识别唯一的命令关键字。

例如，interface GigabitEthernet 0/0/1 命令可以写成[Huawei] int g0/0/1。

4）命令中 undo 选项

undo 选项用来禁止某个特性或功能，或者执行与命令本身相反的操作。

接口配置命令如下：

[Huawei-GigabitEthernet0/0/1]undo shutdown	//打开接口
[Huawei-GigabitEthernet0/0/1]shutdown	//关闭接口

5）使用历史命令

① Ctrl + P 或上方向键：在历史命令表中浏览前一条命令。

② Ctrl + N 或下方向键：在使用了 Ctrl + P 或上方向键操作之后，使用该操作在历史命令表中回到更近的一条命令。

6）配置系统名称

系统名称的配置如下：

<Huawei>	//用户视图，此视图下只能进行查询命令
<Huawei>system-view	//进入系统视图
[Huawei]	//系统视图
[Huawei]sysname SW1	//修改名字

7）交换机原理及转发行为

随着企业网络的发展，越来越多的用户需要接入到网络，交换机提供的大量的接入端口能够很好地满足这种需求。同时，交换机也彻底解决了困扰早期以太网的冲突问题，极大地提升了以太网的性能，同时也提高了以太网的安全性。

交换机工作在数据链路层，对数据帧进行操作。在收到数据帧后，交换机会根据数据帧的头部信息对数据帧进行转发。

接下来我们以小型交换网络为例，讲解交换机的基本工作原理，如图 3-7 所示。

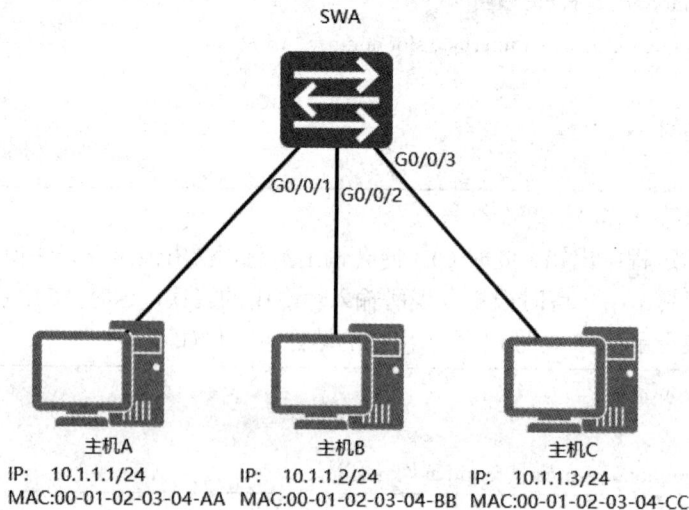

图 3-7　交换机的工作原理

交换机中有一个 MAC 地址表,里面存放了 MAC 地址与交换机端口的映射关系。MAC 地址表也称为 CAM(Content Addressable Memory)表。

如图 3-8 所示,交换机对帧的转发操作行为一共有 3 种:泛洪(Flooding),转发(Forwarding)和丢弃(Discarding)。

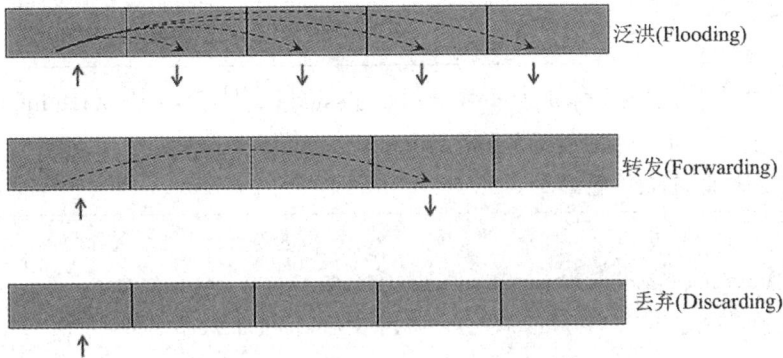

图 3-8 交换机的转发行为

泛洪是交换机把从某一端口进来的帧通过其他端口转发出去(注意:"其他端口"是指除这个帧进入交换机的那个端口以外的所有端口)。

转发是交换机把从某一端口进来的帧通过另一个端口转发出去(注意:"另一个端口"不能是这个帧进入交换机的那个端口)。

丢弃是交换机把从某一端口进来的帧直接丢弃。

交换机的基本工作原理可以概括地描述如下:

如果进入交换机的是一个单播帧,则交换机会去 MAC 地址表中查找该帧的目的 MAC 地址。当查不到这个 MAC 地址时,交换机执行泛洪操作。当查到了这个 MAC 地址时,比较这个 MAC 地址在 MAC 地址表中对应的端口是否为该帧进入交换机的相应端口。如果不是,则交换机执行转发操作。如果是,则交换机执行丢弃操作。

如果进入交换机的是一个广播帧,则交换机不会去查 MAC 地址表,而是直接执行泛洪操作。

如果进入交换机的是一个组播帧,则交换机的处理行为将更加复杂。

另外,交换机还具有学习能力。当一个帧进入交换机后,交换机会检查这个帧的源 MAC 地址,并将该源 MAC 地址与这个帧进入交换机的相应端口进行映射,然后将映射关系存放进 MAC 地址表。

2. 配置交换机的远程管理

远程管理交换机的配置命令如下:

```
<Huawei>system-view
[Huawei]sysname SW1
[SW1]interface vlanif 1                          //进入三层逻辑接口
[SW1-Vlanif1]ip address 10.1.1.254 24            //配置交换机的管理 IP 地址
```

```
[SW1-Vlanif1]quit
[SW1]stelnet server enable                        //启动 stelnet 服务功能
[SW1]user-interface vty 0 4                        //进行虚拟终端配置界面
[SW1-ui-vty0-4]authentication-mode aaa             //配置认证方式为密码认证
[SW1-ui-vty0-4]protocol inbound ssh                //指定 VTY 用户界面所支持的协议
[SW1-ui-vty0-4]quit
```

VTY 用户所支持的协议有 3 个参数,分别为 ssh(只支持 SSH 协议)、telnet(只支持 Telnet 协议)和 all(支持所有协议,包括 SSH 和 Telnet)。

进行 AAA 认证的详细配置命令如下:

```
[SW1] aaa                                          //进入 aaa 认证配置界面
[SW1I-aaa] local-user user1 password cipher Huawei@123
//配置允许登录的用户名为 user1,密码为密文形式的 Huawei@123
[SW1I-aaa]local-user user1 privilege level 3       //配置用户 user1 的级别为 3
[SW1-aaa] local-user user1 service-type ssh        //配置用户 user1 的服务类型为 ssh
[SW1-aaa] quit
[SW1] rsa local-key-pair create                    //生成本地 RSA 密钥对
[SW1]ssh authentication-type default password       //用来配置 SSH 用户缺省采用密码认证
 [SW1]quit
<SW1> save                                          //保存配置信息
```

3. 初始化交换机原始配置

华为交换机共有 3 种恢复原始配置的方法,下面分别介绍。

1) reset saved-configuration 命令

在用户视图下通过 reset saved-configuration 命令重置交换机的设置,具体配置命令如下:

```
<Huawei>reset saved-configuration
Warning:The action will delete the saved configuration in the device.
The configuration will be erased to reconfigrue. Continue?   [Y/N]:Y
Warning:Now clearing th configuration in the device.
 Mar 16 2022 11:45:08-08:00 Huawei %%01CFM/4/RST_CFG(1)[0]:The user chose Y when deciding
whether to reset the saved configuration.
```

对初始化进行确认,是否进行初始化?选择 Y 后,按回车键。初始化后,原来输入的命令并不会立刻清除,必须对交换机进行重启。在视图模式下,重启交换机的配置命令如下:

```
<Huawei>reboot
Info:The system is now comparing the configuration,please wait.
Warning:All the configuration will be saved to the configuration file for the
```

```
ext startup;,Continue?[Y/N]:y
Now saving the current configuration to the slot 0.
Save the configuration successfully.
```

最后输入 system-view 命令进入系统视图，通过 display current-configuration 来查看配置。

2) 长按 PNP 键恢复出厂设置

通过长按交换机上 PNP 键，可以进行真机配置，这时能够修改底层的配置文件，使设备恢复出厂配置，如图 3-9 所示，重新启动后即可完成初始化。

图 3-9 PNP 键初始交换机

3) reset factory-configuration 命令

在用户视图下通过 reset factory-configuration 命令来恢复出厂设置，输入 Y 确认清除电脑配置，具体配置命令如下：

```
<Huawei>reset factory-configuration
Info:The system is now comparing the configurations and files(except the starup, patch, module,and license files)from the device.Continue? [Y/N]:Y
                                    //输入 Y 后，将清除设备上所有的配置和数据文件
Warning:The system will reboot after configurations and files are deleted.Continue? [Y/N]:Y
                                    //输入 Y 后，设备将自动重新启动
```

3.1.4 项目总结

本项目介绍了交换机的布线连接和基本参数配置。交换机的控制台连接、以太网连接和串行连接分别使用 Console 电缆、标准直通线和交叉线。

交换机在不同配置视图下的功能配置包括命名交换机、设置口令、保存配置信息、恢复初始化配置等。配置完成后保存配置信息，并能把重要的配置命令保存到文本文件中，养成整理配置文档的良好习惯。

根据本节内容完成下面的实训报告。

项目 3.1 交换机基本配置实训报告

实训日期：_____年_____月_____日　　　　　　实训地点：_____

班级：_____　　　　　　组号：_____　　　　参与成员学号：_____

实训名称	交换机基本配置	
拓扑图及要求	拓扑图： LSW1　　Ethernet 0/0/1 　　　　　　Ethernet 0/0/1 　　　　　　　　　　PC1 要求： ① 完成网络拓扑连接，并进行交换机器基本参数配置，例如：交换机的重新启动等。 ② 保存交换机器配置信息。	
实训目的	① 掌握交换机的基本配置。 ② 通过控制台方式完成交换机主机名、接口地址的初始配置。	
拓扑设计： 　拓扑图绘制 　地址规划 　环境搭建 　设备连线		项目负责人： 司线员：
	□小组自评 □各组互评 □教师评价 评价：	评价人：
设备配置： 　关键步骤 　重要命令		配置人员：
	□小组自评 □各组互评 □教师评价 评价：	评价人：
功能验证： 　验证方法 　故障排除		调试验证人员：
	□小组自评 □各组互评 □教师评价 评价：	评价人：
实训总结		书记员：

3.2 网络隔离与广播风暴控制

3.2.1 项目背景

1. 需求分析

某企业网络中最近经常出现数据泛洪现象，通过分析，发现某接入网络的设备正在以非常高的速率向网络中发送报文，产生了广播风暴，极大地降低了网络性能，造成带宽资源浪费。对于网络中出现的广播风暴现象，可以使用交换机的风暴控制功能来防止。

网络隔离与广播风景控制

2. 环境准备

(1) 每组计算机 2 台，交换机 1 台，直通双绞线、交叉双绞线、配置线、电源线若干。

(2) 将配置线连接到交换机上的 Console 口，并在装有超级终端的计算机上启动配置程序。

3. 技能准备

1) 广播风暴

根据交换机的转发原则，如果交换机从一个端口上接收到的是一个广播帧，或者是一个目的 MAC 地址未知的单播帧，则会将这个帧向除源端口之外的所有其他端口转发。如果交换网络中有环路，则这个帧会被无限转发，此时便会形成广播风暴，网络中也会充斥着重复的数据帧。

如图 3-10 所示，主机 A 向外发送了一个单播帧，假设此单播帧的目的 MAC 地址在网络中所有交换机的 MAC 地址表中都暂时不存在。SWB 接收到此帧后，将其转到 SWA 和 SWC，SWA 和 SWC 也会将此帧转发到除了接收此帧的其他所有端口，结果此帧又会被再次转发给 SWB，这种循环会一直持续，于是便产生了广播风暴。交换机性能会因此急速下降，并会导致业务中断。

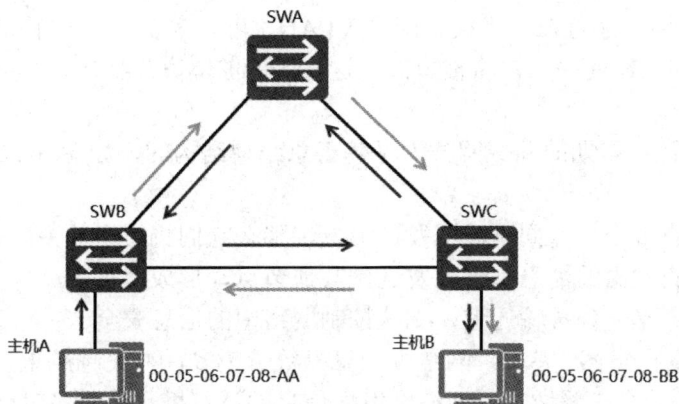

图 3-10 交换机产生广播风暴

交换机是根据所接收到的数据帧的源地址和接收端口生成 MAC 地址表项的。

主机 A 向外发送一个单播帧，假设此单播帧的目的 MAC 地址在网络中所有交换机的 MAC 地址表中都暂时不存在。SWB 收到此数据帧之后，在 MAC 地址表中生成一个 MAC 地址表项 00-01-02-03-04-AA，对应端口为 G0/0/3，并将其从 G0/0/1 和 G0/0/2 端口转发。这里仅以 SWB 从 G0/0/1 端口转发此帧为例进行说明。

SWA 接收到此帧后，由于 MAC 地址表中没有对应此帧目的 MAC 地址的表项，所以 SWA 会将此帧从 G0/0/2 转发出去。

SWC 接收到此帧后，由于 MAC 地址表中也没有对应此帧目的 MAC 地址的表项所以 SWC 会将此帧从 G0/0/2 端口发送回 SWB，也会发给主机 B。

SWB 从 G0/0/2 接口接收到此数据帧之后，会在 MAC 地址表中删除原有的相关表项，生成一个新的表项 00-01-02-03-04-AA，对应端口为 G0/0/2。此过程会不断重复，从而导致 MAC 地址表振荡，如图 3-11 所示。

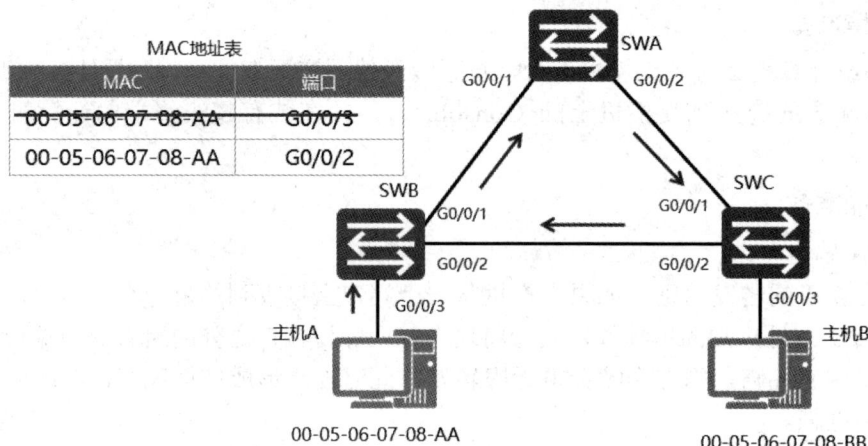

图 3-11　MAC 地址表振荡

2) VLAN 的配置

随着网络中计算机的数量越来越多，传统的以太网络开始面临冲突严重、广播泛滥以及安全性无法保障等各种问题。

VLAN(Virtual Local Area Network)即虚拟局域网，是将一个物理的局域网在逻辑上划分成多个广播域的技术。通过在交换机上配置 VLAN，可以实现在同一个 VLAN 内的用户进行互访，而不同 VLAN 间的用户将被隔离。这样既能够隔离广播域，又能够提升网络的安全性。

(1) 传统局域网。早期的局域网技术是基于总线型结构的，如图 3-12 所示，它存在以下主要问题：

① 若某时刻有多个节点同时试图发送消息，那么它们将产生冲突。

② 从任意节点发出的消息都会被发送到其他节点，形成广播。

③ 所有主机共享一条传输通道，无法控制网络中的信息安全。

这种网络构成了一个冲突域，网络中计算机数量越多，冲突越严重，网络效率越低。同时，该网络也是一个广播域，当网络中发送信息的计算机数量变多时，广播流量将会耗费大量带宽。

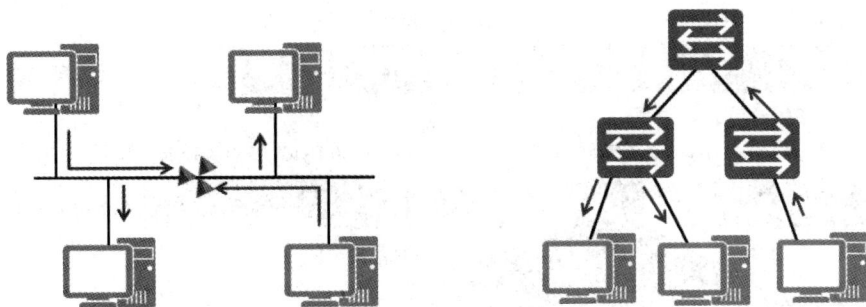

图 3-12　传统以太网

因此，传统局域网不仅面临冲突域太大和广播域太大两大难题，而且无法保障传输信息的安全。

为了扩展传统局域网，以接入更多计算机，同时避免冲突的恶化，出现了网桥和二层交换机，它们能有效隔离冲突域。网桥和交换机采用交换方式将来自入端口的信息转发到出端口上，克服了共享网络中的冲突问题。但是，采用交换机进行组网时，广播域和信息安全问题依旧存在。

为了限制广播域的范围，减少广播流量，需要在没有二层互访需求的主机之间进行隔离。路由器是基于三层 IP 地址信息来选择路由和转发数据的，其连接两个网段时可以有效抑制广播报文的转发，但成本较高。因此，人们设想在物理局域网上构建多个逻辑局域网，即 VLAN。

(2)　VLAN 技术。VLAN 技术可以将一个物理局域网在逻辑上划分成多个广播域，也就是多个 VLAN。VLAN 技术部署在数据链路层，用于隔离二层流量。同一个 VLAN 内的主机共享同一个广播域，它们之间可以直接进行二层通信。而 VLAN 间的主机属于不同的广播域，不能直接实现二层互通。这样，广播报文就被限制在各个相应的 VLAN 内，同时也提高了网络安全性，如图 3-13 所示。

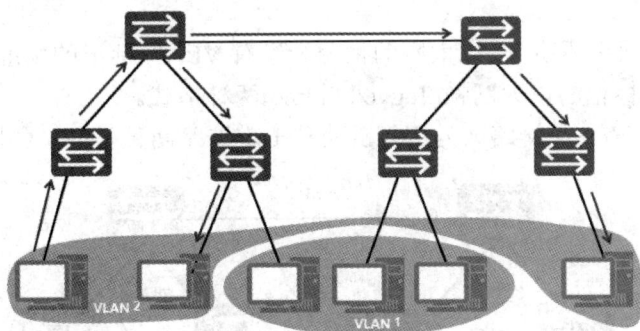

图 3-13　VLAN 技术

可以看出，原本属于同一广播域的主机被划分到了两个 VLAN 中，即 VLAN1 和 VLAN2。VLAN 内部的主机可以直接在二层互相通信，VLAN1 和 VLAN2 之间的主机无法直接实现二层通信。

①　VLAN 帧格式。VLAN 标签长 4 个字节，直接添加在以太网帧头中，IEEE802.1Q 文档对 VLAN 标签作出了说明，图 3-14 为 VLAN 帧格式。

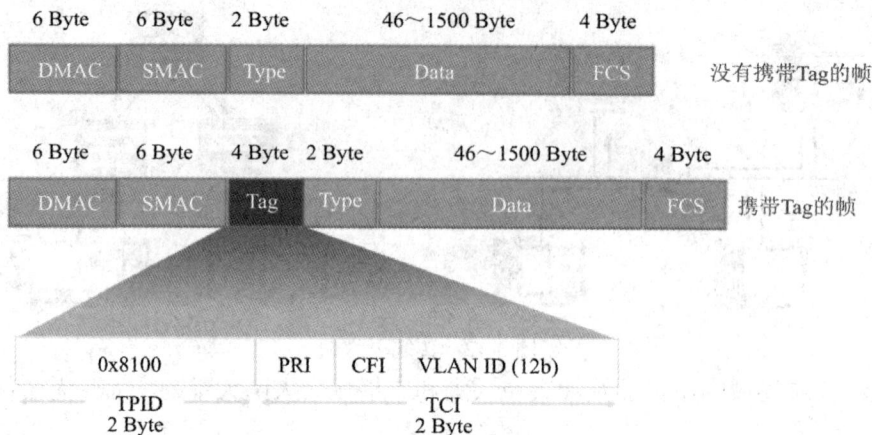

图 3-14　VLAN 帧格式

VLAN 帧格式具体说明如下：

TPID：Tag Protocol Identifier，长度为 2 Byte，固定取值为 0x8100，是 IEEE 定义的新类型，表明这是一个携带 802.1Q 标签的帧。如果不支持 802.1Q 的设备收到这样的帧，会将其丢弃。

TCI：Tag Control Information，长度为 2 Byte。帧的控制信息，详细说明如下：

Priority：长度为 3 bit，表示帧的优先级，取值范围为 0～7，值越大优先级越高。当交换机阻塞时，优先发送优先级高的数据帧。

CFI：Canonical Format Indicator，长度为 1 bit。CFI 表示 MAC 地址是否为经典格式。CFI 为 0 说明是经典格式，CFI 为 1 表示为非经典格式。用于区分以太网帧、FDDI(Fiber Distributed Digital Interface)帧和令牌环网帧。在以太网中，CFI 的值为 0。

VLAN ID：VLAN Identifier，长度为 12 bit，在 X7 系列交换机中，可配置的 VLAN ID 取值范围为 0～4095，但是 0 和 4095 在协议中规定为保留的 VLAN ID，不能给用户使用。

在现有的交换网络环境中，以太网的帧分为没有 VLAN 标记的标准以太网帧(Untagged Frame)和有 VLAN 标记的以太网帧(Tagged Frame)两种格式。

②　链路类型。VLAN 链路分为接入链路和干道链路两种类型，如图 3-15 所示。

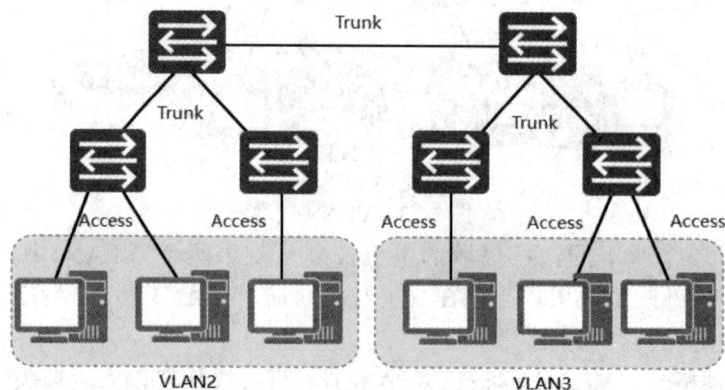

图 3-15　链路类型

③ PVID。PVID 即 Port VLAN ID，代表端口的缺省 VLAN，如图 3-16 所示。

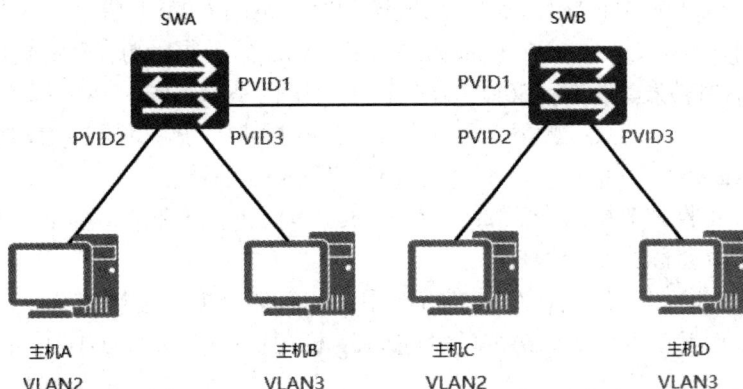

图 3-16　PVID

交换机从对端设备收到的帧有可能是 Untagged 的数据帧，但所有以太网帧在交换机中都是以 Tagged 的形式被处理和转发的，因此交换机必须给端口收到的 Untagged 数据帧添加上 Tag。为了实现此目的，必须为交换机配置端口的缺省 VLAN。当该端口收到 Untagged 数据帧时，交换机将给它加上该缺省 VLAN 的 VLAN Tag。

PVID 表示端口在缺省情况下所属的 VLAN。缺省情况下，X7 系列交换机每个端口的 PVID 都是 1。

④ Access 链路。Access 端口是交换机上用来连接用户主机的端口，它只能连接接入链路，并且只能允许唯一的 VLAN ID 通过本端口，如图 3-17 所示。

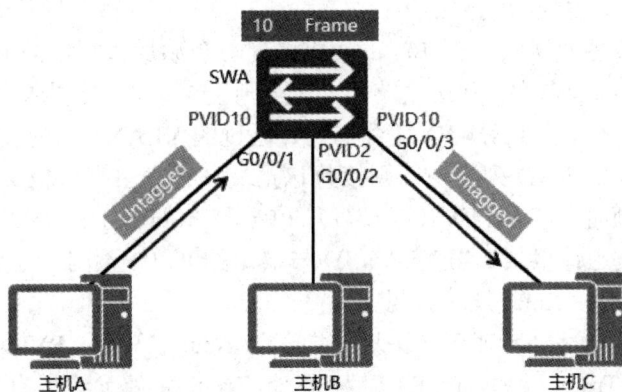

图 3-17　Access 链路

Access 端口收发数据帧的规则如下：

如果该端口收到对端设备发送的帧是 Untagged(不带 VLAN 标签)，则交换机将强制加上该端口的 PVID。如果该端口收到对端设备发送的帧是 Tagged(带 VLAN 标签)，则交换机会检查该标签内的 VLAN ID。当 VLAN ID 与该端口的 PVID 相同时，接收该报文。当 VLAN ID 与该端口的 PVID 不同时，丢弃该报文。

Access 端口发送数据帧时，总是先剥离帧的 Tag，然后再发送。Access 端口发往对端设备的以太网帧永远是不带标签的帧。

在本示例中，交换机的 G0/0/1、G0/0/2 和 G0/0/3 端口分别连接三台主机，都配置为 Access 端口。主机 A 把数据帧(未加标签)发送到交换机的 G0/0/1 端口，再由交换机发往其他目的地。收到数据帧之后，交换机根据端口的 PVID 给数据帧打上 VLAN 标签 10，然后决定从 G0/0/3 端口转发数据帧。G0/0/3 端口的 PVID 也是 10，与 VLAN 标签中的 VLAN ID 相同，交换机移除标签，把数据帧发送到主机 C。连接主机 B 的端口的 PVID 是 2，与 VLAN10 不属于同一个 VLAN，因此此端口不会接收到 VLAN10 的数据帧。

Access 端口在收到数据后会添加 VLAN Tag，VLAN ID 和端口的 PVID 相同。Access 端口在转发数据前会移除 VLAN Tag。

⑤ Trunk 链路。Trunk 端口是交换机上用来和其他交换机连接的端口，它只能连接干道链路。Trunk 端口允许多个 VLAN 的帧(带 Tag 标记)通过，如图 3-18 所示。

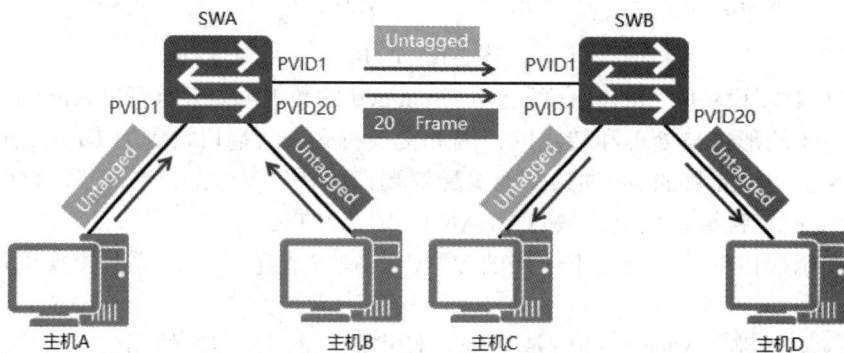

图 3-18　Trunk 链路

Trunk 端口收发数据帧的规则如下：

当接收到对端设备发送的不带 Tag 的数据帧时，会添加该端口的 PVID，如果 PVID 在允许通过的 VLAN ID 列表中，则接收该报文，否则丢弃该报文。当接收到对端设备发送的带 Tag 的数据帧时，检查 VLAN ID 是否在允许通过的 VLAN ID 列表中。如果 VLAN ID 在接口允许通过的 VLAN ID 列表中，则接收该报文，否则丢弃该报文。

端口发送数据帧时，当 VLAN ID 与端口的 PVID 相同，且是该端口允许通过的 VLAN ID 时，去掉 Tag，发送该报文。当 VLAN ID 与端口的 PVID 不同，且是该端口允许通过的 VLAN ID 时，保持原有 Tag，发送该报文。

在本示例中，SWA 和 SWB 连接主机的端口为 Access 端口，PVID 如图所示。SWA 和 SWB 互连的端口为 Trunk 端口，PVID 都为 1，此 Trunk 链路允许所有 VLAN 的流量通过。当 SWA 转发 VLAN1 的数据帧时会剥离 VLAN 标签，然后发送到 Trunk 链路上。而在转发 VLAN20 的数据帧时，不剥离 VLAN 标签直接转发到 Trunk 链路上。

当 Trunk 端口收到帧时，如果该帧不包含 Tag，则添加上端口的 PVID；如果该帧包含 Tag，则不添加。

当 Trunk 端口发送帧时，该帧的 VLAN ID 在 Trunk 的允许发送列表中：若与端口的 PVID 相同时，则剥离 Tag 发送；若与端口的 PVID 不同时，则直接发送。

⑥ Hybrid 链路。Access 端口发往其他设备的报文，都是 Untagged 数据帧，而 Trunk 端口仅在一种特定情况下才能发出 Untagged 数据帧，其他情况发出的都是 Tagged 数据帧，如图 3-19 所示。

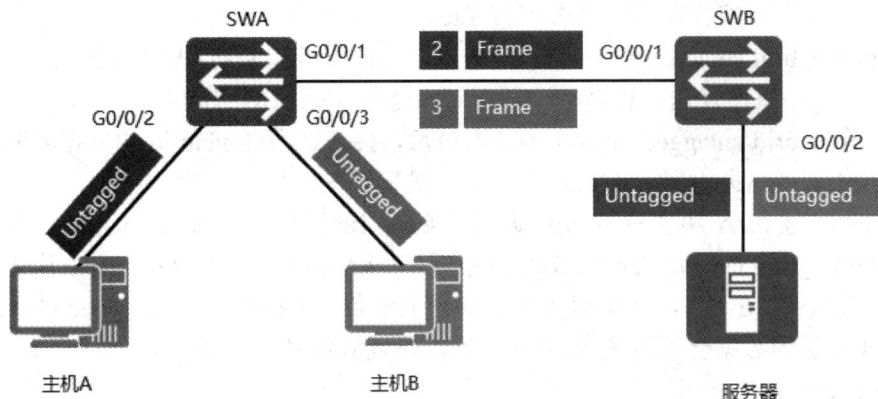

图 3-19　Hybrid 链路

Hybrid 端口是交换机上既可以连接用户主机，又可以连接其他交换机的端口。Hybrid 端口既可以连接接入链路又可以连接干道链路。Hybrid 端口允许多个 VLAN 的帧通过，并可以在出端口方向将某些 VLAN 帧的 Tag 剥掉。华为设备默认的端口类型是 Hybrid。

如图 3-20 所示，在本示例中要求主机 A 和主机 B 都能访问服务器，但是它们之间不能互相访问。此时交换机连接主机和服务器的端口，以及交换机互连的端口都配置为 Hybrid 类型。交换机连接主机 A 的端口的 PVID 是 2，连接主机 B 的端口的 PVID 是 3，连接服务器的端口的 PVID 是 100。

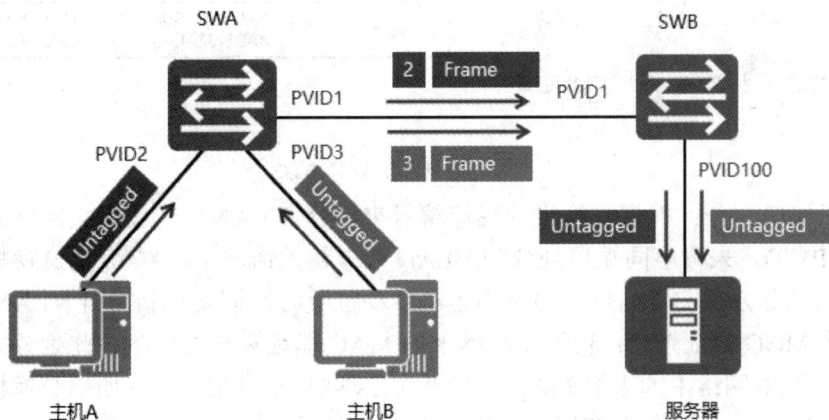

图 3-20　Hybrid 端口访问服务器

Hybrid 端口既可以连接主机，又可以连接交换机。Hybrid 端口可以以 Tagged 或 Untagged 方式加入 VLAN。

Hybrid 端口收发数据帧的规则如下：

当接收到对端设备发送的不带 Tag 的数据帧时，会添加该端口的 PVID，如果 PVID 在允许通过的 VLAN ID 列表中，则接收该报文，否则丢弃该报文。当接收到对端设备发送的带 Tag 的数据帧时，检查 VLAN ID 是否在允许通过的 VLAN ID 列表中。如果 VLAN ID 在接口允许通过的 VLAN ID 列表中，则接收该报文，否则丢弃该报文。

Hybrid 端口发送数据帧时，将检查该接口是否允许该 VLAN 数据帧通过。如果允许通过，则可以通过命令配置发送时是否携带 Tag。

配置 port hybrid tagged vlan vlan-id 命令后，接口发送该 vlan-id 的数据帧时，不剥离帧中的 VLAN Tag，直接发送。该命令一般配置在连接交换机的端口上。

配置 port hybrid untagged vlan vlan-id 命令后，接口在发送 vlan-id 的数据帧时，会将帧中的 VLAN Tag 剥离掉再发送出去。该命令一般配置在连接主机的端口上。

本例介绍了主机 A 和主机 B 发送数据给服务器的情况。在 SWA 和 SWB 互连的端口上配置了 port hybrid tagged vlan 2 3 100 命令后，SWA 和 SWB 之间的链路上传输的都是带 Tag 标签的数据帧。在 SWB 连接服务器的端口上配置了 port hybrid untagged vlan 2 3，主机 A 和主机 B 发送的数据会被剥离 VLAN 标签后转发到服务器。

3) VLAN 的划分方法

VLAN 的划分基于端口、MAC 地址、IP 子网、协议、策略等 5 种方法，如图 3-21 所示。

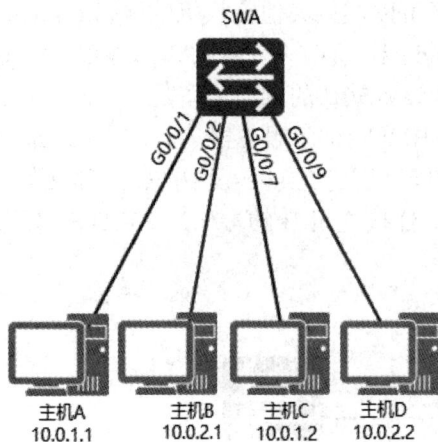

划分方法	VLAN 5	VLAN 10
基于端口	G0/0/1, G0/0/7	G0/0/2 G0/0/9
基于MAC地址	00-01-02-03-04-AA 00-01-02-03-04-CC	00-01-02-03-04-BB 00-01-02-03-04-DD
基于 IP 子网	10.0.1.*	10.0.2.*
基于协议	IP	IPX
基于策略	10.0.1.* + G0/0/1+ 00-01-02-03-04-AA	10.0.2.* + G0/0/2 + 00-01-02-03-04-BB

图 3-21　VLAN 的划分方法

(1) 基于端口划分：根据交换机的端口编号来划分 VLAN。通过为交换机的每个端口配置不同的 PVID，来将不同端口划分到 VLAN 中。初始情况下，X7 系列交换机的端口处于 VLAN1 中。此方法配置简单，但是当主机移动位置时，需要重新配置 VLAN。

(2) 基于 MAC 地址划分：根据主机网卡的 MAC 地址划分 VLAN。此划分方法需要网络管理员提前配置网络中的主机 MAC 地址和 VLAN ID 的映射关系。如果交换机收到不带标签的数据帧，则会查找之前配置的 MAC 地址和 VLAN 映射表，根据数据帧中携带的 MAC 地址来添加相应的 VLAN 标签。在使用此方法配置 VLAN 时，即使主机移动位置也不需要重新配置 VLAN。

(3) 基于 IP 子网划分：交换机在收到不带标签的数据帧时，根据报文携带的 IP 地址给数据帧添加 VLAN 标签。

(4) 基于协议划分：根据数据帧的协议类型(或协议族类型)、封装格式来分配 VLAN ID。网络管理员需要首先配置协议类型和 VLAN ID 之间的映射关系。

(5) 基于策略划分：使用几个条件的组合来分配 VLAN 标签。这些条件包括 IP 子网、端口和 IP 地址等。只有当所有条件都匹配时，交换机才为数据帧添加 VLAN 标签。另外，针对每一条策略都是需要手工配置的。

3.2.2　项目设计

1. 配置需求

根据拓扑设计进行交换机连接，实现 VLAN 的建立、端口分配及跨交换机间的通信，并能进行 100 Mb/s、开启全双工和关闭自协商模式的配置。

2. 拓扑设计

主机连接交换机拓扑设计如图 3-22 所示。

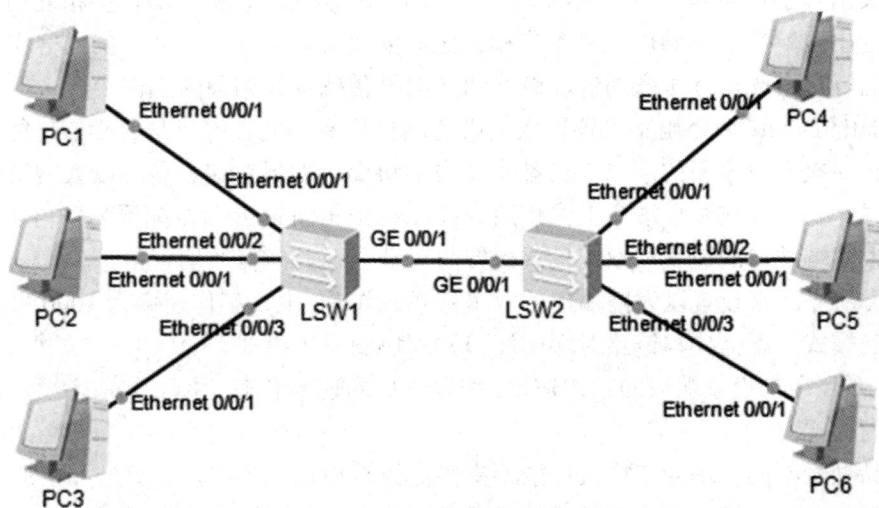

图 3-22　主机连接交换机

3. IP 地址设计

本项目设备接口和 IP 地址表如表 3-1 所示。

表 3-1　项目 3.2 设备接口和 IP 地址表

终端设备	接口	交换机	IP 地址	子网掩码
PC1	Ethernet 0/0/1	LSW1	192.168.10.1	255.255.255.0
PC2	Ethernet 0/0/2	LSW1	192.168.20.1	255.255.255.0
PC3	Ethernet 0/0/3	LSW1	192.168.30.1	255.255.255.0
PC4	Ethernet 0/0/1	LSW2	192.168.10.2	255.255.255.0
PC5	Ethernet 0/0/2	LSW2	192.168.20.2	255.255.255.0
PC6	Ethernet 0/0/3	LSW2	192.168.30.2	255.255.255.0

3.2.3　项目实施

1. 速率、全双工和自协商模式的配置

速率、全双工和自协商模式的详细配置命令如下：

```
<LWS>system-view
Enter system view, return user view with Ctrl+Z.
[LWS]interface GigabitEthernet 0/0/1
[LWS-GigabitEthernet0/0/1]undo negotiation auto
[LWS-GigabitEthernet0/0/1]speed 100
[LWS-GigabitEthernet0/0/1]duplex full
```

早期的以太网的工作模式都是 10 Mb/s 半双工的。随着技术的发展，出现了全双工模式，接着又出现了百兆和千兆以太网。采用不同工作模式的设备无法直接相互通信，而自协商技术的出现解决了不同以太网工作模式之间的兼容性问题。自协商的内容主要包括双工模式和运行速率。一旦协商通过，链路两端的设备就具有相同的工作参数。

negotiation auto 命令用来设置以太网端口的自协商功能。端口是否应该使能自协商模式，要考虑对接双方设备的端口是否都支持自动协商。如果对端设备的以太网端口不支持自协商模式，则需要在本端端口上先使用 undo negotiation auto 命令配置为非自协商模式。之后，修改本端端口的速率和双工模式保持与对端一致，确保通信正常。

duplex 命令用来设置以太网端口的双工模式。当 GE 电口工作速率为 1000 Mb/s 时，只支持全双工模式，不需要与链路对端的端口共同协商双工模式。

speed 命令用来设置端口的工作速率。配置端口的速率和双工模式之前需要先配置端口为非自协商模式。

因产品型号不同，华为交换机可能不支持更改端口双工模式，详见产品手册。

查看速率、全双工和自协商模式的配置是否成功，其配置命令如下：

```
[LWS]display interface GigabitEthernet 0/0/1
GigabitEthernet0/0/1 current state : UP
line protocol current state : UP
...
speed :    100,    Loopback: NONE
duplex: FULL,    Negotiation: DISABLE
```

display interface [interface-type [interface-number [.subnumber]]]命令用来查看端口当前运行状态和统计信息。

current state 表示端口的物理状态，如果为 UP，则表示端口处于打开状态。

line protocol current state 表示端口的链路协议状态，如果为 UP，则表示端口的链路协议处于正常的启动状态。

speed 表示端口的工作速率，SWA 的 GE0/0/1 端口工作速率为 100 Mb/s。

duplex 表示端口的双工模式，SWA 的 GE0/0/1 端口双工模式为全双工。

VLAN 的配置

2. VLAN 配置

创建 VLAN 的功能配置命令如下：

```
[LWS1]vlan 10
[LWS1-vlan10]quit
[LWS1]vlan batch 10 to 20
Info: This operation may take a few seconds. Please wait for a moment...done.
```

3. 端口配置

1) 配置 Access 端口

配置交换机 Access 端口的详细命令如下：

```
[LWS1]interface Ethernet 0/0/1
[LWS1-Ethernet0/0/1]port link-type access
[LWS1-Ethernet0/0/1]interface Ethernet 0/0/2
[LWS1-Ethernet0/0/2]port link-type access
[LWS1]vlan 10
[LWS1-vlan10]port Ethernet 0/0/1
[LWS1-vlan10]quit
[LWS1]interface Ethernet0/0/2
[LWS1-Ethernet0/0/2]port default vlan 20
```

可以使用两种方法把端口加入 VLAN。

第一种方法是进入 VLAN 视图，执行 port <interface>命令，把端口加入 VLAN。

第二种方法是进入接口视图，执行 port default vlan <vlan-id>命令，把端口加入 VLAN。vlan-id 是指端口要加入的 VLAN。

2) 配置 Trunk 端口

配置交换机 Truck 端口的详细命令如下：

```
[LWS1-GigabitEthernet0/0/1]port link-type trunk
[LWS1-GigabitEthernet0/0/1]port trunk allow-pass vlan 10 20
```

配置 Trunk 时，应先使用 port link-type trunk 命令修改端口的类型为 Trunk，然后再配置 Trunk 端口允许哪些 VLAN 的数据帧通过。

执行 port trunk allow-pass vlan { {vlan-id1[to vlan-id2] } | all }命令时，可以配置端口允许的 VLAN，all 表示允许所有 VLAN 的数据帧通过。

执行 port trunk pvid vlan vlan-id 命令，可以修改 Trunk 端口的 PVID。修改 Trunk 端口的 PVID 之后，需要注意：缺省 VLAN 不一定是端口允许通过的 VLAN。只有使用命令 port trunk allow-pass vlan{ {vlan-id1 [to vlan-id2] } | all}允许缺省 VLAN 数据通过，才能转发缺省 VLAN 的数据帧。交换机的所有端口默认允许 VLAN1 的数据通过。

在本项目中，将 LWS1 的 GE0/0/1 端口配置为 Trunk 端口，该端口 PVID 默认为 1。配置 port trunk allow-pass vlan 10 20 命令之后，该 Trunk 允许 VLAN 10 和 VLAN 20 的数据流量通过。

3）配置 hybrid 端口

配置交换机 hybrid 端口的详细命令如下：

```
[LWS1-GigabitEthernet0/0/1]port link-type hybrid
[LWS1-GigabitEthernet0/0/1]port hybrid tagged vlan 10 20 100
```

port link-type hybrid 命令的作用是将端口的类型配置为 hybrid。默认情况下，X7 系列交换机的端口类型是 hybrid。因此，只有在把 Access 口或 Trunk 口配置成 hybrid 时，才需要执行此命令。

port hybrid tagged vlan{ {vlan-id1 [to vlan-id2] } | all }命令用来配置允许哪些 VLAN 的数据帧以 Tagged 方式通过该端口。

port hybrid untagged vlan{ {vlan-id1 [to vlan-id2] } | all }命令用来配置允许哪些 VLAN 的数据帧以 Untagged 方式通过该端口。

通过在 GE0/0/1 端口下使用命令 port hybrid tagged vlan 10 20 100，配置 VLAN10、VLAN20 和 VLAN100 的数据帧在通过该端口时都携带标签。详细配置命令如下：

```
[LWS2-GigabitEthernet0/0/1]port link-type hybrid
[LWS2-GigabitEthernet0/0/1]port hybrid tagged vlan 10 20 100
```

在 LWS2 上继续进行配置，在 GE0/0/1 端口下使用命令 port link-type hybrid 配置端口类型为 Hybrid。

在 GE0/0/1 端口下使用命令 port hybrid tagged vlan 10 20 100，配置 VLAN10，VLAN20 和 VLAN100 的数据帧在通过该端口时都携带标签。

4．整理配置信息

将交换机的配置截取到文本(txt)文件并保存下来供今后使用，保存的配置还可以复制回交换机，这样在快速恢复交换机制时就不需要逐一输入命令了。下面以 LWS1 交换机为例说明如何截取配置并保存。

使用 display current-configuration all 命令查看交换机的当前运行配置。具体如下：

```
[Huawei]dis current-configuration all
#
sysname Huawei
#
vlan batch 10 20 30
#
cluster enable
ntdp enable
ndp enable
#
drop illegal-mac alarm
#
diffserv domain default
```

```
#
drop-profile default
#
aaa
  authentication-scheme default
  authorization-scheme default
  accounting-scheme default
  domain default
  domain default_admin
  local-user admin password simple admin
  local-user admin service-type http
#
interface Ethernet0/0/1
  port link-type access
  port default vlan 10
#
interface Ethernet0/0/2
  port link-type access
  port default vlan 20
#
interface Ethernet0/0/3
  port link-type access
  port default vlan 30
#
interface GigabitEthernet0/0/1
port link-type trunk
port trunk allow-pass vlan 10 20 30
#
interface GigabitEthernet0/0/2
  #
```

3.2.4　项目总结

本项目介绍了如何对交换机进行布线连接和功能的配置。

交换机的控制台连接、以太网连接和串行连接分别使用 Console 线、标准直通线和交叉线。

交换机的初始配置包括配置权限、配置标语、设置口令、配置接口地址等，将配置文档整理并保存到文本文件中，可以为快速恢复交换机配置使用。

根据本节内容完成下面的实训报告。

项目 3.2 网络隔离与广播风暴控制实训报告

实训日期：_____年_____月_____日 　　　　实训地点：_____

班级：_____　　　　　组号：_____　　　参与成员学号：_____

实训名称	网络隔离—VLAN 的配置	
拓扑图及要求	拓扑图： 要求： ① 建立 VLAN。　　　　② 端口分配。 ③ 跨交换机间的通信。　④ 配置速率、全双工及自协商模式。	
实训目的	①掌握交换机 VLAN 的相关配置。 ②通过控制台方式完成交换机间的通信、速率等配置。	
拓扑设计： 拓扑图绘制 地址规划 环境搭建 设备连线		项目负责人： 司线员：
	□小组自评 □各组互评 □教师评价 评价：	评价人：
设备配置： 关键步骤 重要命令		配置人员：
	□小组自评 □各组互评 □教师评价 评价：	评价人：
功能验证： 验证方法 故障排除		调试验证人员：
	□小组自评 □各组互评 □教师评价 评价：	评价人：
实训总结		书记员：

3.3　交换网络中的冗余链路

3.3.1　项目背景

1. 需求分析

许多企业的业务发展越来越离不开网络，网络的安全、稳定要求网络管理员在分层网络中设置冗余功能。但由于荣誉链路会使网络出现环路、广播风暴等问题，因此需要在网络中引入动态管理的通信环路。当交换机的一条链路连接断开时，另一条链路能迅速取代它的位置，同时不能出现新的通信环路。

2. 环境准备

(1) 每 4 人为一工作小组，每位同学准备好配置文档。

(2) 每组计算机 4 台，交换机 3 台，直通双绞线、交叉双绞线、配置线、电源线若干。

(3) 将配置线连接到交换机的 Console 口，并在装有超级终端的计算机上启动配置程序。

3. 技能准备

1) 冗余链路

为了提高网络可靠性，交换网络中通常会使用冗余链路。然而，冗余链路会给交换网络带来环路风险，并导致广播风暴以及 MAC 地址表不稳定等问题，进而会影响到用户的通信质量。生成树协议 STP(Spanning Tree Protocol)可以在提高可靠性的同时又能避免环路带来的各种问题。

随着局域网规模的不断扩大，越来越多的交换机被用来实现主机之间的互联。如果交换机之间仅使用一条链路互连，则可能会出现单点故障，导致业务中断。为了解决此类问题，交换机在互联时一般都会使用冗余链路来实现备份，交换机的冗余链路如图 3-23 所示。

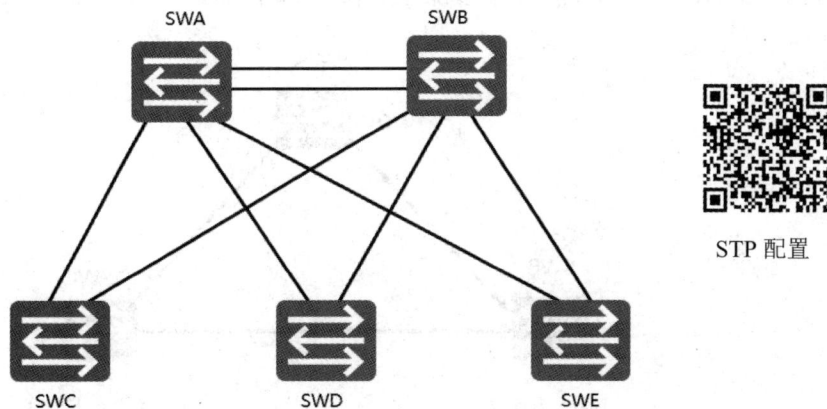

STP 配置

图 3-23　交换机的冗余链路

冗余链路虽然增强了网络的可靠性，但是也会产生环路，而环路会带来一系列的问题，继而导致通信质量下降和通信业务中断等问题。

2) STP 的作用

在以太网中，二层网络的环路会带来广播风暴、MAC 地址表震荡和重复数据帧等问题，为了解决交换网络中的环路问题(如图 3-24 所示)，提出了 STP。

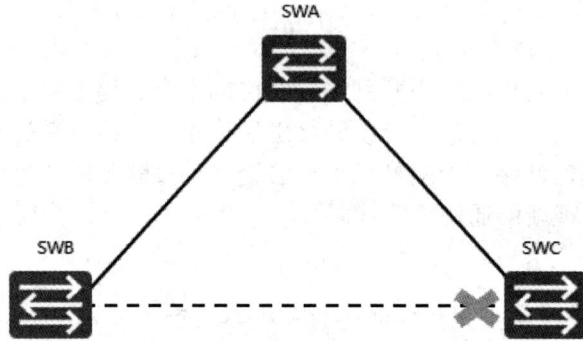

图 3-24　交换网络中的环路问题

STP 的主要作用如下：

① 消除环路：通过阻断冗余链路来消除网络中可能存在的环路。

② 链路备份：当活动路径发生故障时，激活备份链路，及时恢复网络连通性。

STP 的工作过程如下：

① 选择一个根桥。

② 每个非根交换机选择一个根端口。

③ 每个网段选择一个指定端口。

④ 阻塞非根、非指定端口。

如图 3-25 所示，STP 通过构造一棵树来消除交换网络中的环路。每个 STP 网络中，都会存在一个根桥，其他交换机为非根桥。根桥或者根交换机位于整个逻辑树的根部，是 STP 网络的逻辑中心，非根桥是根桥的下游设备。当现有根桥产生故障时，非根桥之间会交互信息并重新选举根桥，交互的这种信息被称为网桥协议数据单元(Bridge Protocol Data Unit，BPDU)。BPDU 中包含交换机在参加生成树计算时的各种参数信息，后面会有详细介绍。

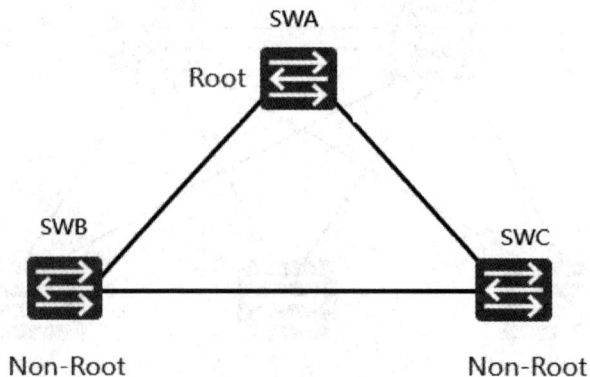

图 3-25　STP 网络

STP 中定义了三种端口角色：指定端口、根端口和预备端口。

指定端口是交换机向所连网段转发配置 BPDU 的端口，每个网段有且只能有一个指定端口。一般情况下，根桥的每个端口总是指定端口。

根端口是非根交换机去往根桥路径最优的端口。在一个运行 STP 协议的交换机上最多只有一个根端口，但根桥上没有根端口。

如果一个端口既不是指定端口也不是根端口，则此端口为预备端口。预备端口将被阻塞。

(1) 根桥选举。STP 中根桥的选举依据的是桥 ID，STP 中的每个交换机都会有一个桥 ID(Bridge ID)。桥 ID 由 16 位的桥优先级(Bridge Priority)和 48 位的 MAC 地址构成。在 STP 网络中，桥优先级是可以配置的，取值范围是 0～65 535，默认值为 327 68。优先级最高的设备(数值越小越优先)会被选举为根桥。如果优先级相同，则会比较 MAC 地址，MAC 地址越小则越优先，如图 3-26 所示。

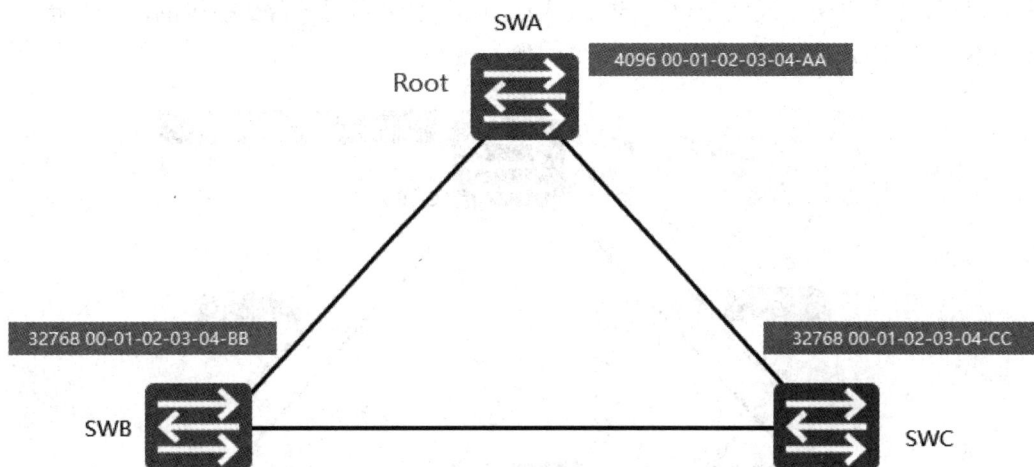

图 3-26　比较 MAC 地址

交换机启动后就自动开始进行生成树收敛计算。默认情况下，所有交换机启动时都认为自己是根桥，自己的所有端口都为指定端口，这样 BPDU 报文就可以通过所有端口转发。对端交换机收到 BPDU 报文后，会比较 BPDU 中的根桥 ID 和自己的桥 ID。如果收到的 BPDU 报文中的桥 ID 优先级低，接收交换机会继续通告自己的配置 BPDU 报文给邻居交换机。如果收到的 BPDU 报文中的桥 ID 优先级高，则交换机会修改自己的 BPDU 报文的根桥 ID 字段，宣告新的根桥。

(2) 根端口选举。非根交换机在选举根端口时分别依据该端口的根路径开销、对端 BID(Bridge ID)、对端 PID(Port ID)和本端 PID。

交换机的每个端口都有一个端口开销(Port Cost)参数，此参数表示该端口在 STP 中的开销值。默认情况下端口的开销和端口的带宽有关，带宽越高，开销越小。从一个非根桥到达根桥的路径可能有多条，每一条路径都有一个总的开销值，此开销值是该路径上所有接收 BPDU 端口的端口开销总和(即 BPDU 的入方向端口)，称为路径开销。非根桥通过对比多条路径的路径开销，选出到达根桥的最短路径，这条最短路径的路径开销被称为 RPC(Root Path Cost，根路径开销)，并生成无环树状网络，根桥的根路径开销是 0。

　　一般情况下，企业网络中会存在多厂商的交换设备，华为 X7 系列交换机支持多种 STP 的路径开销计算标准，提供最大程度的兼容性。缺省情况下，华为 X7 系列交换机使用 IEEE 802.1t 标准来计算路径开销。

　　运行 STP 交换机的每个端口都有一个端口 ID，端口 ID 由端口优先级和端口号构成。端口优先级取值范围是 0～240，步长为 16，即取值必须为 16 的整数倍。缺省情况下，端口优先级是 128。端口 PID(Port ID)可以用来确定端口角色。

　　每个非根桥都要选举一个根端口。根端口是距离根桥最近的端口，这个最近的衡量标准是靠路径开销来判定的，即路径开销最小的端口就是根端口。端口收到一个 BPDU 报文后，抽取该 BPDU 报文中根路径开销字段的值，加上该端口本身的端口开销即为本端口路径开销。如果有两个或两个以上的端口计算得到的累计路径开销相同，那么选择收到发送者 BID 最小的那个端口作为根端口。

　　如果两个或两个以上的端口连接到同一台交换机上，则选择发送者 PID 最小的那个端口作为根端口。如果两个或两个以上的端口通过 Hub 连接到同一台交换机的同一个接口上，则选择本交换机的这些端口中的 PID 最小的作为根端口，如图 3-27 所示。

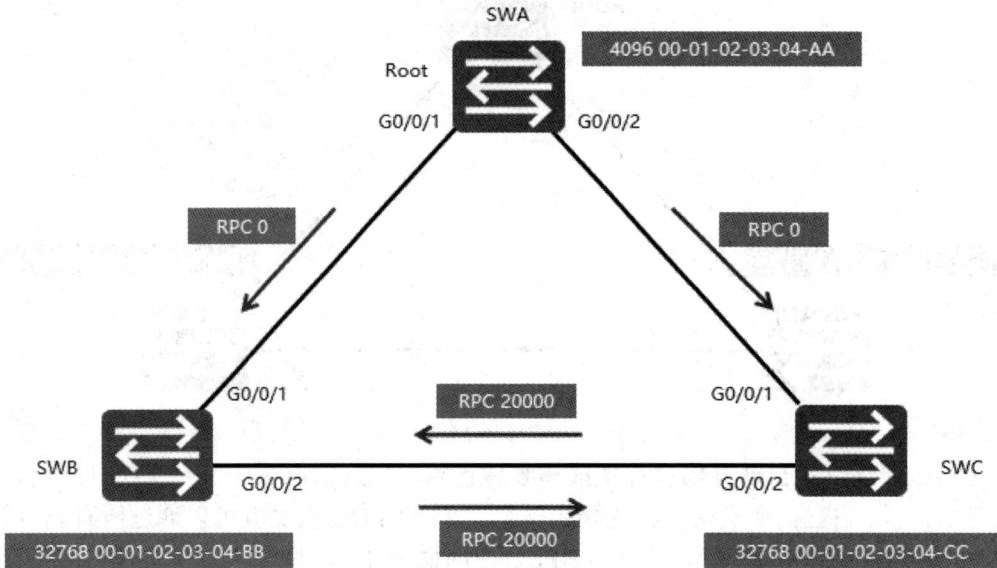

图 3-27　根端口选举

　　(3) 指定端口选举。在网段上抑制其他端口(无论是自己的还是其他设备的)发送 BPDU 报文的端口，就是该网段的指定端口。每个网段都应该有一个指定端口，根桥的所有端口都是指定端口(除非根桥在物理上存在环路)。

　　指定端口的选举也是首先比较累计路径开销，累计路径开销最小的端口就是指定端口。如果累计路径开销相同，则比较端口所在交换机的桥 ID，所在桥 ID 最小的被选举为指定端口。如果通过累计路径开销和所在桥 ID 选举不出来，则比较端口 ID，端口 ID 最小的被选举为指定端口。

　　网络收敛后，只有指定端口和根端口可以转发数据。其他端口为预备端口，被阻塞，不能转发数据，只能够从所连网段的指定交换机接收到 BPDU 报文，并以此来监视链路的状态，如图 3-28 所示。

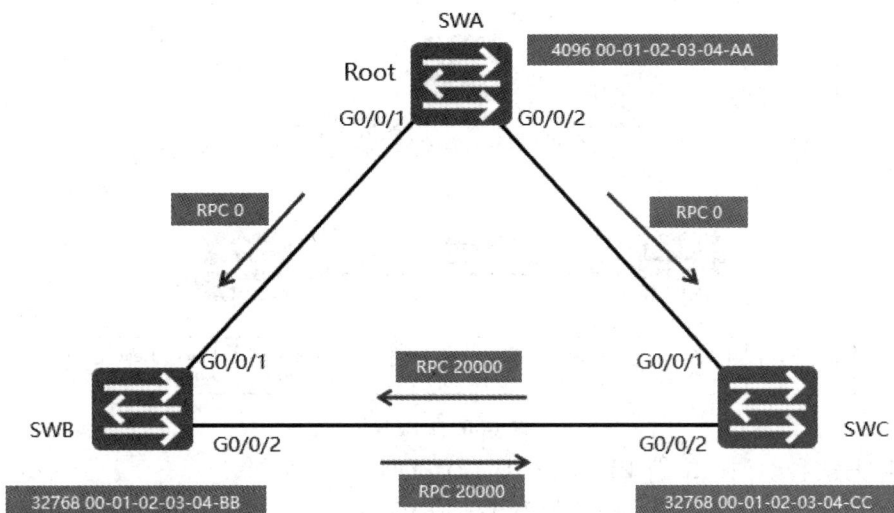

图 3-28　指定端口选举

(4) 端口状态的转换。STP 端口的迁移机制如图 3-29 中所示。

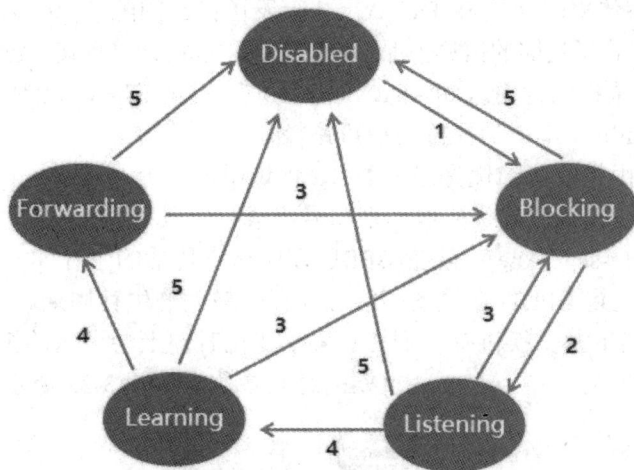

图 3-29　STP 端口的迁移机制

运行 STP 协议设备上的端口状态有 5 种，分别是：

① Forwarding：转发状态。端口既可转发用户流量，也可转发 BPDU 报文。只有根端口或指定端口才能进入 Forwarding 状态。

② Learning：学习状态。端口可根据收到的用户流量构建 MAC 地址表，但不转发用户流量。增加 Learning 状态是为了防止临时环路。

③ Listening：侦听状态。端口可以转发 BPDU 报文，但不能转发用户流量。

④ Blocking：阻塞状态。端口仅仅能接收并处理 BPDU，不能转发 BPDU，也不能转发用户流量。此状态是预备端口的最终状态。

⑤ Disabled：禁用状态。端口既不处理和转发 BPDU 报文，也不转发用户流量。

(5) BPDU。为了计算生成树，交换机之间需要交换相关的信息和参数，这些信息和参数被封装在 BPDU 中，如图 3-30 所示。

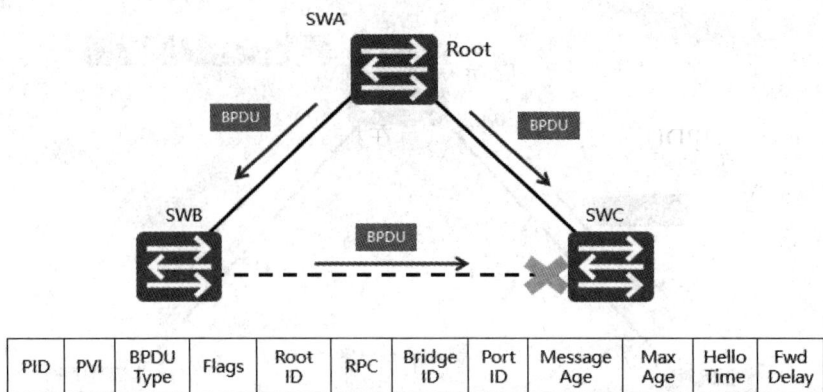

PID	PVI	BPDU Type	Flags	Root ID	RPC	Bridge ID	Port ID	Message Age	Max Age	Hello Time	Fwd Delay

图 3-30   BPDU

BPDU 有两种类型：配置 BPDU 和 TCN BPDU。

配置 BPDU 包含了桥 ID、路径开销和端口 ID 等参数。STP 协议通过在交换机之间传递配置 BPDU 来选举根交换机，以及确定每个交换机端口的角色和状态。在初始化过程中，每个桥都主动发送配置 BPDU。在网络拓扑稳定以后，只有根桥主动发送配置 BPDU，其他交换机在收到上游传来的配置 BPDU 后，才会发送自己的配置 BPDU。

配置 BPDU 中包含了足够的信息来保证设备完成生成树计算，其中包含的重要信息如下：

① Root ID：由根桥的优先级和 MAC 地址组成，每个 STP 网络中有且仅有一个根桥。

② PRC(Root Path Cost)：到根桥的最短路径开销。

③ Bridge ID：由指定桥的优先级和 MAC 地址组成。

④ Port ID：由指定端口的优先级和端口号组成。

⑤ MSG Age(Message Age)：配置 BPDU 在网络中传播的生存期。

⑥ Max Age：配置 BPDU 在设备中能够保存的最大的生存周期。

TCN BPDU 是指下游交换机感知到拓扑发生变化时向上游发送的拓扑变化通知。

(6) 计时器。STP 协议中包含一些重要的时间参数，如图 3-31 所示。

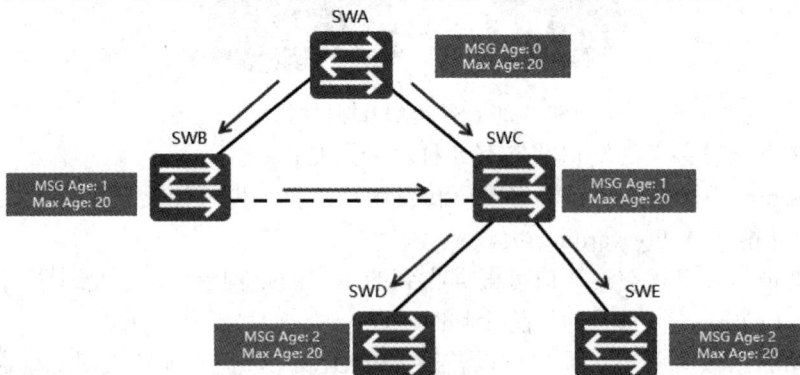

图 3-31   计时器

这里举例说明如下：

Hello Timer 是指运行 STP 协议的设备发送配置 BPDU 的时间间隔，用于检测链路是否存在故障。交换机每隔 Hello Timer 时间会向周围的交换机发送配置 BPDU 报文，以确认链路是否存在故障。当网络拓扑稳定后，该值只有在根桥上修改才有效。

Message Age 是从根桥发送到当前交换机接收到 BPDU 的总时间，包括传输延时等。如果配置 BPDU 是根桥发出的，则 Message Age 为 0。在实际中，配置 BPDU 报文每经过一个交换机，Message Age 将增加 1。

Max Age 是指 BPDU 报文的老化时间，可在根桥上通过命令人为改动这个值。Max Age 通过配置 BPDU 报文的传递，可以保证 Max Age 在整网中一致。非根桥设备收到配置 BPDU 报文后，会将报文中的 Message Age 和 Max Age 进行比较：如果 Message Age 小于等于 Max Age，则该非根桥设备会继续转发配置 BPDU 报文；如果 Message Age 大于 Max Age，则该配置 BPDU 报文将被老化掉，该非根桥设备将直接丢弃该配置 BPDU，并认为是网络直径过大，导致了根桥连接失败。

(7) 根桥故障。在稳定的 STP 拓扑里，非根桥会定期收到来自根桥的 BPDU 报文。

如图 3-32 所示，如果根桥发生了故障，停止发送 BPDU 报文，下游交换机就无法收到来自根桥的 BPDU 报文。

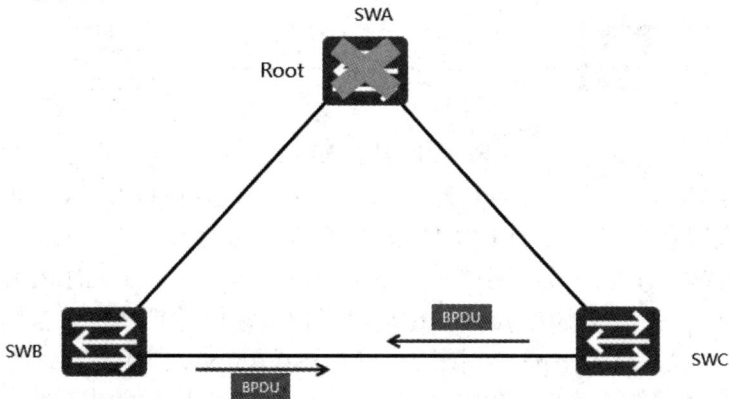

图 3-32　根桥故障

下游交换机如果一直收不到 BPDU 报文，Max Age 定时器就会超时(Max Age 的默认值为 20 s)，从而导致已经收到的 BPDU 报文失效，此时，非根交换机会互相发送配置 BPDU 报文，重新选举新的根桥。根桥故障会导致 50 s 左右的恢复时间，恢复时间约等于 Max Age 加上两倍的 Forward Delay 收敛时间。

(8) 直连链路故障。如图 3-33 所示，本例中 SWA 和 SWB 使用了两条链路互连，其中一条是主用链路，另外一条是备份链路。

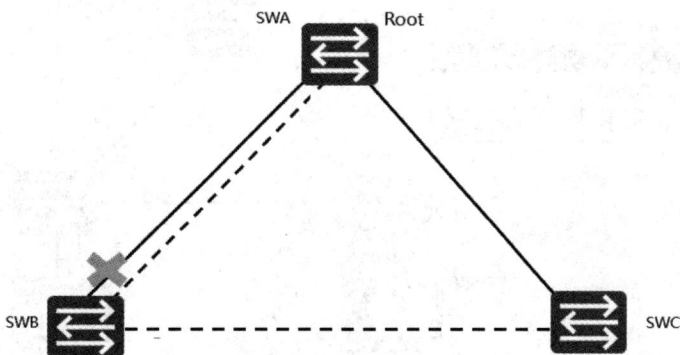

图 3-33　直连链路故障

当生成树正常收敛之后，如果 SWB 检测到根端口的链路发生物理故障，则其 Alternate 端口会迁移到 Listening、Learning、Forwarding 状态，经过两倍的 Forward Delay 后恢复到转发状态。

(9) 非直连故障。如图 3-34 所示，本例中 SWB 与 SWA 之间的链路发生了某种故障(非物理层故障)，SWB 因此一直收不到来自 SWA 的 BPDU 报文。

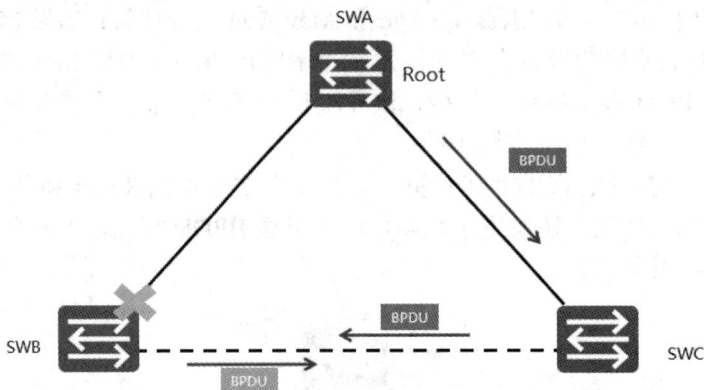

图 3-34   非直连链路故障

当 SWB 的 Max Age 定时器等待超时后，SWB 会认为根桥 SWA 不再有效，并认为自己是根桥，于是开始发送自己的 BPDU 报文给 SWC，通知 SWC 自己作为新的根桥。在此期间，由于 SWC 的 Alternate 端口再也不能收到包含原根桥 ID 的 BPDU 报文，当 Max Age 定时器超时后，SWC 会切换 Alternate 端口为指定端口并且转发来自其根端口的 BPDU 报文给 SWB。所以，Max Age 定时器超时后，SWB、SWC 几乎同时会收到对方来的 BPDU。经过 STP 重新计算后，SWB 放弃宣称自己是根桥并重新确定端口角色。非直连链路故障后，由于需要等待 Max Age 加上两倍的 Forward Delay 时间，端口需要大约 50 s 才能恢复到转发状态。

(10) 拓扑改变导致 MAC 地址表错误。在交换网络中，交换机依赖 MAC 地址表转发数据帧。缺省情况下，MAC 地址表项的老化时间是 300 s。如果生成树拓扑发生变化，则交换机转发数据的路径也会随着发生改变，此时 MAC 地址表中未及时老化的表项会导致数据转发错误，因此在拓扑发生变化后需要及时更新 MAC 地址表项，如图 3-35 所示。

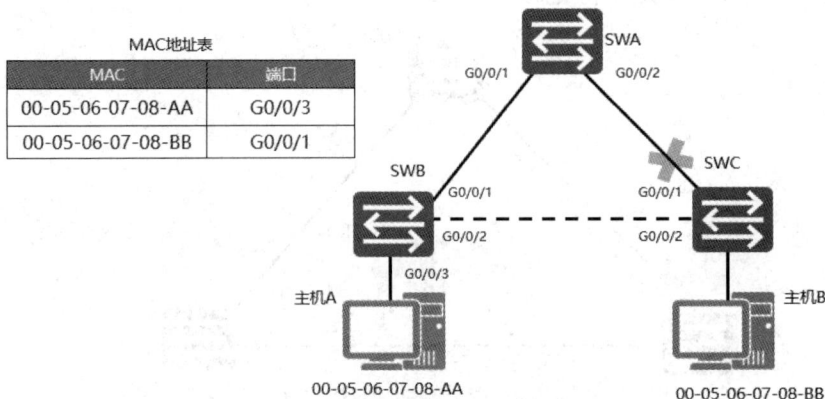

图 3-35   拓扑改变导致 MAC 地址表错误

本例中 SWB 中的 MAC 地址表项定义了通过端口 G0/0/3 可以到达主机 A，通过端口 G0/0/1 可以到达主机 B。由于 SWC 的根端口产生故障，导致生成树拓扑重新收敛，在生成树拓扑完成收敛之后，从主机 A 到主机 B 的帧仍然不能到达目的地。这是因为 MAC 地址表项老化时间是 300 s，主机 A 发往主机 B 的帧到达 SWB 后，SWB 会继续通过端口 G0/0/1 转发该数据帧。

(11) 拓扑改变导致 MAC 地址表变化。如图 3-36 所示，本例拓扑变化过程中，根桥通过 TCN BPDU 报文获知生成树拓扑里发生了故障。根桥生成 TC 用来通知其他交换机加速老化现有的 MAC 地址表项。

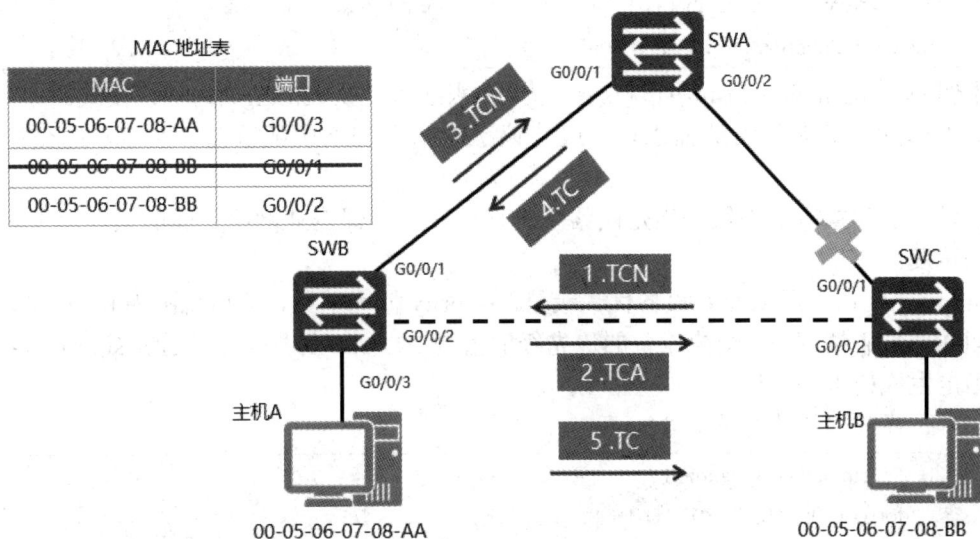

图 3-36　拓扑改变导致 MAC 地址表变化

拓扑变更以及 MAC 地址表项更新的具体过程如下：

① SWC 感知到网络拓扑发生变化后，会不间断地向 SWB 发送 TCN BPDU 报文。

② SWB 收到 SWC 发来的 TCN BPDU 报文后，会把配置 BPDU 报文中的 Flags 的 TCA 位设置 1，然后发送给 SWC，告知 SWC 停止发送 TCN BPDU 报文。

③ SWB 向根桥转发 TCN BPDU 报文。

④ SWA 把配置 BPDU 报文中的 Flags 的 TC 位设置为 1 后发送，通知下游设备把 MAC 地址表项的老化时间由默认的 300 s 修改为 Forward Delay 的时间(默认为 15 s)。

⑤ 最多等待 15 s 之后，SWB 中的错误 MAC 地址表项会被自动清除。此后，SWB 就能重新开始 MAC 表项的学习及转发操作。

3) STP 生成树协议

华为 X7 系列交换机支持 3 种生成树协议模式。华为 X7 系列交换机如图 3-37 所示。

缺省情况下，华为 X7 系列交换机工作在 MSTP 模式。在使用 STP 前，STP 模式必须重新配置。具体配置命令如下：

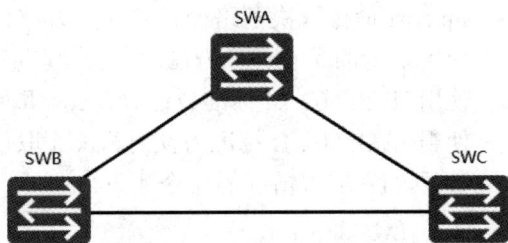

图 3-37　华为 X7 系列交换机

```
[LWS]stp mode ?
    mstp    Multiple Spanning Tree Protocol (MSTP) mode
    rstp    Rapid Spanning Tree Protocol (RSTP) mode
    stp    Spanning Tree Protocol (STP) mode
[SWA]stp mode stp
[LWS]stp priority 4096
    Apr 15 2016 16:15:33-08:00 SWA DS/4/DATASYNC_CFGCHANGE:OID 1.3.6.1.4.1.2011.5.25.191.3.1
configurations have been changed.
    The current change number is 4, the change loop count is 0, and the
    maximum number of records is 4095.
```

本例中，stp mode { mstp | stp | rstp }命令用来配置交换机的生成树协议模式。

基于企业业务对网络的需求，一般建议手动指定网络中配置高、性能好的交换机为根桥。

可以通过配置桥优先级来指定网络中的根桥，以确保企业网络里面的数据流量使用最优路径转发。

stp priority 命令用来配置设备优先级值。priority 值为整数，取值范围为 0～61 440，步长为 4096。缺省情况下，交换设备的优先级取值是 32 768。另外，可以通过 stp root primary 命令指定生成树里的根桥。

STP 路径开销值的配置命令如下：

```
[LWS]stp pathcost-standard ?
    dot1d-1998    IEEE 802.1D-1998
    dot1t        IEEE 802.1T
    legacy       Legacy
[LWS]interface GigabitEthernet 0/0/1
[LWS-GigabitEthernet0/0/1]stp cost 2000
```

华为 X7 系列交换机支持 3 种路径开销标准，以确保和友商设备保持兼容。缺省情况下，路径开销标准为 IEEE 802.1t。

stp pathcost-standard { dot1d-1998 | dot1t | legacy }命令用来配置指定交换机上路径开销值的标准。

每个端口的路径开销也可以手动指定。此 STP 路径开销控制方法须谨慎使用，手动指定端口的路径开销可能会生成次优生成树拓扑。

stp cost 命令取决于路径开销计算方法：

使用华为的私有计算方法时，cost 取值范围是 1～200 000。

使用 IEEE 802.1d 标准方法时，cost 取值范围是 1～65 535。

使用 IEEE 802.1t 标准方法时，cost 取值范围是 1～200 000 000。

查看 STP 配置情况的命令如下：

```
[LWS]display stp
-------[CIST Global Info][Mode STP]-------
```

```
CIST Bridge              :4096 .00-01-02-03-04-BB
Bridge Times             :Hello 2s MaxAge 20s FwDly 15s MaxHop 20
CIST Root/ERPC           :4096 .00-01-02-03-04-BB / 0
CIST RegRoot/IRPC        :4096 .00-01-02-03-04-BB / 0
CIST RootPortId          :0.0
BPDU-Protection          :Disabled
TC or TCN received       :37
TC count per hello       :0
STP Converge Mode        :Normal
Share region-configuration :Enabled
Time since last TC       :0 days 0h:1m:29s
...
```

display stp 命令用来检查当前交换机的 STP 配置。命令输出中信息介绍如下：

CIST Bridge 参数标识指定交换机当前桥 ID，包含交换机的优先级和 MAC 地址。

Bridge Times 参数标识 Hello 定时器、Forward Delay 定时器、Max Age 定时器的值。

CIST Root/ERPC 参数标识根桥 ID 以及此交换机到根桥的根路径开销。

4) RSTP 技术

(1) RSTP。STP 协议虽然能够解决环路问题，但是收敛速度慢，影响了用户通信质量。如果 STP 网络的拓扑结构频繁变化，则网络也会频繁失去连通性，从而导致用户通信频繁中断。IEEE 于 2001 年发布的 802.1w 标准定义了快速生成树协议 RSTP(Rapid Spanning-Tree Protocol)，RSTP 在 STP 基础上进行了改进，实现了网络拓扑快速收敛。

STP 能够提供无环网络，但是收敛速度较慢。如果 STP 网络的拓扑结构频繁变化，网络也会随之频繁失去连通性，从而导致用户通信频繁中断。RSTP 使用了 Proposal/Agreement 机制保证链路及时协商，从而有效避免收敛计时器在生成树收敛前超时。如图 3-38 所示，在交换网络中，P/A 过程可以从根桥向下游级联传递。

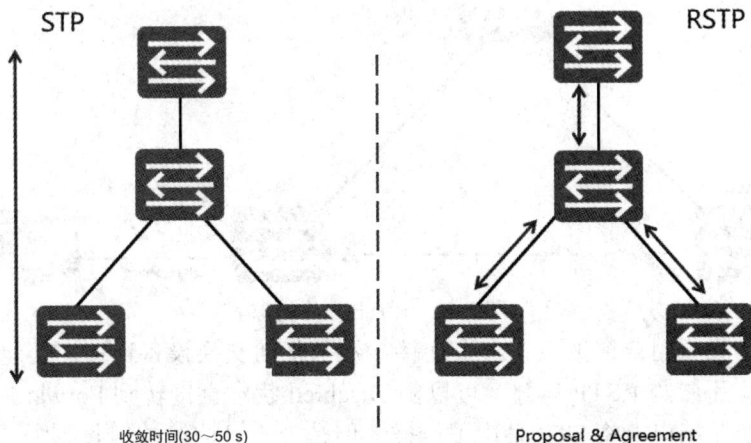

图 3-38　P/A 过程从根桥向下游级联传递

(2) RSTP 端口角色。如图 3-39 所示，运行 RSTP 的交换机使用了 Backup 和 Alternate

两个不同的端口角色来实现冗余备份。

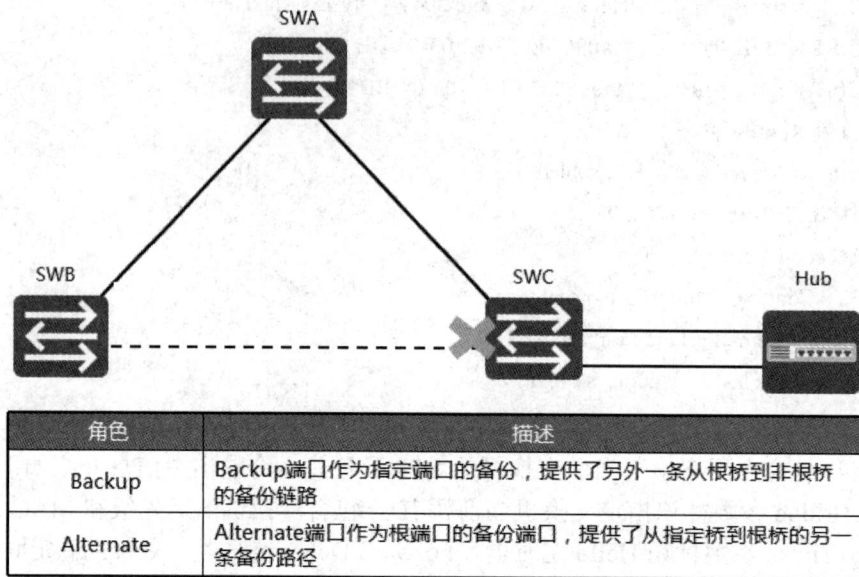

角色	描述
Backup	Backup端口作为指定端口的备份，提供了另外一条从根桥到非根桥的备份链路
Alternate	Alternate端口作为根端口的备份端口，提供了从指定桥到根桥的另一条备份路径

图 3-39　RSTP 端口角色

当到根桥的当前路径出现故障时，作为根端口的备份端口，Alternate 端口提供了从一个交换机到根桥的另一条可切换路径。Backup 端口作为指定端口的备份，提供了另一条从根桥到相应 LAN 网段的备份路径。当一个交换机和一个共享媒介设备例如 Hub 建立两个或者多个连接时，可以使用 Backup 端口。同样，当交换机上两个或者多个端口和同一个 LAN 网段连接时，也可以使用 Backup 端口。

(3) RSTP 边缘端口。如图 3-40 所示，在本例中，RSTP 位于网络边缘的指定端口被称为边缘端口。

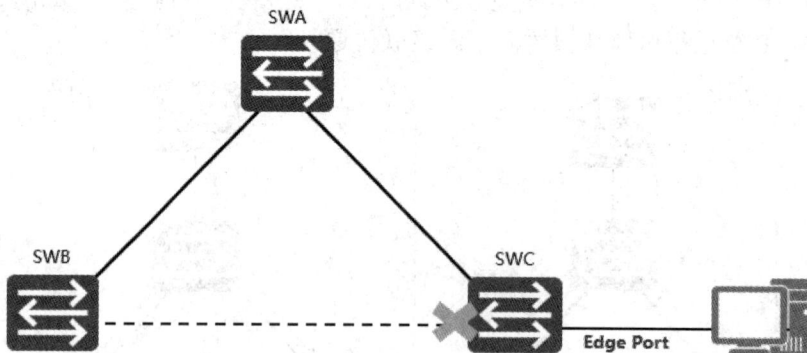

图 3-40　RSTP 边缘端口

边缘端口一般与用户终端设备直接连接，不与任何交换设备连接。边缘端口不接收配置 BPDU 报文，不参与 RSTP 运算，可以由 Disabled 状态直接转到 Forwarding 状态，且不经历延时，就像在端口上将 STP 禁用了一样。但是，一旦边缘端口收到配置 BPDU 报文，就丧失了边缘端口属性，成为普通 STP 端口，并重新进行生成树计算，从而引起网络振荡。

(4) 端口状态。RSTP 把原来 STP 的 5 种端口状态简化成了 3 种，如表 3-2 所示。

表 3-2 端 口 状 态

SIP	RSTP	端串口角色
Disabled	Discarding	Disable
Blocking	Discarding	Alternate 端口、Backup 端口
Listening	Discarding	根端口、指定端口
Learning	Learning	根端口、指定端口
Forwarding	Forwarding	根端口、指定端口

① Discarding 状态：端口既不转发用户流量也不学习 MAC 地址。

② Learning 状态：端口不转发用户流量但是学习 MAC 地址。

③ Forwarding 状态：端口既转发用户流量又学习 MAC 地址。

(5) RST BPDU。除了部分参数不同，RSTP 使用了类似 STP 的 BPDU 报文，即 RST BPDU 报文，如图 3-41 所示。

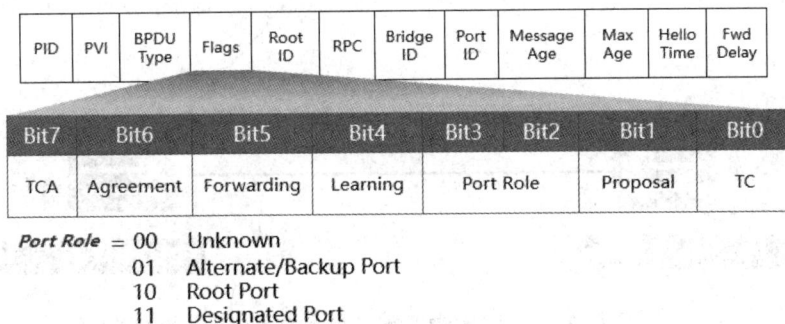

图 3-41 RST BPDU

BPDU Type 用来区分 STP 的 BPDU 报文和 RST (Rapid Spanning Tree) BPDU 报文。STP 的配置 BPDU 报文的 BPDU Type 值为 0(0x00)，TCN BPDU 报文的 BPDU Type 值为 128 (0x80)，RST BPDU 报文的 BPDU Type 值为 2 (0x02)。STP 的 BPDU 报文的 Flags 字段中只定义了拓扑变化 TC(Topology Change)标志和拓扑变化确认 TCA(Topology Change Acknowledgment)标志，其他字段保留。

在 RST BPDU 报文的 Flags 字段里，还使用了其他字段。包括 P/A 进程字段和定义端口角色以及端口状态的字段。Forwarding，Learning 与 Port Role 表示发出 BPDU 的端口的状态和角色，如图 3-42 所示。

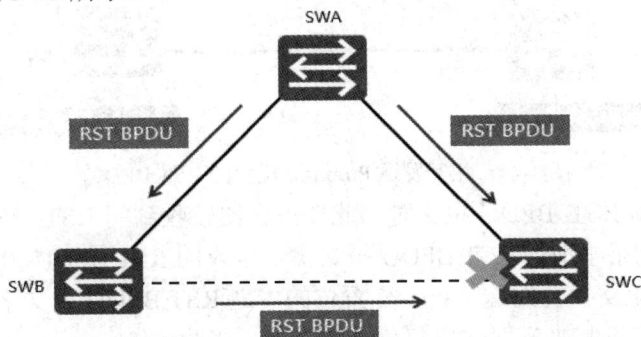

图 3-42 RSTP 改进：P/A 机制

STP 中，当网络拓扑稳定后，根桥按照 Hello Timer 规定的时间间隔发送配置 BPDU 报文，其他非根桥设备在收到上游设备发送过来的配置 BPDU 报文后，才会触发发出配置 BPDU 报文，此方式使得 STP 协议计算复杂且缓慢。RSTP 对此进行了改进，即在拓扑稳定后，无论非根桥设备是否接收到根桥传来的配置 BPDU 报文，非根桥设备都会仍然按照 Hello Timer 规定的时间间隔发送配置 BPDU，该行为完全由每台设备自主进行。

(6) RSTP 收敛过程。RSTP 收敛遵循 STP 基本原理。在网络初始化时，网络中所有的 RSTP 交换机都认为自己是"根桥"，并设每个端口为指定端口。此时，端口为 Discarding 状态，如图 3-43 所示。

图 3-43　启动 RSTP 后的端口为 Discarding 状态

每个认为自己是"根桥"的交换机生成一个 RST BPDU 报文来协商指定网段的端口状态，此 RST BPDU 报文的 Flags 字段里面的 Proposal 位需要置位，如图 3-44 所示。

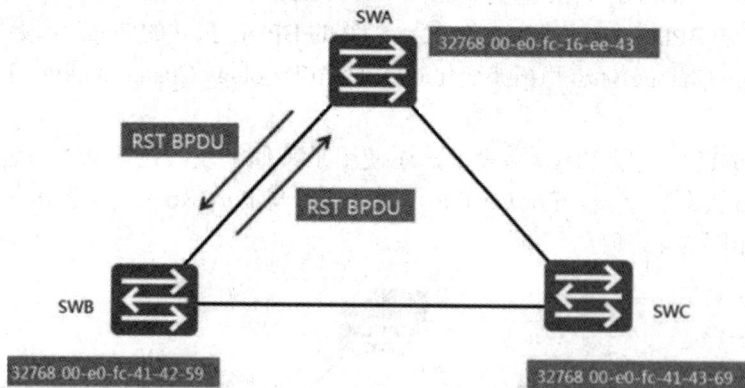

图 3-44　相互发送 Proposal 位置的 RST BPDU

当一个端口收到 RST BPDU 报文时，此端口会比较收到的 RST BPDU 报文和本地的 RST BPDU 报文。如果本地的 RST BPDU 报文优于接收的 RST BPDU 报文，则端口会丢弃接收的 RST BPDU 报文，并发送 Proposal 置位的本地 RST BPDU 报文来回复对端设备。

交换机使用同步机制来实现端口角色协商管理。当收到 Proposal 置位并且优先级高的 BPDU 报文时，接收交换机必须设置所有下游指定端口为 Discarding 状态，如图 3-45 所示。

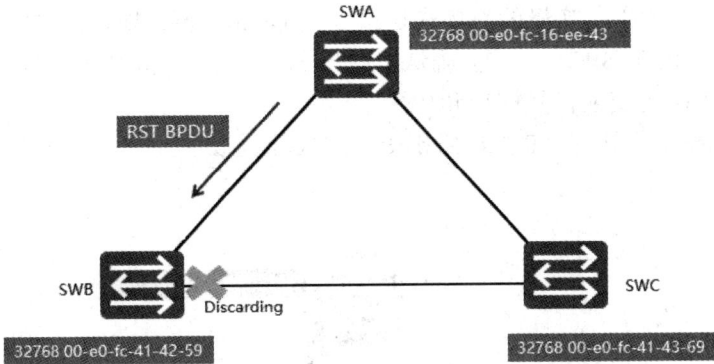

图 3-45　收到更优的 RST BPDU 并停止发送 RST BPDU

如果下游端口是 Alternate 端口或者边缘端口，则端口状态保持不变。本例说明了下游指定端口暂时迁移到 Discarding 状态的情形，因此，P/A 进程中任何帧转发都将被阻止。

当确认下游指定端口迁移到 Discarding 状态后，设备发送 RST BPDU 报文回复上游交换机发送的 Proposal 消息。在此过程中，端口已经确认为根端口，因此 RST BPDU 报文 Flags 字段里面设置了 Agreement 标记位和根端口角色。

在 P/A 进程的最后阶段，上游交换机收到 Agreement 置位的 RST BPDU 报文后，指定端口立即从 Discarding 状态迁移为 Forwarding 状态，如图 3-46 所示。

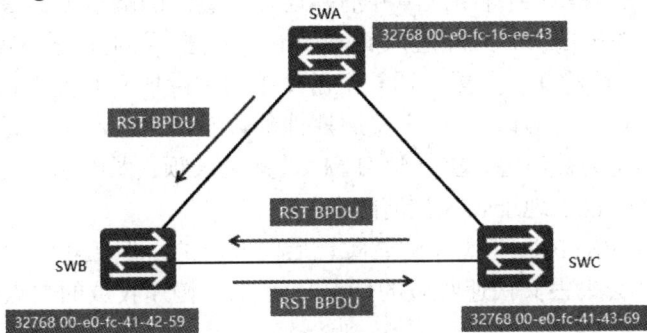

图 3-46　P/A 进程向下游继续传递

下游网段开始使用同样的 P/A 进程协商端口角色。

(7) 根桥失效、链路故障。在 STP 中，当出现链路故障或根桥失效导致交换机收不到 BPDU 时，交换机需要等待 Max Age 时间后才能确认出现了故障，如图 3-47 所示。

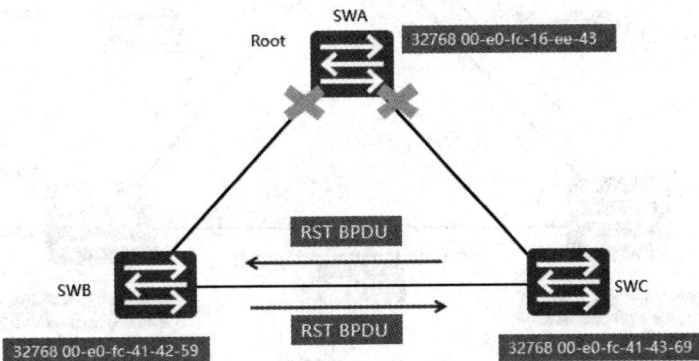

图 3-47　根桥失效、链路故障

而在 RSTP 中，如果交换机的端口在连续 3 次 Hello Timer 规定的时间间隔内没有收到上游交换机发送的 RST BPDU，便会确认本端口和对端端口的通信失败，从而需要重新进行 RSTP 的计算来确定交换机及端口角色。

(8) RSTP 拓扑变化处理。RSTP 拓扑变化的处理类似于 STP 拓扑变化的处理，但也有些细微差别。

本例中，SWC 发生链路故障，如图 3-48 所示。

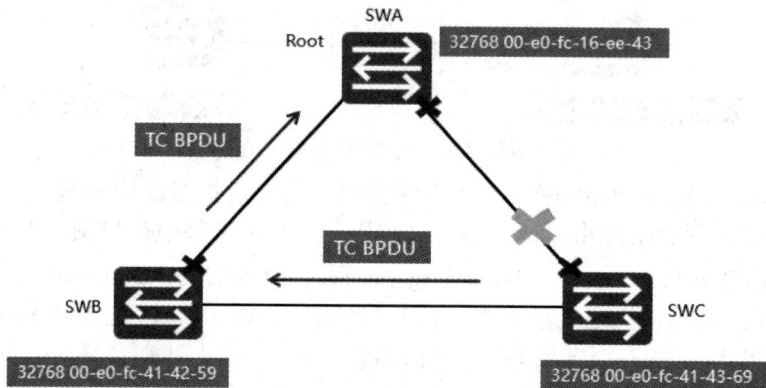

图 3-48　RSTP 拓扑变化处理

SWA 和 SWC 立即检测到链路故障并清除连接此链路的端口上的 MAC 地址表项。接下来 SWC 选举出新的根端口并立即进入 Forwarding 状态，因此触发 SWC 向外发送 TC 置位的 BPDU 报文(以下简称 TC 报文)。通知上游交换机清除所有其他端口上的 MAC 地址表项，除了接收到 TC 报文的端口。TC 报文周期性地转发给邻居，在此周期内，所有相关接口上 MAC 地址表项将会被清除，重新学习 MAC 地址表项。图中圈出的"×"表示由于拓扑变化导致端口上的 MAC 地址表项被清除。

(9) RSTP 兼容。RSTP 是可以与 STP 实现后向兼容的，但在实际中，并不推荐这样的做法，原因是 RSTP 会失去其快速收敛的优势，而 STP 慢速收敛的缺点会暴露出来，如图3-49 所示。

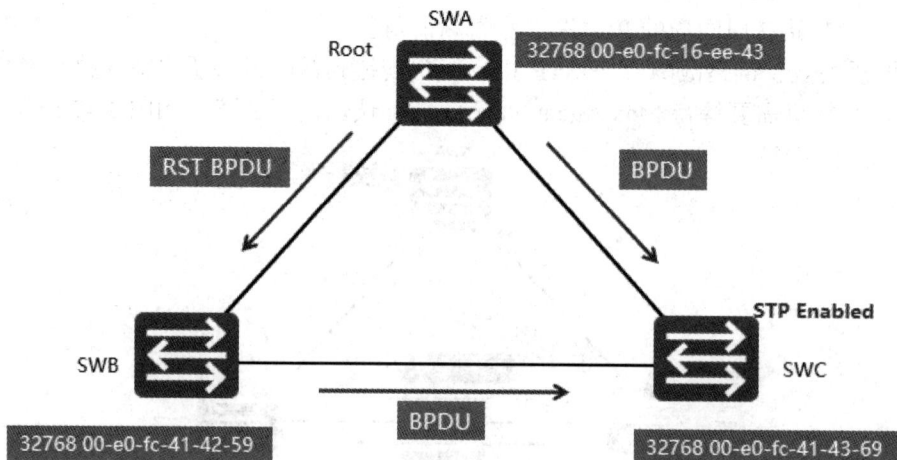

图 3-49　RSTP 兼容

当同一个网段里既有运行 STP 的交换机又有运行 RSTP 的交换机时，STP 交换机会忽略接收到的 RST BPDU，而 RSTP 交换机在某端口上接收到 STP BPDU 时，会等待两个 Hello Timer 时间之后，把自己的端口转换到 STP 工作模式，此后便发送 STP BPDU，这样就实现了兼容性操作。

(10) RSTP 配置。按照图 3-50 所示完成 RSTP 配置。

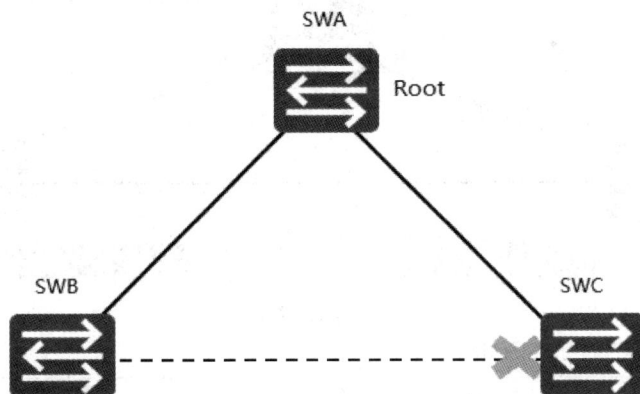

图 3-50　RSTP 配置

启动 RSTP 配置的命令如下：

```
[LWS]stp mode rstp
```

(11) 配置边缘端口。按照图 3-51 所示完成边缘端口配置。

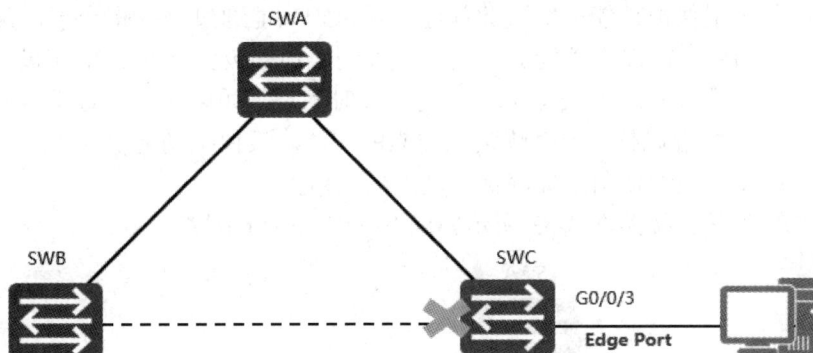

图 3-51　配置边缘端口

边缘端口启用配置的命令如下：

```
[SWC-GigabitEthernet0/0/3]stp edged-port enable
```

边缘端口完全不参与 STP 或 RSTP 计算。边缘端口的状态要么是 Disabled，要么是 Forwarding。终端上电工作后，它就直接由 Disabled 状态转到 Forwarding 状态，终端下电后，它就直接由 Forwarding 状态转到 Disabled 状态。

交换机所有端口默认为非边缘端口。

stp edged-port enable 命令用来配置交换机的端口为边缘端口，它是一个针对某一具体端口的命令。

stp edged-port default 命令用来配置交换机的所有端口为边缘端口。

stp edged-port disable 命令用来将边缘端口的属性去掉，使之成为非边缘端口。它也是一个针对某一具体端口的命令。

需要注意的是，华为 Sx7 系列交换机运行 STP 时也可以使用边缘端口设置。

(12) 根保护。按照图 3-52 所示完成根保护的配置。

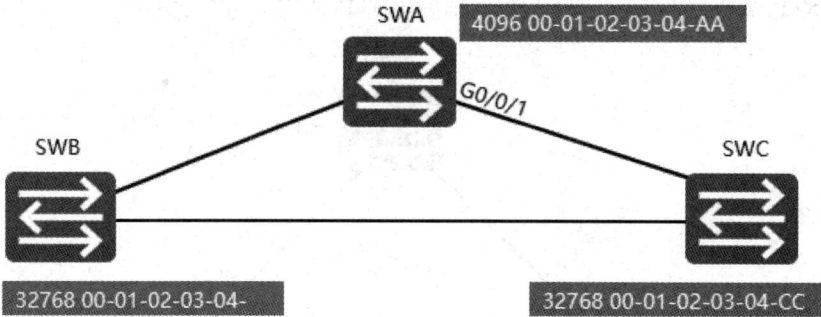

图 3-52　根保护

根保护的功能配置的命令如下：

```
[LWS]interface GigabitEthernet 0/0/1
[LWS-GigabitEthernet0/0/1]stp root-protection
```

由于错误配置根交换机或网络中的恶意攻击，根交换机有可能会收到优先级更高的 BPDU 报文，使得根交换机变成非根交换机，从而引起网络拓扑结构的变动。这种不合法的拓扑变化，可能会导致原来应该通过高速链路的流量被牵引到低速链路上，造成网络拥塞。交换机提供了根保护功能来解决此问题。根保护功能通过维持指定端口角色从而保护根交换机。一旦启用了根保护功能的指定端口收到了优先级更高的 BPDU 报文时，端口会停止转发报文并且进入 Listening 状态。经过一段时间后，如果端口一直没有再收到优先级较高的 BPDU 报文，端口就会自动恢复到原来的状态。根保护功能仅在指定端口生效，不能配置在边缘端口上或者使用了环路保护功能的端口上。

(13) BPDU 保护。按照图 3-53 所示完成 BPDU 保护的配置。

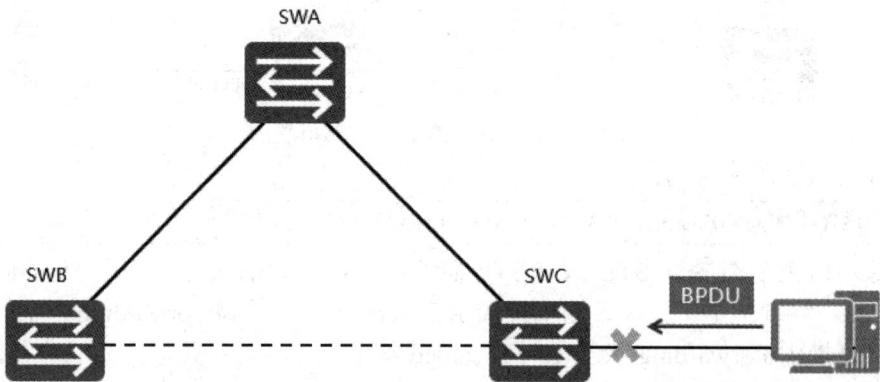

图 3-53　BPDU 保护

BPDU 保护的功能配置的命令如下：

```
[LWS]stp bpdu-protection
```

正常情况下，边缘端口是不会收到 BPDU 的。但是，如果有人发送 BPDU 进行恶意攻击时，边缘端口就会收到这些 BPDU，并自动变为非边缘端口，且开始参与网络拓扑计算，从而会增加整个网络的计算工作量，并可能引起网络振荡。

为防止上述情况的发生，可以使用 BPDU 保护功能。使能 BPDU 保护功能后的交换机的边缘端口在收到 BPDU 报文时，会立即关闭该端口，并通知网络管理系统。被关闭的边缘端口可配置成自动恢复或管理员手动恢复。

使能 BPDU 保护功能，可在系统视图下执行 stp bpdu-protection 命令。

3.3.2　项目设计

1. 配置需求

(1) 配置交换机 STP 模式的方法。

(2) 配置桥优先级，控制根桥选举的方法。

(3) 配置端口优先级及开销，控制根端口和指定端口选举的方法。

2. 拓扑设计

本项目的网络拓扑设计结构如图 3-54 所示。

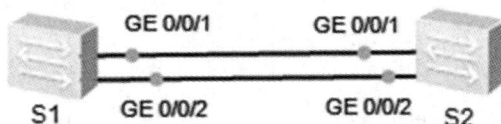

图 3-54　项目 3.3 拓扑设计结构图

3. IP 地址设计

本项目中设备接口地址设计方案如表 3-3 所示。

表 3-3　项目 3.3 设备接口 IP 地址表

设备	接　口	IP 地址	子网掩码	默认网关
S1	GE0/0/1	192.168.1.1	255.255.255.0	不适用
	GE0/0/2			
S2	GE0/0/1	192.168.2.1	255.255.255.0	不适用
	GE0/0/2			

3.3.3　项目实施

1. 配置 STP 模式

显示 STP 模式的配置命令如下：

```
    [S1]stp mode ?
      mstp    Multiple Spanning Tree Protocol (MSTP) mode
```

```
rstp    Rapid Spanning Tree Protocol (RSTP) mode
stp     Spanning Tree Protocol (STP) mode
```

这里有 3 种模式可供选择，我们以 STP 的实验为例，选择 STP 模式。具体命令如下：

```
[S1]stp mode stp
```

在 S2 上进行同样的操作。

2. 查看端口 STP 信息

查看在端口中配置 STP 信息的命令如下：

```
[S1]display stp int g 0/0/1
-------[CIST Global Info][Mode STP]-------
CIST Bridge           :32768.4c1f-cc02-60e3
Config Times          :Hello 2s MaxAge 20s FwDly 15s MaxHop 20
Active Times          :Hello 2s MaxAge 20s FwDly 15s MaxHop 20
CIST Root/ERPC        :32768.4c1f-cc02-60e3 / 0
CIST RegRoot/IRPC     :32768.4c1f-cc02-60e3 / 0
CIST RootPortId       :0.0
BPDU-Protection       :Disabled
TC or TCN received    :1
TC count per hello    :0
STP Converge Mode     :Normal
Time since last TC    :0 days 0h:3m:20s
Number of TC          :5
Last TC occurred      :GigabitEthernet0/0/2
----[Port23(GigabitEthernet0/0/1)][FORWARDING]----
Port Protocol         :Enabled
Port Role             :Designated Port
Port Priority         :128
Port Cost(Dot1T )     :Config=auto / Active=20000
Designated Bridge/Port  :32768.4c1f-cc02-60e3 / 128.23
Port Edged            :Config=default / Active=disabled
Point-to-point        :Config=auto / Active=true
Transit Limit         :147 packets/hello-time
Protection Type       :None
Port STP Mode         :STP
Port Protocol Type    :Config=auto / Active=dot1s
BPDU Encapsulation    :Config=stp / Active=stp
PortTimes             :Hello 2s MaxAge 20s FwDly 15s RemHop 20
TC or TCN send        :17
```

```
TC or TCN received  :0
BPDU Sent           :108
        TCN: 0, Config: 108, RST: 0, MST: 0
BPDU Received       :0
        TCN: 0, Config: 0, RST: 0, MST: 0
```

查看 STP 模式下 GE0/0/1 端口，可以直观地看出此端口的端口角色、端口优先级、Hello 报文的间隔时间和 MaxAge、FwDly、Max Hop 计时器的值。

3. 控制根交换机的选举

根据根交换机的选举规则，通过交换机的优先级来改变根交换机的选举。改变优先级，使 S2 为根桥，S1 为备份根桥。桥优先级取值越小，则优先级越高。把 S1 和 S2 的优先级分别设置为 8192 和 4096，具体命令如下：

```
[S1]stp priority 8192
[S2]stp priority 4096
```

查看 S1、S2 的配置信息，并确认 S2 是否已经成为根交换机，具体命令如下：

```
[S2]display stp
-------[CIST Global Info][Mode STP]-------
CIST Bridge       :4096 .4c1f-cc3d-3d16
Config Times      :Hello 2s MaxAge 20s FwDly 15s MaxHop 20
Active Times      :Hello 2s MaxAge 20s FwDly 15s MaxHop 20
CIST Root/ERPC    :4096 .4c1f-cc3d-3d16 / 0
CIST RegRoot/IRPC :4096 .4c1f-cc3d-3d16 / 0
```

此时 S2 的这两行信息已经相等，即 S2 中的根交换机的桥 ID 指向的是自己的桥 ID，所以此时 S2 又重新成为了新的根交换机。具体命令如下：

```
[S1]display stp
-------[CIST Global Info][Mode STP]-------
CIST Bridge       :8192 .4c1f-cc02-60e3
Config Times      :Hello 2s MaxAge 20s FwDly 15s MaxHop 20
Active Times      :Hello 2s MaxAge 20s FwDly 15s MaxHop 20
CIST Root/ERPC    :4096 .4c1f-cc3d-3d16 / 20000
CIST RegRoot/IRPC :8192 .4c1f-cc02-60e3 / 0
```

S1 的这两行信息已不再相等，且它的根交换机 ID 指向的是 S2，说明此时 S1 成为备份交换机。

4. 控制根端口选举

查看此时的 S1 与 S2 各自端口的角色，具体命令如下：

```
[S1]display stp brief
  MSTID     Port          Role      STP State        Protection
```

0	GigabitEthernet0/0/1	ROOT	FORWARDING	NONE
0	GigabitEthernet0/0/2	ALTE	DISCARDING	NONE
[S2]display stp brief				
MSTID	Port	Role	STP State	Protection
0	GigabitEthernet0/0/1	DESI	FORWARDING	NONE
0	GigabitEthernet0/0/2	DESI	FORWARDING	NONE

在 S1 中，GE0/0/1 为根端口，现在根据根端口的选举原则，改变端口的优先级，使得 G0/0/2 成为根端口。缺省情况下端口优先级为 128。端口优先级取值越大，则优先级越低。

注意：在 S2 上，修改 GE0/0/1 的端口优先级值为 32，GE0/0/2 的端口优先级值为 16。因此，S1 上的 GE0/0/2 端口优先级值大于 S2 的 GE0/0/2 端口优先级，成为根端口。具体命令如下：

```
[S1]int GigabitEthernet 0/0/1
[S1-GigabitEthernet0/0/1]stp port priority 32
[S1-GigabitEthernet0/0/1]int GigabitEthernet 0/0/2
[S1-GigabitEthernet0/0/2]stp port priority 16
```

再查看 S1 的 STP 端口信息，具体命令如下：

[S1]display stp brief				
MSTID	Port	Role	STP State	Protection
0	GigabitEthernet0/0/1	ALTE	DISCARDING	NONE
0	GigabitEthernet0/0/2	ROOT	FORWARDING	NONE

此时 GE0/0/2 口成为根端口。

5. 模拟链路故障

关闭 S1 上面的 GE0/0/2 端口，并查看关闭后的 STP 端口状态，具体命令如下：

[S1-GigabitEthernet0/0/2]shutdown				
[S1-GigabitEthernet0/0/2]display stp brief				
MSTID	Port	Role	STP State	Protection
0	GigabitEthernet0/0/1	ROOT	FORWARDING	NONE

原先的阻塞端口 GE0/0/1 改变状态成为根端口。

重新打开 S1 的 GE0/0/2 端口，并恢复 S2 两个端口的优先级，此时 S1 的两个端口又恢复了最开始的状态。具体命令如下：

[S1]int GigabitEthernet 0/0/1				
[S1-GigabitEthernet0/0/2]undo shutdown				
[S1]display stp brief				
MSTID	Port	Role	STP State	Protection
0	GigabitEthernet0/0/1	ALTE	DISCARDING	NONE
0	GigabitEthernet0/0/2	ROOT	FORWARDING	NONE

6. 设置端口开销值

查看 S1 上面的 GE0/0/1 端口的开销值，具体命令如下：

```
[S1]display stp interface GigabitEthernet 0/0/1
-------[CIST Global Info][Mode STP]-------
CIST Bridge              :8192 .4c1f-cc02-60e3
Config Times             :Hello 2s MaxAge 20s FwDly 15s MaxHop 20
Active Times             :Hello 2s MaxAge 20s FwDly 15s MaxHop 20
CIST Root/ERPC           :4096 .4c1f-cc3d-3d16 / 20000
CIST RegRoot/IRPC        :8192 .4c1f-cc02-60e3 / 0
CIST RootPortId          :32.23
BPDU-Protection          :Disabled
TC or TCN received       :37
TC count per hello       :0
STP Converge Mode        :Normal
Time since last TC       :0 days 0h:23m:59s
Number of TC             :7
Last TC occurred         :GigabitEthernet0/0/1
----[Port23(GigabitEthernet0/0/1)][FORWARDING]----
Port Protocol            :Enabled
Port Role                :Root Port
Port Priority            :32
Port Cost(Dot1T )        :Config=auto / Active=20000
Designated Bridge/Port   :4096.4c1f-cc3d-3d16 / 128.23
```

修改开销值，将其设置为 300000，具体命令如下：

```
[S1-GigabitEthernet0/0/1]stp cost 3000000
[S1]display stp brief
MSTID       Port              Role      STP State       Protection
  0     GigabitEthernet0/0/1   ALTE      DISCARDING      NONE
  0     GigabitEthernet0/0/2   ROOT      LEARNING        NONE
```

由于 GE0/0/1 的端口开销值更大，所以选择 GE0/0/2 端口成为根端口。

3.3.4　项目总结

本节关于 STP 的一些简单配置，主要涉及根交换机、根端口的选举配置，以及故障的处理方式，要熟练掌握配置语句。在做实验前，建议先熟悉 STP 整个的工作原理和特点。

根据本节内容完成下面的实训报告。

项目 3.3 交换网络中的冗余链路实训报告

实训日期：_____年_____月_____日　　　　　　实训地点：_____

班级：_____　　　　　组号：_____　　　　参与成员学号：_____

实训名称	冗余链路——STP 的基本配置	
拓扑图及要求	拓扑图： 要求： ① 完成网络拓扑连接，并进行配置交换机 STP 模式的方法。 ② 配置桥优先级，控制根桥选举的方法、端口优先级及开销。 ③ 保存交换机配置到文本文档。	
实训目的	① 掌握 STP 基本配置。 ② 掌握交换机中 STP 模式的方法。 ③ 能配置桥优先级，控制根桥选举的方法、端口优先级及开销。	
拓扑设计： 　拓扑图绘制 　地址规划 　环境搭建 　设备连线		项目负责人： 司线员：
	□小组自评　□各组互评　□教师评价 评价：	评价人：
设备配置： 　关键步骤 　重要命令		配置人员：
	□小组自评　□各组互评　□教师评价 评价：	评价人：
功能验证： 　验证方法 　故障排除		调试验证人员：
	□小组自评　□各组互评　□教师评价 评价：	评价人：
实训总结		书记员：

第4章　路由设备配置

📁 **教学目标**

路由器是一种常见的工作在 OSI 参考模型第三层的网络设备，在互联网中是最重要的设备之一，掌握路由器的知识及相关配置是非常重要的。

知识目标

➢ 了解路由器的类型。
➢ 掌握路由器基本原理。
➢ 掌握各种路由的常用命令。

技能目标

➢ 能够配置静态路由、动态路由，使网络畅通。
➢ 能够用 OSPF 路由完成路由配置，使网络畅通。
➢ 能够配置标准 ACL，实现网络基本流量控制。
➢ 能够配置 DHCP 服务，实现内部网络地址动态获取。
➢ 能够配置静态 NAT、动态 NAT，实现内网和外网的互访。
➢ 能够配置三层交换机，实现 VLAN 间的路由转发。

4.1　路由器基本配置

4.1.1　项目背景

1. 需求分析

路由器是网络的核心，负责在网络间将数据包从初始源位置转发到最终目的地；路由器可以实现路由、网络访问控制、防止广播风暴，提高网络安全等功能；路由器的安装和调试比较复杂，相对其他网络互联设备的价格较高。

路由器基本配置

现在需要尽快完成对公司路由器设备的检查和基本配置，使之能够应用在今后的网络建设中。本项目练习所涉及的技能是完成本章其他项目练习的基础。

2. 环境准备

(1) 设备：华为路由器 2 台，以太网交换机 1 台，PC 2 台。
(2) 线缆：标准直通线 2 根，交叉线 1 根，串行电缆 1 组。
(3) 每组 2 名学生，各操作 1 台 PC，协同进行实训。

3. 技能准备

1) 认识路由器的组成

路由器由硬件和软件两部分组成，了解其结构组成将有助于设备操作。路由器的硬件由总线将其连接起来，如图 4-1 所示。

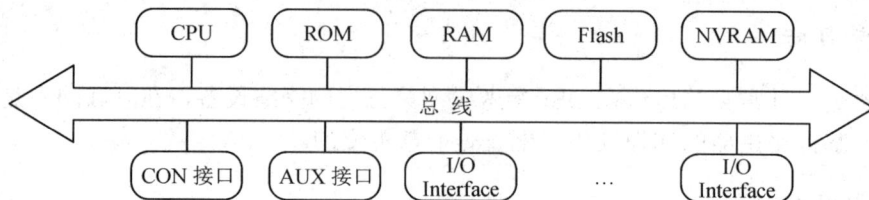

图 4-1　路由器的硬件组成

路由器的硬件主要包括以下几个部分：

(1) 中央处理单元 CPU。

(2) 4 种存储器：只读存储器 ROM、内存 RAM、闪存 Flash 和非易失性内存 NVRAM。

(3) 配置接口：包括控制台端口 CON 接口和辅助端口 AUX 网络接口，其中 AUX 网络接口有快速以太网接口 FastEthemet、异步串行广域网接口 Serial 等。

目前很多路由器都是模块化的，模块化路由器接口编号在配置路由器时必须注意，如 Serial0/0/0 表示插槽 0 模块 0 的异步串口 0，接口越靠右靠下，编号越小，如图 4-2 所示。

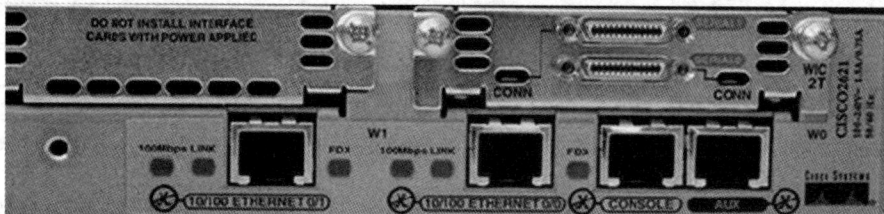

图 4-2　模块化路由器接口编号示意图

2) 正确识别路由器的线缆

线缆是路由设备互连的重要配件，一般常用到的线缆主要有控制台线缆、以太网线缆和串行广域网线缆。

(1) 控制台线缆。与交换机一样，路由器的控制台线缆用作带外配置时的控制台连接，一端连到设备的 Console 口，另一端通过 RJ45-DB9 转换器连接到 PC 的串口(COM 口)，如图 4-3 所示。

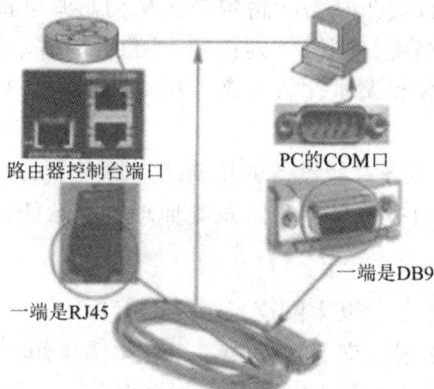

图 4-3　控制台线缆

(2) 以太网线缆。常见的以太网线缆包括用于不同类设备相连的直通线和同类设备相连的交叉线。在路由器直接连接计算机网卡时要采用交叉连接，如图 4-4 所示。

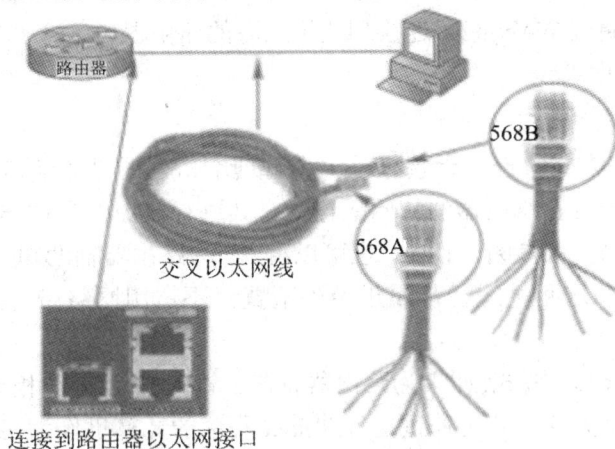

图 4-4　使用交叉线连接 PC 和路由器

(3) 串行广域网接口线缆。比较新的路由器(如 1841、2811)串口一般使用 V.24 标准的思科智能串口线缆，而比较老的路由器(如 2500 系列)则通常采用 V.35 标准的华为 60 针接口线缆，如图 4-5 所示。

图 4-5　V.24 和 V.35 串口线缆

WAN 连接使用 V.24 或 V.35 串口线缆连接路由器(DTE)和 WAN 服务提供商的数据线路终端设备(DCE)，并由 DCE 设备将来自 DTE 的数据转换成服务提供商可接受的格式。V.24 和 V.35 是两种常用的 DCE 物理层接口标准。

在实验环境中，因为不存在 WAN 网云和 DCE 设备，通常使用背对背连接的 DTE-DCE 线缆来连接两台路由器，称作 Null。串行线缆由一根 DCE 线缆和一根 DTE 线缆组成，如图 4-6 所示的 V.35 DCE 线缆(凹连接头)和 V.35 DTE 线缆(凸连接头)。凹连接头和凸连接头连接在一起就构成了 Null0 串行线缆。

图 4-6　串行线缆

需要注意的是，与课堂实验中使用的线缆不同，真实环境中的串行线缆并不是直接的背对背连接。其中一台路由器可能在北京，而另一台路由器可能在上海，进行故障排除时，北京的管理员需要通过 WAN 网云连接到位于上海的路由器。

3) 路由器配置方式

路由器的配置方式有以下 3 种：

(1) 控制台端口方式。控制台端口是一个管理端口，通过该端口能够对路由器进行带外访问。该端口用于设置路由器的初始配置并对其进行监控，具体连接及设置方法同交换机的连接及设置方法，可参阅 3.1 节；也可以将 PC 与路由器辅助端口 AUX 直连相连，以进行路由器的配置。这两种途径都属于带外配置，不占用网络带宽，但需要进行额外的连接。

(2) 远程登录(Telnet)方式。如果为路由器设置了管理 IP 地址和相关的 Telnet 管理口令，并启动了 Telnet 管理方式，就可通过运行 Telnet 程序的计算机作为路由器的虚拟终端与路由器建立通信，完成路由器的配置。

这种配置方式属于一种带内配置，占用网络带宽，但配置地点灵活，在任何一台联网的计算机上均可完成；远程登录与控制台端口方式的操作界面都是命令行 CLI。

(3) 网络管理软件方式。可以通过运行网络管理软件对路由器进行配置。

这种配置方式属于带内配置，基于图形化界面，操作简单，但需要安装额外的软件，而且不是所有的设备都支持该配置方式。

4.1.2　项目设计

1. 配置需求

(1) 对使用路由器的网络进行布线连接。

(2) 为路由器配置基本信息，如为路由器命名、配置标语、设置口令、配置接口地址等。

(3) 整理配置文档以保存路由器配置信息。

2. 拓扑设计

本项目的网络拓扑设计结构图如图 4-7 所示。

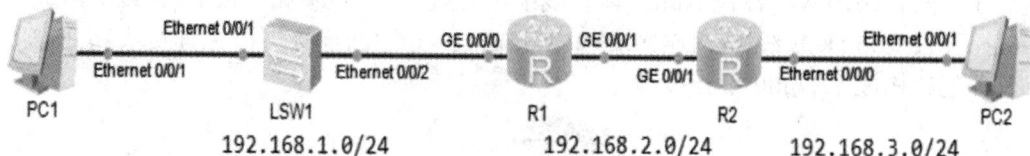

图 4-7　项目 4.1 拓扑结构图

3. IP 地址设计

本项目中局域网默认网关地址设计为所属网段第 1 个地址，而计算机地址采用第 2 个地址，串行链路接口地址采用所属网段的前两个地址。

具体设备接口地址设计方案如表 4-1 所示。

表 4-1 项目 4.1 设备接口 IP 地址表

设备	接 口	IP 地址	子网掩码	默认网关	备注
R1	GE0/0/0	192.168.1.1	255.255.255.0	不适用	192.168.1.0/24
	GE0/0/1	192.168.2.1	255.255.255.0	不适用	192.168.2.0/24
R2	GE0/0/1	192.168.2.2	255.255.255.0	不适用	192.168.2.0/24
	Ethernet0/0/0	192.168.3.1	255.255.255.0	不适用	192.168.3.0/24
LSW1	Ethernet0/0/1	无	无	不适用	192.168.1.0/24
	Ethernet0/0/2				
PC1	Ethernet0/0/1	192.168.1.10	255.255.255.0	192.168.1.1	192.168.1.0/24
PC2	Ethernet0/0/1	192.168.3.10	255.255.255.0	192.168.3.1	192.168.2.0/24

4.1.3 项目实施

1. 网络布线

(1) 使用直通以太网线缆将 R1 路由器的 GE0/0/0 接口连接到 LSW1 交换机的 Ethernet0/0/2 接口。

(2) 使用直通以太网线缆将 PC1 的网卡连接到 LSW1 交换机的 Ethernet0/0/1 接口。

(3) 使用交叉以太网线缆将 R2 路由器的 Ethernet0/0/0 接口连接到 PC2 的网卡。

(4) 制作串行线缆,将 R1 路由器的 Serial0/0/0 和 R2 的 Serial0/0/0 接口进行背对背连接,R1 的 Serial0/0/0 为 DCE 端。

(5) 使用控制台线缆连接 R1 路由器的 Console 口和 PC 的 COM1 或 COM2 口。

2. 路由器基本信息配置

(1) 为路由器配置全局信息。

配置 R1 主机名为"R1"的命令如下:

```
[Huawei]sysname R1
[R1]
```

(2) 为路由器配置接口信息。

配置局域网接口 GE0/0/1 接口地址的命令如下:

```
[Huawei-GigabitEthernet0/0/0]int g0/0/1
[Huawei-GigabitEthernet0/0/1]ip add 192.168.2.1 255.255.255.0
```

(3) 保存配置。

保存配置信息的命令如下:

```
<R1>SAVE
The current configuration will be written to the device.
Are you sure to continue?[Y/N]Y
Info: Please input the file name ( *.cfg, *.zip ) [vrpcfg.zip]:
Sep 19 2021 16:29:09-08:00 R1 %%01CFM/4/SAVE(l)[2]:The user chose Y when deciding
whether to save the configuration to the device.
```

(4) 配置 R2 及 PC。

① 对 R2 重复上述(1)~(3)的操作，在进行相关参数配置时，注意主机名、接口地址的不同。

② 使用 IP 地址 192.168.1.10/24 和默认网关 192.168.1.1 配置主机 PC1。

③ 使用 IP 地址 192.168.3.10/24 和默认网关 192.168.3.1 配置主机 PC2。

(5) 检验并测试配置。

① 使用 display ip routing-table 命令检验路由。具体命令如下：

```
<R1>display ip routing-table
Route Flags: R - relay, D - download to fib
------------------------------------------------------------
Routing Tables: Public
          Destinations : 9        Routes : 11
Destination/Mask        Proto   Pre   Cost   Flags   NextHop      Interface
      127.0.0.0/8        Direct   0     0       D     127.0.0.1    InLoopBack0
      127.0.0.0/8        Direct   0     0       D     127.0.0.1    InLoopBack0
```

display ip routing-table 命令及其输出将在后续项目中深入探讨。目前，R1 和 R2 中都包含两条路由，每条路由前都带有"D"标识，这表示它们是直接相连网络，一旦在每台路由器上配置了相关接口便会激活直连路由。

② 使用 display ip interface brief 命令检验接口配置。

如果路由表中没有出现以上两条直连路由，则通常是没有正确配置或激活路由器接口。使用 display ip interface brief 命令可以快速检验每台路由器接口的配置。屏幕上会显示如下输出：

```
<R1>display ip interface brief
*down: administratively down
!down: FIB overload down
^down: standby
(l): loopback
(s): spoofing
(d): Dampening Suppressed
The number of interface that is UP in Physical is 3
The number of interface that is DOWN in Physical is 8
The number of interface that is UP in Protocol is 3
The number of interface that is DOWN in Protocol is 8

Interface                      IP Address/Mask      Physical    Protocol
Ethernet0/0/0                  unassigned           down        down
Ethernet0/0/1                  unassigned           down        down
GigabitEthernet0/0/0           192.168.1.1/24       up          up
```

GigabitEthernet0/0/1	192.168.2.1/24	up	up
GigabitEthernet0/0/2	unassigned	down	down
GigabitEthernet0/0/3	unassigned	down	down
NULL0	unassigned	up	up(s)
Serial0/0/0	unassigned	down	down
Serial0/0/1	unassigned	down	down
Serial0/0/2	unassigned	down	down
Serial0/0/3	unassigned	down	down

如果两个接口的状态都是 up，则路由表中将包含两条路由。使用 display ip routing-table 命令再次进行检验。

③ 测试局域网连通性。

先从每台主机 ping 其默认网关，以此来测试连通性。再从连接到 R1 的主机 ping 其默认网关。最后从连接到 R2 的主机 ping 其默认网关。

如果上述任一问题的答案为否，则按照以下流程检查配置，找出问题所在。

步骤 1：检查 PC 是否实际连接到了正确的路由器？所有相关端口的链路指示灯是否都在闪烁？（应该是直连相连或通过交换机连接在一起。）

步骤 2：检查 PC 的配置是否与拓扑图一致？

步骤 3：使用 display ip interface brief 命令检查路由器所有接口是否都为 up。

如果上述 3 个环节的答案都为是，那么应该能成功 ping 默认网关。

④ 测试路由器 R1 和 R2 之间的连通性。

在路由器 R1 上，是否能够使用 ping 192.168.2.2 命令 ping 通 R2？在路由器 R2 上，是否能够使用 ping 192.168.2.1 命令 ping 通 R1？如果上述问题的答案为否，则按照以下流程检查配置，找出问题所在。

步骤 1：检查路由器的布线是否连接妥当？所有相关端口的链路指示灯是否都在闪烁？

步骤 2：检查路由器配置是否与拓扑图一致？

步骤 3：使用 display ip interface brief 命令检查路由器所有接口是否都为 up？

如果上述 3 个环节的答案都为是，那么应该能成功从 R2 ping 通 R1，也能从 R1 ping 通 R2。

问题及思考：

试从连接到 R1 的主机 PC1 ping 连接到 R2 的主机 PC2，或从主机 PC1 ping 路由器 R2 以及从主机 PC2 ping 路由器 R1，这些 ping 应该会失败，这些设备之间无法通信是因为网络中缺少什么？

⑤ 测试远程登录。

输入命令"telnet 192.168.1.1"，进行远程登录。

3. 整理配置信息

利用 TFTP 服务器可以实现路由器和交换机配置文件的备份和恢复，在 3.1 节中已有介绍，这里介绍另一种保存和恢复配置的方法，即整理配置文档的方法。

路由器配置可以截取到文本(txt)文件并保存下来供今后使用，保存的配置还可以复制回路由器，这样在快速恢复路由器配置时就不需要逐一输入命令了。下面以 R1 路由器为例说明如何截取配置并保存，R2 的操作类似。

保存配置到文本文件 Rl_config.txt。

使用 display current-configuration 命令查看路由器的当前运行配置。具体命令如下：

```
<R1>display current-configuration
#
sysname R1
#
aaa
 authentication-scheme default
 authorization-scheme default
 accounting-scheme default
 domain default
 domain default_admin
 local-user admin password cipher OOCM4m($F4ajUn1vMEIBNUw#
 local-user admin service-type http
#
firewall zone Local
 priority 16
#
interface Ethernet0/0/0
#
interface Ethernet0/0/1
#
interface Serial0/0/0
 link-protocol ppp
#
interface Serial0/0/1
 link-protocol ppp
```

4.1.4　项目总结

本项目介绍了如何对路由器进行布线连接和基本参数配置。

路由器的控制台连接、以太网连接和串行连接分别使用 Console 线缆、标准直通线和交叉线。

路由器的初始配置包括为路由器命名、配置标语、设置口令、配置接口地址等；将配置文档整理并保存到文本文件中可以为快速恢复路由器配置提供可能，应养成整理配置文档的习惯。

根据本节内容完成下面的实训报告。

项目 4.1 路由器基本配置实训报告

实训日期：_____年_____月_____日　　　　　实训地点：_____

班级：_____　　　　组号：_____　　参与成员学号：_____

实训名称	路由器基本配置		
拓扑图及要求	拓扑图： 要求： ① 完成网络拓扑连接，并进行路由器基本参数配置。 ② 保存路由器配置到文本文档。		
实训目的	① 掌握路由器基本配置。 ② 通过控制台方式完成路由器的主机名、接口地址等初始配置。		
拓扑设计： 　拓扑图绘制 　地址规划 　环境搭建 　设备连线			项目负责人： 司线员：
	□小组自评 □各组互评 □教师评价 评价：		评价人：
设备配置： 　关键步骤 　重要命令			配置人员：
	□小组自评 □各组互评 □教师评价 评价：		评价人：
功能验证： 　验证方法 　故障排除			调试验证人员：
	□小组自评 □各组互评 □教师评价 评价：		评价人：
实训总结			书记员：

4.2 静 态 路 由

4.2.1 项目背景

1. 需求分析

公司网络由多个不同的内部网络互联而成，作为网间互联设备的路由器必须要正确对网络进行路由。静态路由和动态路由是两种不同的路由策略，针对不同的网络应该采用不同的路由策略：对于规模不大而且结构不经常变化的网络，静态路由策略非常简单高效；而对于大规模复杂网络和经常变化的网络，动态路由策略则比较高效。

本项目的网络是由 3 个路由器互相连接而成的网络，拓扑比较稳定且结构相对简单。需要配置静态路由以实现网络的连通。

2. 环境准备

(1) 设备：路由器 3 台，以太网交换机 3 台(可省略)，PC 3 台。

(2) 线缆：标准直通线 6 根(或交叉线 3 根)，串行线缆 2 组，控制台线缆 2 根。

(3) 每组 2 名学生，各操作 1 台 PC，协同进行实训。

3. 技能准备

1) 路由表分析

路由表是保存在 RAM 中的数据文件，其中存储了与直连网络以及远程网络相关的信息，路由器就是依靠路由表来转发数据包到目的网络的。

使用 display ip routing-table 命令可以显示路由表，具体输出如下：

```
<R1>display ip routing-table
Route Flags: R - relay, D - download to fib
------------------------------------------------------------
Routing Tables: Public
              Destinations : 9         Routes : 11
Destination/Mask    Proto    Pre   Cost   Flags    NextHop        Interface
    192.168.1.0/24    Direct    0     0       D      192.168.1.1    InLoopBack0
    192.168.1.0/30    Direct    0     0       D      192.168.1.1    InLoopBack0
```

对于路由表中列出的每个路由条目，均可看到以下信息：

(1) 路由类型：Direct 表示直连路由，Static 表示静态路由，具体路由类型另行介绍。

(2) 网络地址和子网掩码：如 192.168.1.0/24，用于指出路由器可到达的目的网络的网络号，可以是直连网络或远程网络。子网掩码则起到与路由器收到数据包的目的 IP 地址进行与运算，从而得出目的网络号的作用。

(3) 出站接口：用于指出数据包从本路由器的哪个接口转发出去可以到达目的网络。

(4) 下一跳地址：如 192.168.1.1，用于指出转发 IP 数据包到远程网络时要经过的下一个路由器接口的 IP 地址。

除此之外，路由信息中还可能包含管理距离、路由度量值等其他信息。

2) 路由类型

(1) 直连路由：即路由器的直连网络的路由，是在接口配置了地址并启用后由路由器直连添加的。由于直连路由反映的是接口所直连连接的网络，非"二手"信息，因此其可信程度是最高的。

(2) 静态路由：由管理员手工输入的指向远程网络的路由，它不会自动跟随网络拓扑的变化而变化。静态路由不会占用路由器的 CPU 和 RAM，也不占用线路的带宽，一般适用于结构比较简单的网络。静态路由的可信度比直连路由略低。

(3) 动态路由：由路由协议生成的指向远程网络的路由，由运行同一种路由协议的多个路由器动态交换路由表信息而来。当目标网络有多条路径，其中一条路径失效时，动态路由会自动切换到另一条路径，能及时反映网络的变化。动态路由可信度较低。

(4) 默认路由：默认路由是一种特殊的静态路由，指的是当路由表中与数据包的目的地址之间没有匹配的表项时路由器能够做出的选择。如果没有默认路由，那么目的地址在路由表中没有匹配表项的包将被丢弃。

3) ip route-static 命令

路由器用来配置静态路由的全局命令，命令格式如下：

> ip route-static {address |Interface}[Prefix][Mask][Address][Interface]
> [Distance][Permanent]

相关参数说明如下：

Prefix：所要到达的目的网络。

Mask：子网掩码。

Address：下一跳的 IP 地址，即相邻路由器的端口地址。

Interface：本地网络接口。

Distance：管理距离(可选)。

Permanent：指定路由的永久性，即使该端口关掉也不被移掉。

配置默认路由的全局命令是：ip route-static　0.0.0.0 0.0.0.0 {ip-address Iinterface }。

4.2.2　项目设计

1. 配置需求

(1) 根据拓扑图进行网络布线连接并清除设备可能的配置，然后使用地址表中提供的 IP 地址为网络设备分配地址，并执行初始路由器配置。

(2) 为路由器进行基本配置。

(3) 为路由器配置静态路由使网络畅通。

(4) 为路由器配置默认路由使网络畅通。

(5) 记录网络配置并整理实验设备。

2. 拓扑设计

本项目的网络拓扑设计结构图如图 4-8 所示。

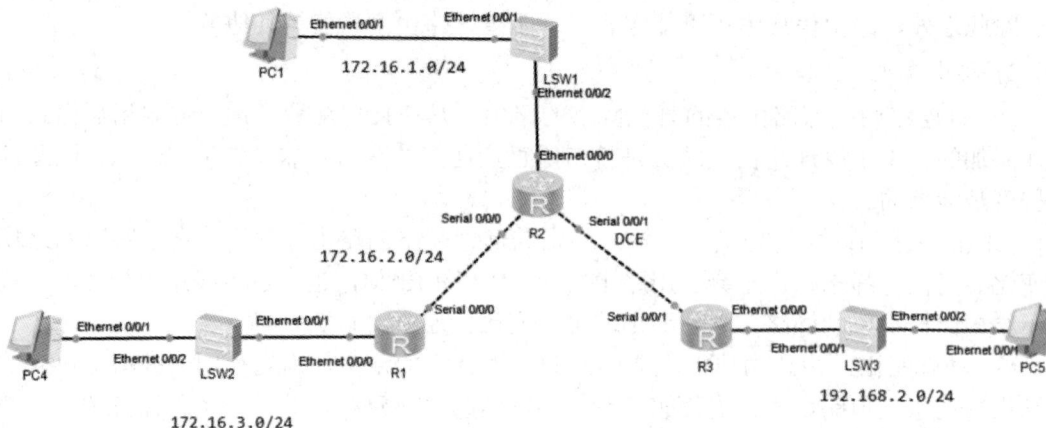

图 4-8　项目拓扑结构图

3. IP 地址设计

本项目中涉及 3 个本地局域网和 2 个串行广域网连接，网络地址分配情况如表 4-2 所示。局域网默认网关地址设计为所属网段第 1 个地址，而计算机地址采用第 2 个地址，串行链路接口地址采用所属网段的前两个地址。

具体设备接口地址设计方案如表 4-2 所示。

表 4-2　项目设备接口 IP 地址表

设 备	接 口	IP 地址	子网掩码	默认网关	备 注
R1	Ethernet0/0/0	172.16.3.1	255.255.255.0	不适用	
	Serial0/0/0	172.16.2.1	255.255.255.0	不适用	172.16.2.0/24
R2	Ethernet0/0/0	172.16.1.1	255.255.255.0	不适用	
	Serial0/0/0	172.16.2.2	255.255.255.0	不适用	172.16.2.0/24
	Serial0/0/1	192.168.1.2	255.255.255.0	不适用	DEC
R3	Ethernet0/0/0	192.168.2.1	255.255.255.0	不适用	
	Serial0/0/1	192.168.1.1	255.255.255.0	不适用	DEC
LSW1	Ethernet0/0/1	无	无	不适用	192.168.2.0/24
	Ethernet0/0/2				
LSW2	Ethernet0/0/1	无	无	不适用	
	Ethernet0/0/2				
LSW3	Ethernet0/0/1	无	无	不适用	192.168.2.0/24
	Ethernet0/0/2				
PC1	Ethernet0/0/1	172.16.3.10	255.255.255.0	172.16.3.1	
PC4	Ethernet0/0/1	172.16.1.10	255.255.255.0	172.16.1.1	
PC5	Ethernet0/0/1	192.168.2.10	255.255.255.0	192.168.2.1	

4.2.3　项目实施

1. 布线、清除配置并重新启动路由器

(1) 选择正确的线缆完成网络连接，构建拓扑结构图中所示的网络。

① 使用直通以太网线缆，进行拓扑连接。

静态路由

② 使用控制台线缆连接路由器的 Console 口，进入路由器完成相关的配置工作。

(2) 清除每台路由器上的配置。

在用户视图模式下输入如下配置命令：

```
<R1>reset saved-configuration
```

输入命令后会出现如下信息：

```
This will delete the configuration in the flash memory.
The device configuratio
ns will be erased to reconfigure.
Are you sure? (y/n)[n]:
```

这时输入 y，会出现如下提示信息：

```
Clear the configuration in the device successfully.
```

再重新启动，完成配置信息的清除，具体操作如下：

```
<R1>reboot
```

输入命令后会出现：

```
Info: The system is comparing the configuration, please wait.
Warning: All the configuration will be saved to the next startup configuration.
Continue ? [y/n]:
```

这时输入 n，系统会继续进行如上提示：

```
System will reboot! Continue ? [y/n]:
```

这时输入 y，完成重新启动。

2. 执行路由器基本配置。

(1) 配置路由器主机名。

(2) 配置接口地址。

① 按照地址表配置各路由器的接口 IP。

② 按照地址表配置各主机的 IP 地址。

(3) 测试并校验配置。

步骤 1：测试各 PC 与其默认网关的连通性，应该是通的。

步骤 2：测试直连路由器之间的连通性，应该是通的。

步骤 3：测试非直连设备(任意两台 PC)之间的连通性。为什么这些 ping 命令全部都会失败？因为没有配置远程网络路由。

已经完成了项目的基本搭建和除路由之外的其他配置，下面将为路由器配置静态路由，以实现远程网络之间的通信。

3. 配置静态路由

(1) 为 R1 配置静态路由。

使用下一跳地址配置静态路由，具体命令如下：

```
[R1]ip route-static 172.16.1.0 24 172.16.2.2
```

```
[R1]ip route-static 192.168.2.0 24 172.16.2.2
```

或者使用送出接口配置静态路由，具体命令如下：

```
[R1]ip route-static 172.16.1.0 24 s0/0/0
[R1]ip route-static 192.168.2.0 24 s0/0/0
```

(2) 配置 R2 静态路由。

使用下一跳地址配置静态路由，具体命令如下：

```
[Huawei]ip route-static 172.16.3.0 24 172.16.2.1
[Huawei]ip route-static 192.168.2.0 24 192.168.1.1
```

或者使用送出接口配置静态路由，具体命令如下：

```
[Huawei]ip route-static 172.16.3.0 24 s0/0/0
[Huawei]ip route-static 192.168.2.0 24 s0/0/1
```

(3) 配置 R3 静态路由。

使用下一跳地址配置静态路由，具体命令如下：

```
[Huawei]ip route-static 172.16.1.0 24 192.168.1.2
[Huawei]ip route-static 172.16.3.0 24 192.168.1.2
```

或者使用送出接口配置静态路由，具体命令如下：

```
[Huawei]ip route-static 172.16.1.0 24 s0/0/1
[Huawei]ip route-static 172.16.3.0 24 s0/0/1
```

(4) 查看路由表并测试网络。

① R2 上路由表输出如下(R1、R3 类似)：

```
[Huawei-Ethernet0/0/0]display ip routing-table
Route Flags: R - relay, D - download to fib
-----------------------------------------------------------------
Routing Tables: Public
              Destinations : 9          Routes : 9

Destination/Mask    Proto    Pre   Cost    Flags    NextHop        Interface

    127.0.0.0/8     Direct    0     0        D       127.0.0.1      InLoopBack0
    127.0.0.1/32    Direct    0     0        D       127.0.0.1      InLoopBack0
```

② 测试网络连通性：各主机之间应该已经全部能 ping 通了。

4. 配置默认路由

在前面的静态路由配置中，已为路由器配置了通往特定目的地的具体路由。但是能为 Internet 上的每一台路由器都执行同样的操作吗？答案是不能。工作量是如此之大，根本无法应付。为了缩小路由表的大小，可以使用默认路由。当路由器没有更好、更精确的路由能到达目的地时，它就会使用默认路由。

实际上，本项目实验中 R1 是末节路由器，这意味着 R2 即是 R1 的默认网关。如果 R1 路由的数据包不属于其任何一个直连网络，那么 R1 应将该数据包发给 R2。必须在 R1 上明确配置一条默认路由，这样 R1 才能将目的地未知的数据包发给 R2，否则 R1 会将目的地未知的数据包丢弃。

下面将实现本项目中 R1 路由器改用静态默认路由。

(1) 删除已配置的静态路由，具体命令如下：

```
[R1]undo ip route-static 172.16.1.0 255.255.255.0 172.16.2.2
[R1]undo ip route-static 172.16.1.0 255.255.255.0 Serial0/0/0
[R1]undo ip route-static 192.168.2.0 255.255.255.0 172.16.2.2
[R1]undo ip route-static 192.168.2.0 255.255.255.0 Serial0/0/0
```

(2) 配置静态默认路由，具体命令如下：

```
[R1]ip route-static 0.0.0.0 24 172.16.2.2
```

或者输入以下命令：

```
[R1]ip route-static 0.0.0.0 24 s0/0/0
```

(3) 查看 R1 上的路由表，输出如下：

```
<R1>display ip routing-table
Route Flags: R - relay, D - download to fib
------------------------------------------------------------
Routing Tables: Public
            Destinations : 9          Routes : 9

Destination/Mask    Proto    Pre   Cost    Flags    NextHop       Interface

    0.0.0.0/24      Static   60    0       RD       127.16.2.2    Serial0/0/0
                    Static   60    0       D        127.16.2.1    Serial0/0/0
    127.0.0.0/8     Direct   0     0       D        127.0.0.1     InLoopBack0
    127.0.0.1/32    Direct   0     0       D        127.0.0.1     InLoopBack0
```

测试网络连通性，网络应该还是通的。

5. 整理路由配置

前面在 R3 上可以配置 3 条静态路由分别到达 172.16.2.0/24、172.16.1.0/24 和 172.16.3.0/24，由于这些网络彼此非常接近，可将它们总结为一条路由。该方法同样可缩小路由表的大小，从而使得路由查找过程更有效率。

观察以二进制形式表示的这 3 个网络，会发现靠左的 22 位完全相同。

172.16.1.0　0　10101100.00010000.00000001.00000000

172.16.2.0　0　10101100.00010000.00000010.00000000

172.16.3.0　0　10101100.00010000.00000011.00000000

如果不考虑这 22 位之后的其余位，可以将这 3 个网络总结为 172.16.0.0/22，以点分十进制格式来表示的掩码为 255.255.252.0。

(1) 在 R3 上重新配置静态总结路由，具体命令如下：

```
[R3]ip route-static 172.16.0.0 24 192.168.1.2
```

在 R3 上配置总结路由不会删除之前配置的静态路由，因为这些路由更加精确。之前的路由都使用/24 掩码，而新的总结路由使用/22 掩码。为了缩小路由表的大小，可以删除更为精确的/24 路由。

(2) 删除 R3 上已配置的静态路由，具体命令如下：

```
[R3]undo ip route-static 172.16.1.0 255.255.255.0 192.168.1.2
[R3]undo ip route-static 172.16.1.0 255.255.255.0 Serial0/0/1
[R3]undo ip route-static 172.16.3.0 255.255.255.0 192.168.1.2
[R3]undo ip route-static 172.16.3.0 255.255.255.0 Serial0/0/1
```

(3) 使用 display ip route 命令检查之前配置的静态路由已从路由表中消失，取而代之的是一条静态总结路由，具体输出如下：

```
[R3]display ip routing-table
Route Flags: R - relay, D - download to fib
------------------------------------------------------------------
Routing Tables: Public
            Destinations : 8          Routes : 8

Destination/Mask    Proto    Pre   Cost    Flags    NextHop        Interface

    127.0.0.0/8     Direct   0     0       D        127.0.0.1      InLoopBack0
    127.0.0.1/32    Direct   0     0       D        127.0.0.1      InLoopBack0
   172.16.0.0/24    Static   60    0       RD       192.168.1.2    Serial0/0/1
```

(4) 测试网络连通性，网络应该还是通的。

清理实验设施：清除配置并重新启动路由器；断开连接并将电缆收好；对于平时连接到其他网络(例如学校 LAN 或 Internet)的 PC 主机，恢复往日的连接并还原 TCP/IP 设置。

4.2.4　项目总结

本项目回顾了 4.1 节路由器基本配置的实施过程，并学习了路由表及静态路由、默认路由和总结路由的配置。路由表是存储了网络相关信息的数据表，包含有路由类型、网络地址和子网掩码、出站接口、下一跳地址等信息，路由器就是依靠路由表来转发数据包的。

静态路由是由管理员手工输入的路由，它不会自动跟随网络拓扑的变化而变化，一般适用于结构比较简单的网络，可以通过 ip route-static 命令来配置。

默认路由是指当路由表中与数据包的目的地址之间没有匹配的表项时路由器能够做出的选择。如果没有默认路由，那么目的地址在路由表中没有匹配项的包将被丢弃。静态默认路由通常用 0.0.0.0 0.0.0.0 来表示，在末节网络中，配置静态默认路由可以大大减小管理工作量。

总结路由是指对彼此非常接近的多个网络进行超网化得出的一条路由，可缩小路由表的大小，从而使得路由查找过程更有效率。静态总结路由可以大大提高路由效率。

根据本节内容完成下面的实训报告。

项目 4.2 静态路由配置实训报告

实训日期：_____年_____月_____日　　　　实训地点：_____

班级：_____　　　　组号：_____　　　参与成员学号：_____

实训名称	静态路由配置	
拓扑图及要求	拓扑图： 要求： ① 完成网络拓扑连接，并进行路由器基本参数配置。 ② 配置静态路由、静态默认路由和静态总结路由。 ③ 将路由器配置整理保存到相应的文本文件中。	
实训目的	① 进一步熟悉网络布线和路由器基本配置。 ② 能配置静态路由、静态默认路由。	
拓扑设计： 拓扑图绘制 地址规划 环境搭建 设备连线		项目负责人： 司线员：
	□小组自评 □各组互评 □教师评价 评价：	评价人：
设备配置： 关键步骤 重要命令		配置人员：
	□小组自评 □各组互评 □教师评价 评价：	评价人：
功能验证： 验证方法 故障排除		调试验证人员：
	□小组自评 □各组互评 □教师评价 评价：	评价人：
实训总结		书记员：

4.3　动 态 路 由

4.3.1　项目背景

1. 需求分析

静态路由需要管理员根据网络状况手动添加,当网络规模较大或经常容易发生结构变化时,将给管理员带来巨大的工作量,而且容易出错。此时,采用路由器自动计算路由的动态路由将给网络管理带来极大的方便。而且,在大型公司网络和 ISP 网络中,采用静态路由几乎是不可能的。

本项目模拟一家成长中的公司网络,由于公司的发展和业务调整,公司网络面临着经常变化的状况,试为公司网络配置动态路由以满足网络的有效运行。

2. 技能准备

1) 了解动态路由协议

动态路由协议自 20 世纪 80 年代初期开始应用于网络。通过动态路由协议,路由器可以动态共享有关远程网络的路由信息,并将其自动添加到各自路由表中。

RIP (路由信息协议)是最早出现的路由协议,目前已经演变到 RIPv2 版,但新版的 RIP 协议仍不具有扩展性,无法用于较大型的网络。为了满足大型网络的需要,两种高级路由协议——OSPF (开放最短路径优先)协议和 IS-IS (中间系统到中间系统)协议应运而生。同时也推出了面向大型网络的 IGRP (内部网关路由协议)和 EIGRP (增强型 IGRP)协议。

此外,不同网际网络之间的互联对网间路由也提出需求。现在,各 ISP 之间以及 ISP 与其大型专有客户之间采用 BGP (边界网关路由)协议来交换路由信息。

2) 路由协议分类

(1) IGP (内部网关协议)和 EGP(外部网关协议),是按照 AS(自治系统)来区分的。所谓 AS,也称为路由域,是指共同管理区域内的一组路由器。

IGP 就是在自治系统内部进行路由的路由协议,EGP 则用于在自治系统之间路由,如图 4-9 所示。

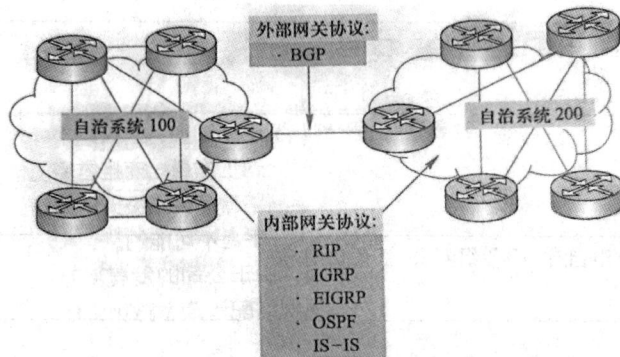

图 4-9　自治系统及 IGP、EGP

只有 BGP 路由协议属于 EGP，而其他常见的 RIP、IGRP、EIGRP、OSPF 等路由协议全部都是 IGP。

(2) 距离矢量路由协议和链路状态路由协议，采用不同的路由算法，其路由效率也有较大差异。

距离矢量路由协议以距离和方向构成的矢量来通告路由信息，定期(如每隔 30 s)向所有邻居发送完整路由表，在大型网络中，这些路由更新会在链路中产生大规模的通信流量，因而适用于结构简单的小型网络中。

链路状态路由协议则使用链路状态信息来创建拓扑图，并据此选择最佳路径。链路状态路由协议采用触发式更新，只在网络拓扑结构发生变化时才发送链路状态更新信息，节省了网络流量。链路状态协议适用于分层设计、对收敛速度要求极高的大型网络。RIP 和 IGRP 属于距离矢量路由协议，OSPF 是典型的链路状态路由协议，EIGRP 则是一种混合型路由协议。OSPF 和 EIGRP 是目前网络中经常使用的内部路由协议。

(3) 有类路由协议和无类路由协议。首先要明确有类网络和无类网络的概念。有类网络最初指使用有类地址(A 类、B 类、C 类)的网络，现在特指整个网络拓扑结构中使用同一子网掩码的网络，如图 4-10 所示。

图 4-10　有类网络使用同一子网掩码

无类网络指整个网络中使用多个子网掩码的网络，如图 4-11 所示。

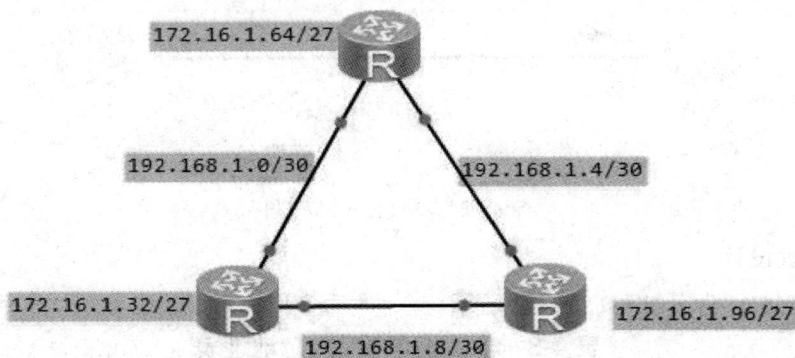

图 4-11　无类网络使用多个子网掩码

有类网络和无类网络在路由问题上的需求是不一样的：在有类网络的路由信息更新中不需要包括子网掩码，因为子网掩码全网一致；而无类网络的路由信息更新中必须同时包括网络地址和子网掩码。这也正是有类路由协议和无类路由协议的差别。

有类路由协议在路由更新中不发送子网掩码信息，不支持 VLSM，不支持非连续网络，如 RIPv1 和 IGRP。目前已很少在网络中使用有类路由协议。无类路由协议由于在路由更新中同时包括网络地址和子网掩码信息，支持 VLSM 和非连续网络及无类网络，被大家广泛认可。如今的大部分网络都采用无类路由协议，如 RIPv2、EIGRP、OSPF、IS-IS 和 BGP 等。

将默认路由行为从有类更改为无类，默认情况下进行配置的是 ip classless 命令。使用无类路由行为意味着，路由过程不再假定有类主网络的所有子网只能通过在父路由的子路由中找到的匹配路由到达。

3) 管理距离

管理距离(AD)是 0～255 的整数值，用来定义路由来源的优先级别，值越低表示路由来源的优先级别越高。0 表示优先级别最高；255 表示路由器不信任该路由来源，并且不会将其添加到路由表中。

直连路由的管理距离为 0，且该值不能更改；静态路由的管理距离为 1；动态路由的管理距离各不相同，例如，RIP-120、EIGRP-90、OSPF-80、…… 可以修改静态路由和动态路由协议的管理距离，如果能从多个不同的路由来源获取同一目的网络的路由信息，HUAWEI 路由器就会使用 AD 值小的来选择最佳路径。

4.3.2　项目设计

1. 配置需求

(1) 按照拓扑设计连接网络，清除可能的设备配置并完成网络初始配置。
(2) 为网络配置 OSPF 路由实现网络连通。
(3) 记录网络并清理实验设备。

2. 拓扑设计

本项目的网络拓扑设计结构图如图 4-12 所示。

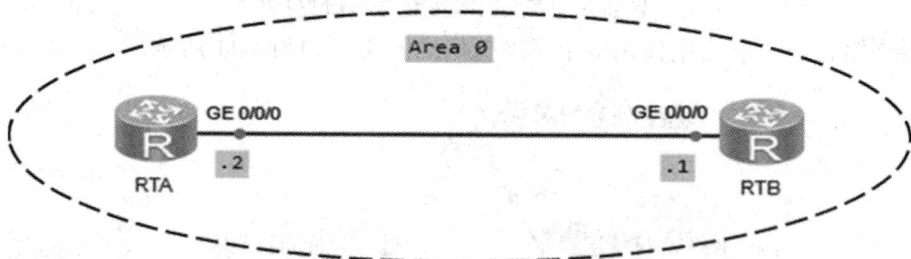

图 4-12　项目拓扑结构图

3. IP 地址设计

设备接口地址设计方案如表 4-3 所示。

表 4-3　项目设备接口 IP 地址表

设备	接口	IP 地址	子网掩码	默认网关
RTA	GE 0/0/0.2	192.168.1.2	255.255.255.0	不适用
RTB	GE 0/0/0.1	192.168.1.1	255.255.255.0	不适用

4.3.3　项目实施

动态路由

1. 连接网络、初始化设备

按照拓扑图所示的网络完成网络连接，并清除每台路由器上的配置，完成初始化。

在用户视图模式下输入如下配置命令：

```
<R1>reset saved-configuration
```

输入命令后会出现如下信息：

```
This will delete the configuration in the flash memory.
The device configuratio
ns will be erased to reconfigure.
Are you sure? (y/n)[n]:
```

这时输入 y，会出现如下提示信息：

```
Clear the configuration in the device successfully.
```

再重新启动，完成配置信息的清除，具体命令如下：

```
<R1>reboot
```

输入命令后会出现如下信息：

```
Info: The system is comparing the configuration, please wait.
Warning: All the configuration will be saved to the next startup configuration.
Continue ? [y/n]:
```

这时输入 n，系统会继续提示，信息如下：

```
System will reboot! Continue ? [y/n]:
```

这时输入 y，完成重新启动。

2. 动态路由协议 OSPF

当网络中有其他厂商的路由器时，就只能使用 OSPF(Open Shortest Path First)协议。OSPF 是一种链路状态路由协议，支持无类网络和非连续网络，收敛速度快，适用于大型网络。下面配置 OSPF 协议以使网络连通。

(1) 启动 OSPF 并通告本地直连网络。

① 配置 R1，具体命令如下：

```
[R1]ospf router-id 1.1.1.1
[R1-ospf-1]area 0
[R1-ospf-1-area-0.0.0.0]network 192.168.1.0 0.0.0.255
```

在配置 OSPF 时，需要首先使能 OSPF 进程。

命令 ospf [process id]用来使能 OSPF，在该命令中可以配置进程 ID。如果没有配置进程 ID，则使用 1 作为缺省进程 ID。

命令 ospf [process id] [router-id <router-id>]既可以使能 OSPF 进程，同时还可以用于配

置 Router ID。在该命令中，router-id 代表路由器的 ID。

命令 network 用于指定运行 OSPF 协议的接口，在该命令中需要指定一个反掩码。反掩码中，"0"表示此位必须严格匹配，"1"表示该地址可以为任意值。

OSPF 网络中可以有很多个区域，划分区域的根本原因是为了减少一个区域内路由器的数量，从而加快收敛的时间。所有区域都与区域 0 进行路由交换，区域 0 是主要区域。单区域 OSPF 配置中网络必须通告到区域 0。

② 配置 RTB 的方法与 RTA 相同。

(2) 验证 OSPF 的运行情况。用 display ospf peer 命令查看路由表中 OSPF 路由。具体命令如下：

```
[R1]display ospf peer
OSPF Process 1 With Router ID 1.1.1.1
```

(3) 配置 OSPF 开销。OSPF 度量称为开销，开销与每个路由器接口的输出端关联，接口带宽越高则开销值越低。在 OSPF 路由度量中，开销最低的路由是首选路由。具体命令如下：

```
[R1]int g0/0/0
[R1-GigabitEthernet0/0/0]ospf cost 20
[R2]ospf router-id 1.1.1.1
[R2-ospf-1]bandwidth-reference 10000
```

3. 记录网络配置，并清理实验设施

(1) 记录网络实施方案。在每台路由器上，截取相关命令的输出并保存到文本文件(txt)，以供将来参考。具体命令如下：

① display cu。

② display ip route。

③ display interface brief。

(2) 清理实验设施。对网络设备执行相关操作以便清理实验设施，具体操作如下：

① 清除配置并重新启动路由器。

② 断开连接并将电缆收好。

③ 对连接到其他网络(例如学校 LAN 或 Internet)的 PC，恢复连接并还原 TCP/IP 设置。

4.3.4 项目总结

本项目介绍了网络中的动态路由协议和配置方法。动态路由协议是运行在路由器上，动态共享有关远程网络的路由信息，并将其自动添加到各自的路由表中的软件。常用的内部路由协议 OSPF 路由，而外部路由协议目前只有 BGP 这一种。

OSPF 协议应用大型网络，凭借其收敛速度快，得到了广泛的应用；但由于 OSPF 协议的配置比较复杂，读者应该对网络知识有更深层次的技术理解，才能较好地完成实际工作中的配置与维护。

根据本节内容完成下面的实训报告。

项目 4.3 动态路由配置实训报告

实训日期：_____年_____月_____日　　　　　实训地点：_____

班级：_____　　　　　组号：_____　　　　　参与成员学号：_____

实训名称	动态路由配置		
拓扑图及要求	拓扑图： 要求： ① 完成网络拓扑连接，并进行路由器基本参数配置。 ② 配置动态路由 OSPF 实现网络连通。 ③ 将路由器配置整理保存到相应的文本文件中。		
实训目的	① 掌握动态路由协议 OSPF 相关术语和概念。 ② 理解动态路由协议 OSPF 的特点。 ③ 学会大型网络 OSPF 配置。		
拓扑设计： 拓扑图绘制 地址规划 环境搭建 设备连线			项目负责人： 司线员：
	□小组自评 □各组互评 □教师评价 评价：		评价人：
设备配置： 关键步骤 重要命令			配置人员：
	□小组自评 □各组互评 □教师评价 评价：		评价人：
功能验证： 验证方法 故障排除			调试验证人员：
	□小组自评 □各组互评 □教师评价 评价：		评价人：
实训总结			书记员：

4.4　访问控制列表

4.4.1　项目背景

1. 需求分析

随着企业开放式网络的不断开发和建设，网络面临的威胁越来越多。数据在网络上的任意流动会给网络带来很多安全问题，网络的可用性和安全性成为网络管理员最为关心的问题。一方面，为了业务的发展，必须允许对网络资源开放访问权限；另一方面，又必须确保数据和资源尽可能安全。

访问控制列表

网络安全采用的技术很多，而访问控制列表是最重要的技术之一。本项目将说明管理员如何使用访问控制列表实现网络安全定义，阻止不合理的和非法的流量，允许特定流量的同时阻止网络中的所有其他流量，从而保护中型企业的分支机构网络。

2. 环境准备

① 设备：路由器 2 台，PC 3 台，服务器 1 台。

② 线缆：标准交叉线 3 根，串行线缆 2 组，控制台线缆 1 根。

③ 每组 2 名学生，各操作 1 台 PC，协同进行实训。

3. 技能准备

1) 访问控制列表简介

访问控制列表(Access Control List，ACL)是一种路由器配置脚本，它根据从数据包报头中发现的条件(源地址、目的地址、源端口、目的端口和协议等)来控制路由器应该允许还是拒绝数据包通过，从而达到访问控制的目的。

ACL 可以实现的主要功能如下：

(1) 检查和过滤数据包。

(2) 限制网络流量，提高网络性能。

(3) 限制或减少路由更新的内容。

(4) 提供网络访问的基本安全级别。

ACL 可以定义一系列不同的规则，设备根据这些规则对数据包进行分类，并针对不同类型的报文进行不同的处理，从而可以实现对网络访问行为的控制、限制网络流量、提高网络性能和防止网络攻击等。默认情况下，路由器上没有配置任何 ACL，不会过滤流量。进入路由器的流量根据路由表进行路由。如果路由器上没有使用 ACL，所有可以被路由器路由的数据包都会经过路由器到达下一个网段。

2) 配置 ACL 的原则

(1) 顺序处理原则。对 ACL 表项的检查是按照自上而下的顺序进行的，从第 1 行起，直到找到第 1 个符合条件的行为止，其余的行不再继续比较。因此必须考虑在访问控制列表中放入语句的次序，如测试性的语句最好放在 ACL 的最顶部。

(2) 最小特权原则。 对 ACL 表项的设置应只给受控对象完成任务所必需的最小的权限。一旦添加了 ACL，每个 ACL 默认被赋予拒绝。如果在当前 ACL 之前没找到一条许可语句，意味着当前数据包将被丢弃。因此每个 ACL 必须至少有一行 permit 语句，除非用户想将所有数据包丢弃。

(3) 最靠近受控对象原则。尽量考虑将扩展的 ACL 放在靠近源地址的位置上，这样创建的过滤器就不会反过来影响其他接口上的数据流。另外，尽量使标准的 ACL 靠近目的地址，由于标准 ACL 只使用源地址，如果将其靠近源地址就会阻止报文流向其他端口。

3) ACL 类型

(1) 标准 ACL，比较简单，根据数据包的源 IP 地址进行过滤。其表号范围是 1～99 或 1300～1999。

(2) 扩展 ACL，根据多种属性(协议类型、源 IP 地址、目的 IP 地址、源 TCP 或 UDP 端口、目的 TCP 或 UDP 端口)过滤 IP 数据包，并可依据协议类型信息进行更为精确的控制。其表号范围是 100～199 或 2000～2699。

除了使用数字定义 ACL 外，也可以使用命名的方法定义 ACL，即命名 ACL，它包括标准命名 ACL 和扩展命名 ACL 两种。

4) 复杂 ACL

复杂 ACL 是指在标准 ACL 和扩展 ACL 的基础上构建的实现更多功能的 ACL，主要有 3 种类型：动态 ACL、自反 ACL 和基于时间的 ACL。

(1) 动态 ACL：除非使用 Telnet 连接路由器并通过身份验证，否则要求通过路由器的用户都会遭到拒绝。

(2) 自反 ACL：允许出站流量，而入站流量只能是对路由器内部发起的会话的响应。

(3) 基于时间的 ACL：允许根据一周以及一天内的时间来控制访问。

4.4.2　项目设计

1. 配置需求

作为一家公司的网络管理员，可以通过访问控制列表来实现公司网络的安全策略，具体要求如下：

(1) 实现 192.168.10.0 网段无法 ping 通 172.16.10.0 网段。

(2) 实现 192.168.10.0 网段中的 Client1 可以访问 172.16.10.0 网段中的 Server1 Web 服务。

2. 拓扑设计

本项目的网络拓扑结构图如图 4-13 所示。

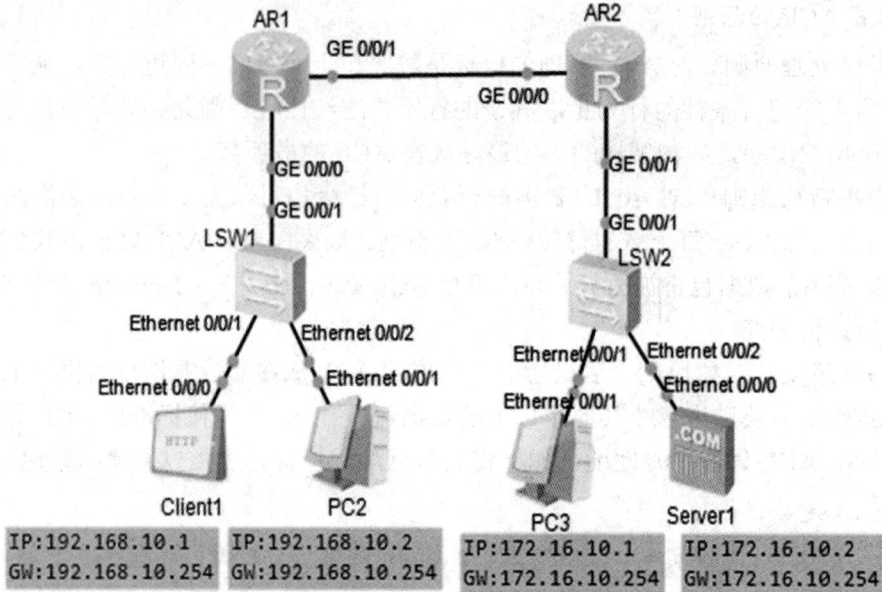

图 4-13　项目网络拓扑结构图

3. IP 地址设计

为了简化网络实现而设计的设备接口地址方案如表 4-4 所示。

表 4-4　项目中设备接口 IP 地址表

设　备	接　口	IP 地址	子网掩码	默认网关（GW）
PC2	Ethernet0/0/1	192.168.10.1	255.255.255.0	192.168.10.254
PC3	Ethernet0/0/1	172.16.10.1	255.255.255.0	172.16.10.254
Client1	Ethernet0/0/0	192.168.10.2	255.255.255.0	192.168.10.254
Server1	Ethernet0/0/0	172.16.10.1	255.255.255.0	172.16.10.254
LSW1	GE0/0/1	无	无	不适用
	Ethernet0/0/1			
	Ethernet0/0/2			
LSW2	GE0/0/1	无	无	不适用
	Ethernet0/0/1			
	Ethernet0/0/2			
AR1	GE0/0/0	192.168.10.254	255.255.255.0	不适用
AR1	GE0/0/1	12.1.1.1	255.255.255.0	
AR2	GE0/0/0	12.1.1.2	255.255.255.0	不适用
AR2	GE0/0/1	172.16.10.254	255.255.255.0	

4.4.3　项目实施

1. 访问控制列表——高级 ACL

(1) 连接网络并配置路由器，使网络畅通。

① 按照拓扑图 4-14 连接网络。

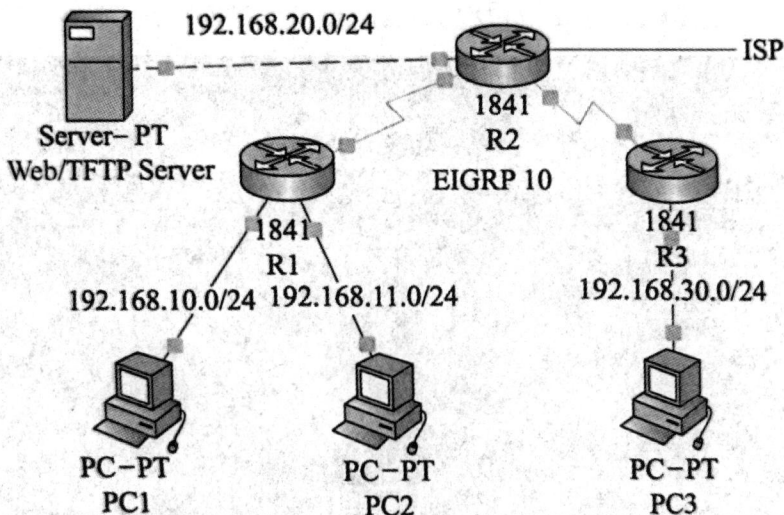

图 4-14　网络拓扑结构图

② 使用 ping 命令检验网络连通性。

在进行 ACL 配置之前，先测试从 PC1 到 PC3 的连通性，连通性测试成功后才能应用 ACL。

(2) 为路由器配置高级 ACL。要在路由器上配置 ACL，必须先创建 ACL，然后在接口上应用 ACL。ACL 分类如表 4-5 所示。

表 4-5　ACL 分类

分类	编号范围	参　　数
基本 ACL	2000～2999	源 IP 地址等
高级 ACL	3000～3999	源 IP 地址、目的地址、源端口、目的端口等
二层 ACL	4000～4999	源 MAC 地址、目的 MAC 地址、以太帧协议类型等

在 R2 路由器上创建并应用 ACL 3000，配置命令如下：

```
Acl number 3000
rule 5 deny icmp source 192.168.10.0 0.0.0.255 destination 172.16.10.20
```

可以用 traffic-filter 命令将 ACL 应用到具体的接口或 VTY 线路上以控制通过接口的流量，配置命令如下：

```
interface GigabitEthernet0/0/1
ip address 172.16.10.254 255.255.255.0
traffic-filter outbound acl 3000
```

ACL 语句的顺序应该从最具体到最概括，如 ACL 3000 中拒绝网络 192.168.10.0/24 的语句应在允许所有其他流量的语句之前，否则拒绝语句将失去存在的必要。

(3) 检验和测试 ACL。

在 PC2 上 ping 服务器 Server1(172.16.10.2)，结果如图 4-15 所示。

```
PC>ping 172.16.10.2

Ping 172.16.10.2: 32 data bytes, Press Ctrl_C to break
Request timeout!
Request timeout!
Request timeout!
Request timeout!
Request timeout!

--- 172.16.10.2 ping statistics ---
  5 packet(s) transmitted
  0 packet(s) received
  100.00% packet loss
```

图 4-15　ping 测试的运行结果

因为只限制了 ICMP 的 ping 协议，所以 192.168.10.0 段地址无法 ping 通 172.16.10.0 的任意地址。

使用 Client1 访问 Server1 的 Web 服务，结果如图 4-16 所示。

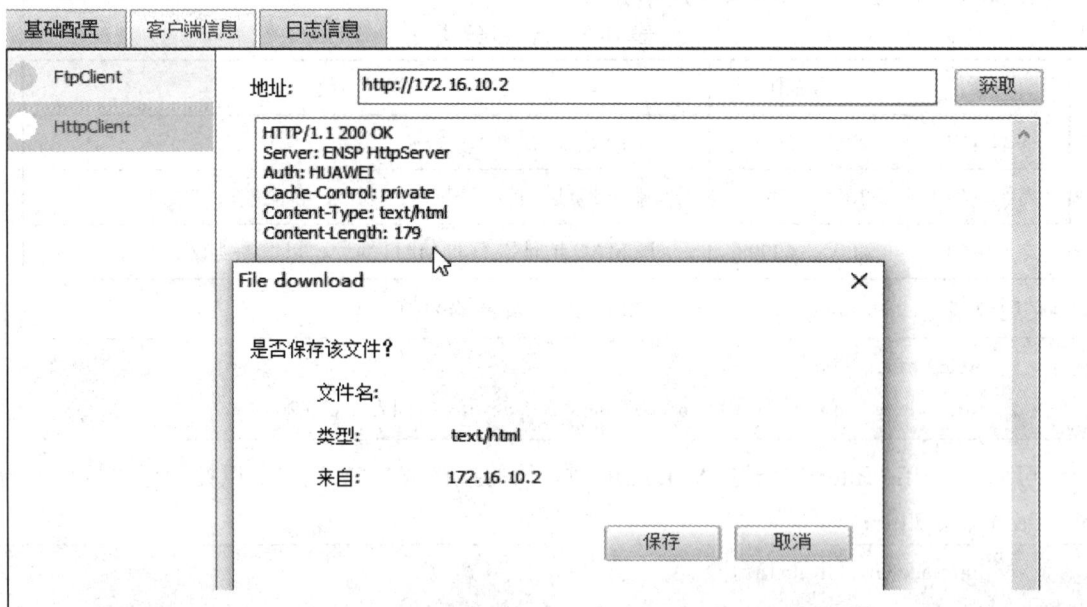

图 4-16　访问 Web 服务的运行结果

使用 172.16.10.0 段任意地址可以 ping 通 192.168.10.0 的任意地址，结果如图 4-17 所示。

图 4-17　ping 测试的运行结果

4.4.4　项目总结

本项目介绍了如何在公司网络中通过访问控制列表 ACL 来实现安全策略。ACL 是一种路由器配置脚本，它根据某些规则来控制路由器应该允许还是拒绝数据包通过，从而达到访问控制的目的。

标准 ACL 最简单，只根据数据包的源 IP 地址进行过滤，其表号范围是 1～99 或 1300～1999；扩展 ACL 则根据源 IP 地址、目的 IP 地址、源端口、目的端口等过滤数据包，并可依据协议类型信息进行更为精确的控制，其表号范围是 100～199 或 2000～2699。命名 ACL 包括标准命名 ACL 和扩展命名 ACL 两种，定义和修改 ACL 比数字式的 ACL 更方便灵活。

复杂 ACL 主要有 3 种类型：动态 ACL、自反 ACL 和基于时间的 ACL。基于时间的 ACL 是在标准 ACL 或扩展 ACL 后应用时间段选项(time-range)以实现基于时间段的访问控制；动态 ACL 可使用户能在防火墙中临时打开一个缺口，而不会破坏其他已配置的安全限制，动态 ACL 依赖于 Telnet 连接、身份验证和扩展 ACL 来实现；自反 ACL 可以允许从内部网络向外部网络的流量，阻止从外部网络主动产生的向内部网络的流量，从而可以更好地保护内部网络。

配置 ACL 的过程都是要先定义 ACL，再将其应用到某个位置。

根据本节内容完成下面的实训报告。

项目 4.4 访问控制列表实训报告

实训日期：_____ 年 _____ 月 _____ 日　　　　实训地点：_____

班级：_____　　　　组号：_____　　　　参与成员学号：_____

实训名称	访问控制列表	
拓扑图及要求	拓扑图： 192.168.10.1 gw:192.168.10.254　192.168.10.2 gw:192.168.10.254　172.16.10.1 gw:172.16.10.254　172.16.10.2 gw:172.16.10.254 要求：配置标准 ACL 以实现网络流量控制需求。	
实训目的	① 掌握标准 ACL 配置要点。 ② 理解各种 ACL 实现网络流量控制的原理。 ③ 学会应用 ACL 实现网络安全策略。	
拓扑设计： 　拓扑图绘制 　地址规划 　环境搭建 　设备连线		项目负责人： 司线员： 评价人：
	□小组自评　□各组互评　□教师评价 评价：	
设备配置： 　关键步骤 　重要命令		配置人员： 评价人：
	□小组自评　□各组互评　□教师评价 评价：	
功能验证： 　验证方法 　故障排除		调试验证人员： 评价人：
	□小组自评　□各组互评　□教师评价 评价：	
实训总结		书记员：

4.5 DHCP 与 NAT

4.5.1 项目背景

1. 需求分析

公司的网络由多个私有地址空间的网络互联而成,内部网络(内网)已正确部署了 RIPv2 路由。现需要将公司内部网络连接到外部网络(外网)让所有员工能够访问 Internet,同时内网的 Web 服务器需要能在外网访问。客户端的 IP 地址要动态获取,由 DHCP 服务器统一管理。已知公司申请的公有地址块是 209.165.200.128/30。

分析上述需求,要想将私有地址空间的公司内网连接到公有网络,必须要进行网络地址转换,可以在连接外网的边界路由器配置静态 NAT 和动态 NAT 以满足需求。同时,可以在内网路由器上配置 DHCP 服务。

2. 环境准备

(1) 设备:华为路由器 4 台,PC 5 台。

(2) 线缆:标准交叉线 3 根,直通线 3 根,串行电缆 3 组,控制台电缆 1 根。

(3) 每组 4 名学生,各操作 1 台 PC,协同进行实训。

3. 技能准备

1) 了解 DHCP

DHCP (Dynamic Host Configuration Protocol,动态主机配置协议) 是为客户端动态分配 IP 地址的方法,服务器从预先设置的 IP 地址池里自动给主机分配 IP 地址,不仅能够保证 IP 地址不重复分配,也能及时回收 IP 地址以提高地址利用率。

DHCP 服务可以由网络服务器提供,也可以配置一台路由器来提供。本项目中就采用后一种方式为企业网络提供 DHCP 服务。

2) 理解 NAT

NAT(Network Address Translation,网络地址翻译)是一种将一个 IP 地址域(如 Intranet)转换到另一个 IP 地址域(如 Internet)的技术。NAT 有很多用途,最主要的用途是让网络能使用私有 IP 地址以节省 IP 地址,NAT 将不可路由的私有内部地址转换成可路由的公有地址。NAT 还能在一定程度上增加网络的私密性和安全性,因为它对外部网络隐藏了内部 IP 地址。

启用 NAT 的设备通常工作在末节网络边界。

当末节网络内部的主机(如 PC1、PC2 或 PC3)希望传输数据包给外部主机时,数据包先是被转发给 R2,即边界网关路由器。R2 执行 NAT 过程时,将主机的内部私有地址转换为公有、外部、可路由的地址。

3) NAT 类型

NAT 有 3 种类型:静态 NAT、动态 NAT 和 NAT 过载。

静态 NAT 使用本地地址与全局地址的一对一映射,这些映射保持不变。 静态 NAT 对于必须具有一致的地址、可从 Internet 访问的 Web 服务器或主机特别有用。这些内部主机可能是企业服务器或网络设备。

动态 NAT 使用公有地址池,并以先到先得的原则分配这些地址。当具有私有 IP 地址的主机请求访问 Internet 时,动态 NAT 从地址池中选择一个未被其他主机占用的 IP 地址。

NAT 过载(有时称为端口地址转换或 PAT)是一种特殊的动态 NAT,它将多个私有 IP 地址映射到一个或少数几个公有 IP 地址。大多数家用路由器就是这样工作的,ISP 分配一个地址给家用路由器,但是多名家庭成员可以同时上网。

4) 内部网络与外部网络

内部网络(Inside):指那些由机构或企业所拥有的网络,与 NAT 路由器上被定义为 Inside 的接口相连接。内部网络中的主机地址通常是私有的,称为内部本地地址,被 NAT 转换为公有的内部全局地址。

外部网络(Outside):指除了内部网络之外的所有网络,常为 Internet 网络,与 NAT 路由器上被定义为 Outside 的接口相连接。外部网络主机使用的 IP 地址可能是私有的外部本地地址或公有的外部全局地址。

4.5.2 项目设计

1. 配置需求

在内部网络路由器上配置 DHCP 服务,为内网普通客户主机提供地址管理服务。在内部网络已经连通的情况下,在边界路由器上添加默认路由以访问外网,并在外网路由器上为申请到的公有地址块做路由。

(1) 实现内网的地址动态获取,在连接内网的路由设备上配置 DHCP 服务。

(2) 在边界路由器上对内网服务器地址配置静态 NAT,以使外网能访问内网服务器。

(3) 在边界路由器上配置动态 NAT 或 PAT 以使内网用户都能访问外网。

2. 拓扑设计

本项目的网络拓扑结构图如图 4-18 所示。

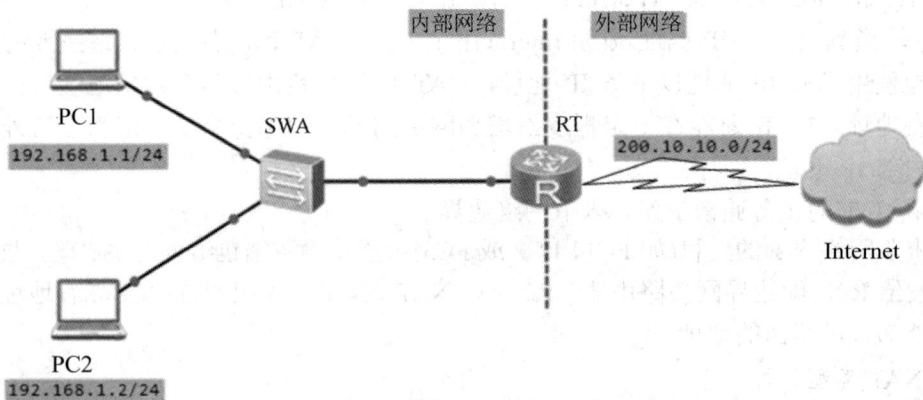

图 4-18　项目网络拓扑结构图

3. IP 地址设计

网络拓扑设计设备接口地址方案如表 4-6 所示。

表 4-6　项目设备接口 IP 地址表

设备	接口	IP 地址	子网掩码	备注
RT	GE 0/0/0	200.10.10.2	255.255.255.0	
	GE 0/0/1	10.2.2.2	255.255.255.0	
SWA	GE 0/0/1	无	无	
	Ethernet0/0/1			
	Ethernet0/0/1			
PC1	Ethernet0/0/1	DHCP（动态获取）	255.255.255.0	DNS 与默认网关见
PC2	Ethernet0/0/1	DHCP（动态获取）	255.255.255.0	蓝色配置信息
Internet	互联接口	200.10.10.1	255.255.255.0	

4.5.3　项目实施

1. DHCP

DHCP 动态分配 IP 地址和其他重要的网络配置信息。路由器可以提供全功能的 DHCP 服务，租用配置的默认期限是 24 小时。

DHCP 与 NAT

本项目网络中，路由器 RT 是 DHCP 服务器，负责向 PC1 和 PC2 所在网络的主机动态分配 IP 地址。

实施 DHCP 服务器配置之前，先按照拓扑图连接网络，经测试，内部网络已经全部连通后，再进入 DHCP 服务配置步骤。具体配置步骤如下：

1）配置 RT 的地址池

定义地址池，DHCP 将该地址池中的地址分配给客户端。可用地址为 192.168.10.0。

在 RT 上，将地址池命名为 RT_LAN。为请求 DHCP 服务的客户端设备指定地址池、默认网关和 DNS 服务器。

配置 RT 地址池的命令如下：

```
[Huawei]dhcp enable
[Huawei]ip pool RT_LAN
Info:It's successful to create an IP address pool.
[Huawei-ip-pool-10]network 192.168.1.0 mask 24
[Huawei-ip-pool-10]gateway-list 192.168.1.1
[Huawei-ip-pool-10]dns-list 114.114.114.114
[Huawei-ip-pool-10]excluded-ip-address 192.168.1.2
[Huawei-ip-pool-10]lease day 1
[Huawei-ip-pool-10]quit
```

```
[Huawei]
[Huawei]vlan batch 2
[Huawei]int vlan 2
[Huawei]int g0/0/1
[Huawei-GigabitEthernet0/0/1]port link-type access
[Huawei-GigabitEthernet0/0/1]port default vlan 2
[Huawei]int vlan 2
[Huawei-Vlanif2]ip add 192.168.1.1 24
[Huawei-Vlanif2]dhcp select global
```

2) 验证测试

(1) 配置 PC1 和 PC2 的 TCP/IP 属性，将 IP 地址设置为 DHCP(动态获取)，IP 配置信息应会立即更新。

(2) 检查路由器的 DHCP 运行情况。

要检验路由器的 DHCP 运行情况，使用 display ip pool 命令，验证结果如下：

```
[Huawei]display ip pool
----------------------------------------------------------
Pool-name      :10
Pool-No        :0
Position       :Local
Status         :Unlocked
Gateway-0      :192.168.1.1
Mask           :255.255.255.0
VPN   instance :--
IP address Statistic
    Total      :253
    Used       :2        Idle       :250
    Expired    :0        Conflilct  :0        Disable    :1
```

每台主机上都绑定了一个 IP 地址。

2. 静态 NAT

内部网络服务器 Inside Web Server 需要一个不会改变的公有 IP 地址，以便能从网络外部访问它。静态 NAT 地址允许 Web 服务器配置私有内部地址，然后 NAT 将把使用该服务器公有地址的数据包映射到私有地址。配置静态 NAT 使外网能访问内部服务器。

配置静态 NAT 使内网服务器可访问。

1) 配置静态 NAT

在 RTA 上配置静态 NAT 的命令如下：

```
[Huawei]int g0/0/0
[Huawei-GigabitEthernet0/0/0]ip add 192.168.1.254 24
```

```
[Huawei-GigabitEthernet0/0/0]int g0/0/1
[Huawei-GigabitEthernet0/0/1]ip add 200.10.10.2 24
[Huawei-GigabitEthernet0/0/1]nat static global 202.10.10.1 inside 192.168.1.1
[Huawei-GigabitEthernet0/0/1]nat static global 202.10.10.2 inside 192.168.1.2
```

2）验证测试

配置命令 display nat static 用于查看静态 NAT 的配置。其中，Global IP/Port 表示公网地址和服务端口号；Inside IP/Port 表示私有地址和服务端口号。验证结果如下：

```
[Huawei]display nat static
Static    Nat Information:
Interface  :    GigabitEthernet0/0/1
Global    IP/Port           :   202.10.10.1/----
Inside IP/Port              :   192.168.1.1/----
Protocol : ----
VPN instance-name          :   ----
ACL number                 :   ----
Netmask      :   255.255.255.255
Descripton   :   ----
Global    IP/Port           :   202.10.10.2/----
Inside   IP/Port            :   192.168.1.12----
VPN instance-name          :   ----
ACL number                 :   ----
Netmask      :   255.255.255.255
Descripton   :   ----
Total  :    2
```

3. 动态 NAT

除分配给 Inside Web Server 的公有 IP 地址外，ISP 还分配了 3 个公有地址供公司网络使用。这些地址被映射到所有其他访问 Internet 的内部主机上。要使公司所有内部主机都有机会使用这 3 个地址访问 Internet，需要配置动态 NAT。配置动态 NAT 使内网主机能访问外网。下面进行动态 NAT 配置。

1）配置 ACL 以规定可以进行 NAT 的地址

nat outbound 命令用来将一个访问控制列表 ACL 和一个地址池关联起来，表示 ACL 中规定的地址可以使用地址池进行地址转换。ACL 用于指定一个规则，用来过滤特定流量。

nat address-group 命令用来配置 NAT 地址池。

本示例中使用 nat outbound 命令将 ACL 2000 与待转换的 192.168.1.0/24 网段的流量关联起来，并使用地址池 1(address-group 1)中的地址进行地址转换。参数 no-pat 表示只转换数据报文的地址而不转换端口信息。

详细配置命令如下：

```
[Huawei]nat address-group 1 200.10.10.1 200.10.10.200
```

```
[Huawei]acl 2000
[Huawei-acl-basic-2000]rule 5 permit source 192.168.1.0 0.0.0.255
[Huawei-acl-basic-2000]quit
[Huawei]int g0/0/1
[Huawei-GigabitEthernet0/0/1]nat outbound 2000 address-group 1 no-pat
```

2) 验证测试

(1) 命令 display nat outbound 用来查看动态 NAT 配置信息。

(2) 可以用这两条命令验证动态 NAT 的详细配置。在本示例中，指定接口 Serial1/0/0 与 ACL 关联在一起，并定义了用于地址转换的地址池 1。参数 no-pat 说明没有进行端口地址转换。

查看 NAT 的配置信息的命令如下：

```
display nat address-group
[Huawei]dis nat address-group 1
NAT Address-Group  Information:
------------------------------------
Index      Start-address          End-address
------------------------------------
1          200.10.10.1            200.10.10.200
------------------------------------
  Total   : 1
[Huawei]display nat outbound
  NAT Outbound Information:
------------------------------------------------------------
Interface             ACL      Address-group/IP/Interface      Type
------------------------------------------------------------
GigabitEthernet0/0/1  2000                                     1   no-pat
------------------------------------------------------------
  Total  :  1
```

4.5.4　项目总结

本项目介绍了网络中的 DHCP 与 NAT 服务。

DHCP 动态主机配置协议是为客户端动态分配 IP 地址的方法，DHCP 服务可以由网络服务器提供，也可以由一台配置了 DHCP 服务的路由器来提供。配置 DHCP 服务主要包括定义排除地址、指定地址池、默认网关和 DNS 服务器等相关参数。

NAT 网络地址翻译是将私有 IP 地址转换为可路由的公有 IP 地址的技术。NAT 可以缓解公有 IP 地址短缺，增加网络的私密性和安全性。NAT 有静态 NAT 和动态 NAT 两种类型。静态 NAT 通常用来对内网服务器地址配置，使外网能访问内网服务器；动态 NAT 通常在末节网络路由器上配置以使大量内网用户能访问外网。

根据本节内容完成下面的实训报告。

项目 4.5 DHCP 与 NAT 配置实训报告

实训日期：_____年_____月_____日　　　　　实训地点：_____

班级：_____　　　　　　组号：_____　　　　参与成员学号：_____

实训名称	DHCP 与 NAT 配置	
拓扑图及要求	拓扑图： 要求： ① 配置 DHCP 服务实现内部网络地址动态获取。 ② 配置静态 NAT 实现外网对内网服务器的访问。 ③ 配置动态 NAT 或 PAT 实现内网对外网的访问。	
实训目的	① 理解 DHCP 及 NAT 技术原理。 ② 掌握路由器上 DHCP 服务的配置。 ③ 掌握静态 NAT 的配置方法。 ④ 学会在企业网络中应用地址管理方法和策略。	
拓扑设计： 　拓扑图绘制 　地址规划 　环境搭建 　设备连线		项目负责人： 司线员：
	□小组自评 □各组互评 □教师评价 评价：	评价人：
设备配置： 　关键步骤 　重要命令		配置人员：
	□小组自评 □各组互评 □教师评价 评价：	评价人：
功能验证： 　验证方法 　故障排除		调试验证人员：
	□小组自评 □各组互评 □教师评价 评价：	评价人：
实训总结		书记员：

4.6 广域网链路

4.6.1 项目背景

1. 需求分析

广域网链路

广域网(WAN)不同于局域网(LAN)。局域网只在很小的地址范围内连接工作站、终端及其他设备，而广域网是由多个局域网相互连接而成的，其所建立的数据连接将跨越一个广阔的区域，一般覆盖的范围可从几百公里到几千公里，因此，人们通常需要租用电信和数据通信公司的通信线路，而不是自己铺设线路。

当前常见的广域网接入方式包括 HDLC、PPP、帧中继等，本节以 PPP 和帧中继两种接入方式来实现公司网络的广域网接入链路配置。

2. 环境准备

(1) 设备：路由器 4 台，PC 2 台。

(2) 线缆：串口线缆 4 根，以太网线缆 2 根。

3. 技能准备

1) 了解 PPP

在每个广域网连接上，数据在通过广域网链路传输之前都会封装成帧。要确保使用正确的协议，需要配置适当的第 2 层封装类型。PPP 是串行链路上的一种帧封装格式，可以提供对多种网络层协议的支持，为不同厂商的设备互连提供了可能，并且支持验证、多链路捆绑、回拨和压缩等功能。

PPP 包含 3 个主要组件：用于在点对点链路上封装数据报的 HDLC 协议；用于建立、配置和测试数据链路连接的可扩展链路控制协议(LCP)；用于建立和配置各种网络层协议的一系列网络控制协议(NCP)。

创建 PPP 会话需要 3 个阶段：链路建立和配置协商，链路质量确认以及网络层协议配置协商。

2) PPP 身份验证协议

PPP 会话的身份验证是可选的。如果使用了身份验证，就可以在 LCP 上建立链路并选择身份验证协议之后验证对等点的身份，此活动将在网络层协议配置阶段开始之前进行。

3) 帧中继(二层技术)

帧中继是一种网络与数据终端设备(DTE)的接口标准，工作在物理层和数据链路层。帧中继指定本地环路上如何在 DTE 和 DCE 之间传输数据，并不指定 WAN 上各个 DCE 之间是如何传输数据帧的，帧中继 WAN 是通过干线互连的交换机网。

帧中继是应用最广泛的 WAN 协议之一。这主要是因为它的成本比专用线路低。此外，在帧中继网络中配置用户设备非常简单。在网络中通过配置路由器或其他设备使之与服务提供商的帧中继交换机通信，即可建立帧中继连接。服务提供商负责配置帧中继交换机，这有助于最大限度地减少最终用户的配置任务。

4) 帧中继术语

(1) 虚电路 VC 是指两个 DTE 之间通过帧中继网络实现的连接，这种连接是一种逻辑连接，并没有直连的电路连接。虚电路包括交换虚电路 SVC 和永久虚电路 PVC 两种。SVC 是通过向网络发送信令消息动态建立的，而 PVC 是运营商预配置的电路。

(2) 数据链路连接标识符 DLCI 用于标识虚电路的数字，DLCI 通常仅具有本地意义，并且在虚电路的每一端可能不同。通常，DLCI 0～15 和 1008～11 023 到 1023 留作特殊用途，因此，服务提供商分配的 DLCI 范围通常为 16～11 007。

(3) 本地管理接口 LMI 是一种 keepalive(保持连接)的机制，提供路由器(DTE)和帧中继交换机(DCE)之间的帧中继连接的状态信息。终端设备大约每 10 s 轮询一次网络，请求通道状态信息。

5) 帧中继映射

DLCI 是帧中继网络中的第 2 层地址，当路由器通过帧中继网络把 LP 数据包发到下一跳路由器时，它必须知道 IP 和 DLCI 的映射关系才能进行帧的封装。有两种方法可以获得该映射：静态映射，由管理员手工配置；动态映射，即逆向 ARP。默认时，路由器帧中继接口是开启动态映射的。

(1) 静态映射。静态映射的建立应根据网络需求而定。要在下一跳协议地址和 DLCI 目的地址之间进行映射，可使用 frame-relay map protocol protocol-address dlci [broadcast]命令实现。

帧中继是非广播多路访问网络(NBMA)，NBMA 网络不支持组播或广播流量，因此，一个数据包不能同时到达所有目的地。可以使用关键字 broadcast 将数据包手动复制到所有目的地。这在转发路由更新时是非常有用的。

(2) 动态映射。动态映射通过逆向 ARP 功能来完成。由于逆向 ARP 为默认启用的配置，因此无需另外执行任何命令即可在接口上配置动态映射。

4.6.2 项目设计

1. 配置需求

(1) 在两个不同地点的公司网络路由器 R1 和 R3 上配置 PPP，具体要求如下：

① R3 和 R4 相连的接口类型配置为帧中继。

② R1、R2、R3、R4 上启用 OSPF 路由协议，4 个路由器全部采用同一个进程号，同一个区域。

③ R2 为 PPP 的服务端，R1 的 Serial 4/0/0 接口与 R3 的 Serial 4/0/0 接口的 IP 地址配置为通过 PPP 的 NCP 报文(PPP IPCP)来获取 IP 地址，不需要手动配置。

④ 将 R2 作为认证方，R1 与 R3 作为被认证方，R1 与 R2 之间才用 PPP 的 PAP 认证，R2 与 R3 之间才用 PPP 的 CHAP 认证。

⑤ 在帧中继网络中，默认无法使用 OSPF 路由协议，请修改某些配置，使得 OSPF 协议在帧中继网络中正常运行。

(2) 对 R1 和 R2 中的 PPP 配置进行验证。

(3) 实现网络可以全部互相访问，并完成配置总结。

2. 拓扑设计

本项目的网络拓扑结构图如图 4-19 所示。

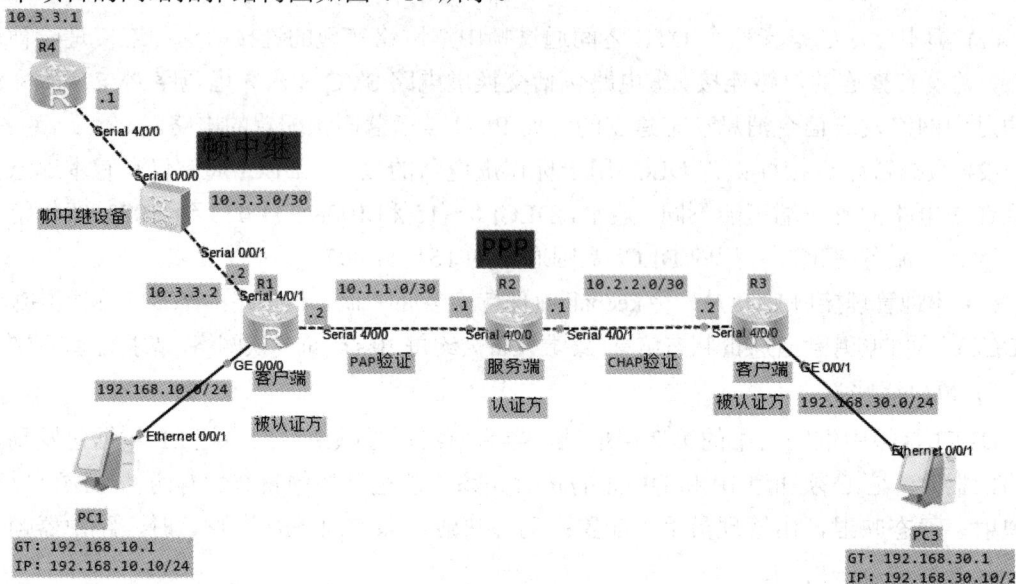

图 4-19 项目网络拓扑结构图

3. IP 地址设计

根据网络拓扑设计设备接口地址方案如表 4-7 所示。

表 4-7 项目设备接口 IP 地址表

设备	接口	IP 地址	子网掩码	备 注
R1	GE 0/0/0	192.168.10.1	255.255.255.0	192.168.10.0/24,IP 地址范围是 192.168.10.0~ 192.168.10.255,子网掩码是 255.255.255.0 R1 是客户端认证，验证方式为 PAP 验证
	Serial 4/0/0.2	10.1.1.2	255.255.255.252	
	Serial 4/0/1.2	10.3.3.2	255.255.255.252	
R3	GE 0/0/1	192.168.30.1	255.255.255.0	192.168.30.0/24,IP 地址范围是 192.168.30.0~ 192.168.30.255，子网掩码是 255.255.255.0 R3 是客户端认证
	Serial 4/0/0	10.2.2.2	255.255.255.252	
R2	Serial 4/0/0.1	10.1.1.1	255.255.255.252	10.1.1.0/30，IP 地址范围是 10.1.1.0~ 10.1.1.3，子网掩码是 255.255.255.252 10.2.2.0/30，IP 地址范围是 10.2.2.0~ 10.2.2.3，子网掩码是 255.255.255.252 R2 是服务端验证，验证方式为 CHAP 验证
	Serial 4/0/1.1	10.2.2.1	255.255.255.252	
R4	Serial 4/0/0.1	10.3.3.1	255.255.255.252	
帧中继设备	Serial 0/0/0	无	无	
PC1	Ethernet0/0/1	192.168.10.10	255.255.255.0	GT:192.168.10.1 为默认网关,192.168.10.10/ 24 为 PC3 的 IP 地址和子网掩码
PC3	Ethernet0/0/1	192.168.30.10	255.255.255.0	GT:192.168.30.1 为默认网关 192.168.30.10/ 24 为 PC3 的 IP 地址和子网掩码

4.6.3　项目实施

1. PPP

本网络中，路由器 R1 和 R2 之间都是 PPP 链路，在 R1 和 R2 上启用 OSPF 路由，以 1 作为进程 ID；检查网络是否完全连通，在网络连通的情况下开始以下操作。

1) 配置路由器 R1

华为路由器上的默认串行封装是 PPP，配置当前的封装类型，配置命令如下：

```
interface Serial4/0/0
  link-protocol ppp              //配置接口链路类型为 PPP
  ip address ppp-negotiate       //配置 IP 地址为 PPP 自动协商获取

interface GigabitEthernet0/0/0
  ip address 192.168.10.1 255.255.255.0

ospf 1 router-id 1.1.1.1
  area 0.0.0.0
    network 10.1.1.2 0.0.0.0
    network 10.3.3.2 0.0.0.0
    network 192.168.10.1 0.0.0.0
```

2) 配置路由器 R2

路由器 R2 上的配置命令如下：

```
ip pool aa
  gateway-list 10.1.1.1
  network 10.1.1.0 mask 255.255.255.252
#
ip pool bb
  gateway-list 10.2.2.1
  network 10.2.2.0 mask 255.255.255.252

interface Serial4/0/0
  link-protocol ppp
  remote address pool aa
  ip address 10.1.1.1 255.255.255.252
#
interface Serial4/0/1
  link-protocol ppp
  remote address pool bb
```

```
        ip address 10.2.2.1 255.255.255.252

    ospf 1 router-id 2.2.2.2
      area 0.0.0.0
        network 10.1.1.1 0.0.0.0
        network 10.2.2.1 0.0.0.0
```

3) 配置路由器 R3

路由器 R3 上的配置命令如下：

```
    interface Serial4/0/0
      link-protocol ppp
      ip address ppp-negotiate

    interface GigabitEthernet0/0/1
      ip address 192.168.30.1 255.255.255.0

    ospf 1 router-id 3.3.3.3
      area 0.0.0.0
        network 10.2.2.2 0.0.0.0
        network 192.168.30.0 0.0.0.255
```

4) 实验调试

(1) display interface 命令用于显示路由器上配置的所有接口的统计信息。

(2) ping 测试。从 PC1 主机 ping PC3 主机，此时应该是通的。

2. PPP 验证

PPP 定义了两种身份验证协议：口令验证协议(PAP)和挑战握手验证协议(CHAP)。

PAP 是基本的双向过程，未经任何加密，用户名和口令以纯文本格式发送，如果通过此验证，则允许连接。

CHAP 比 PAP 更安全，它通过 3 次握手交换共享密钥。与一次性身份验证的 PAP 不同，CHAP 定期执行消息询问，以确保远程节点仍然拥有有效的口令值，口令值是个变量，在链路存在时该值不断改变，并且这种改变是不可预知的。

下面分别在 R1 与 R2、R2 与 R3 间的两段串行链路上配置 PAP 和 CHAP 身份验证协议。

(1) 在 R2 和 R3 间的串行链路上配置 PPPCHAP 身份验证。

路由器 R2 配置信息如下：

```
    aaa
    local-user chap password cipher 456
    local-user chap service-type ppp

    interface Serial4/0/1
      ppp authentication-mode chap        //开启认证
```

路由器 R3 配置信息如下：

```
interface Serial4/0/0
  ppp chap user chap
  ppp chap password cipher 456
```

(2) 在 R1 和 R2 间的串行链路上配置 PPPPAP 身份验证。

路由器 R1 配置信息如下：

```
aaa
local-user pap password cipher 123
local-user pap service-type ppp

interface Serial4/0/0
  ppp authentication-mode pap     //开启认证
```

路由器 R2 配置信息如下：

```
interface Serial4/0/0
  ppp pap local-user pap password simple 123
```

(3) 从 PC1 ping PC3,测试连通性，结果应该是通的。

路由器 R1 配置信息如下：

```
interface Serial4/0/1
  link-protocol fr    //配置接口链路类型为帧中继
  ip address 10.3.3.2 255.255.255.252
  ospf network-type broadcast    //手工设置 OSPF 网络类型为点到多点型广播
```

路由器 R4 配置信息如下：

```
interface Serial4/0/0
  link-protocol fr
  ip address 10.3.3.1 255.255.255.252
  ospf network-type broadcast
```

手动建立映射，如图 4-20 所示(可选)。

路由器 R1 与 R4 的配置信息如下：

```
R1：
interface Serial4/0/1
undo fr inarp
fr map ip 10.3.3.2 201 broadcast
R4：
interface Serial4/0/0
undo fr inarp
fr map ip 10.3.3.1 102 broadcast
```

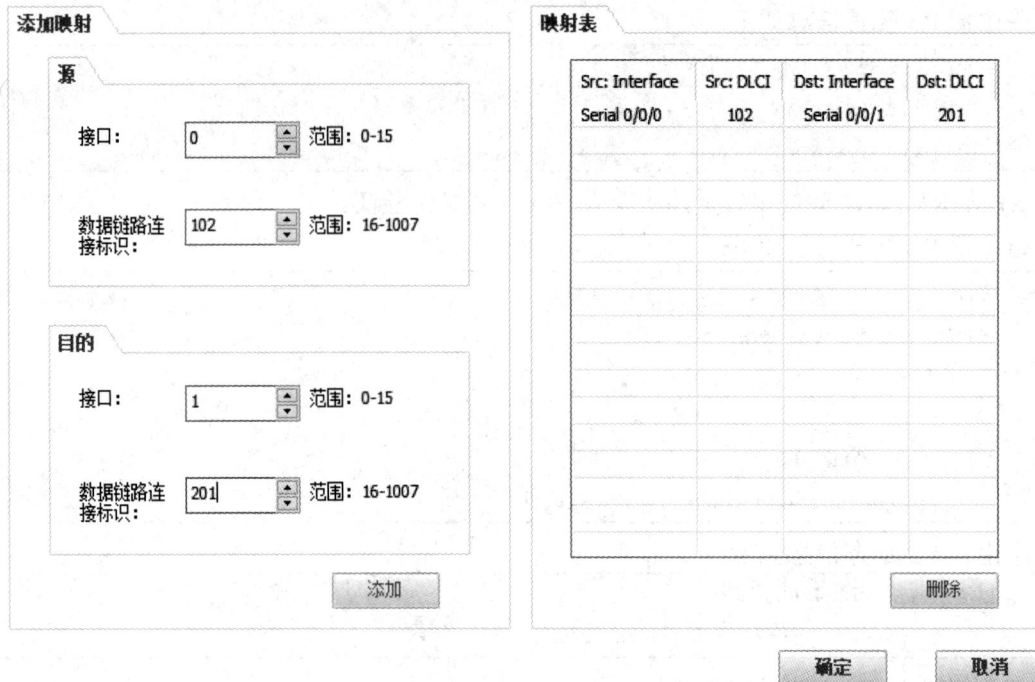

图 4-20　建立映射

3. 全网互通

(1) 保证网络全部互访。

(2) 记录网络实施方案。

在每台路由器上，截取以下命令的输出并保存到文本文件(txt)，以供将来参考。具体命令如下：

① display cu。

② display ip route。

③ display interface brief。

4.6.4　项目总结

本项目介绍了在两个不同地点的公司 WAN 链路配置技术 PPP。点到点协议 PPP 是一个优秀的 WAN 协议，提供对多种网络层协议的支持，并且支持验证、多链路捆绑、回拨和压缩等功能。

通过配置 PAP 和 CHAP 验证可为 PPP 链路提供更多的安全性和可控性。PAP 提供基本的双向验证，信息未经任何加密，用户名和口令以纯文本格式发送；CHAP 是比 PAP 更安全的验证方式，它通过 3 次握手交换共享密钥。其中 CHAP 验证配置时默认要求用户名为对方路由器名，而且双方密码必须一致。

根据本节内容完成下面的实训报告。

项目 4.6 广域网链路配置实训报告

实训日期：_____年_____月_____日　　　　实训地点：_____

班级：_____　　　　组号：_____　　　　参与成员学号：_____

实训名称	广域网链路配置	
拓扑图及要求	拓扑图： 要求： ① 配置 R1、R2、R3 之间的 PPP 链路以实现 WAN 连接。 ② 配置 PPP 的 PAP 认证和 CHAP 认证。	
实训目的	① 理解多种 WAN 链路封装技术的优缺点。 ② 掌握 PPP 及 PPP 认证的配置。	
拓扑设计： 　拓扑图绘制 　地址规划 　环境搭建 　设备连线		项目负责人： 司线员：
	□小组自评　□各组互评　□教师评价 评价：	评价人：
设备配置： 　关键步骤 　重要命令		配置人员：
	□小组自评　□各组互评　□教师评价 评价：	评价人：
功能验证： 　验证方法 　故障排除		调试验证人员：
	□小组自评　□各组互评　□教师评价 评价：	评价人：
实训总结		书记员：

4.7　三层交换机配置

4.7.1　项目背景

1. 需求分析

单臂路由可以实现 VLAN 间的路由，但是转发速率较慢，而且需要昂贵的路由器设备。实际上，在局域网内部多采用三层交换。三层交换机通常采用硬件来实现路由，其速率是普通路由器的 10 倍甚至数 10 倍。

本项目案例中的路由问题都可以通过三层交换机来实现：利用三层交换机实现 VLAN 间路由，以及实现企业网络中三层交换机与路由器之间的静态路由、动态路由。

2. 环境准备

(1) 设备：华为路由器 1 台，PC 3 台。

(2) 线缆：标准直通线 2 根，标准交叉线 1 根，控制台线缆 2 根。

(3) 每组 2 名学生，各操作 1 台 PC，协同进行实训。

3. 技能准备

三层交换机就是具有部分路由器功能的交换机，从使用者的角度可以把三层交换机看成是二层交换机和路由器的结合，如图 4-21 所示。这个虚拟的路由器和每个 VLAN 都有 1 个接口进行连接，不过该接口名称是 VLAN10 或者 VLAN20 接口。只要在 VLAN 接口上配置 IP 地址，PC 上的默认网关指向虚拟路由器的同名 VLAN 接口即可。在虚拟路由器上同样可以配置路由协议。

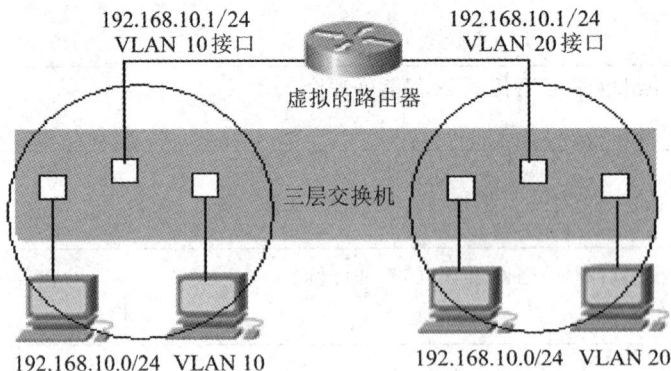

图 4-21　三层交换机原理示意图

4.7.2　项目设计

1. 配置需求

利用三层交换机实现 VLAN 间路由，具体要求如下：

(1) 建立三层交换机与路由器的静态路由实现网络连通。

(2) 配置动态路由实现三层交换机与路由器网络的连通。

2. 拓扑设计

本项目的网络拓扑结构图如图 4-22 所示。

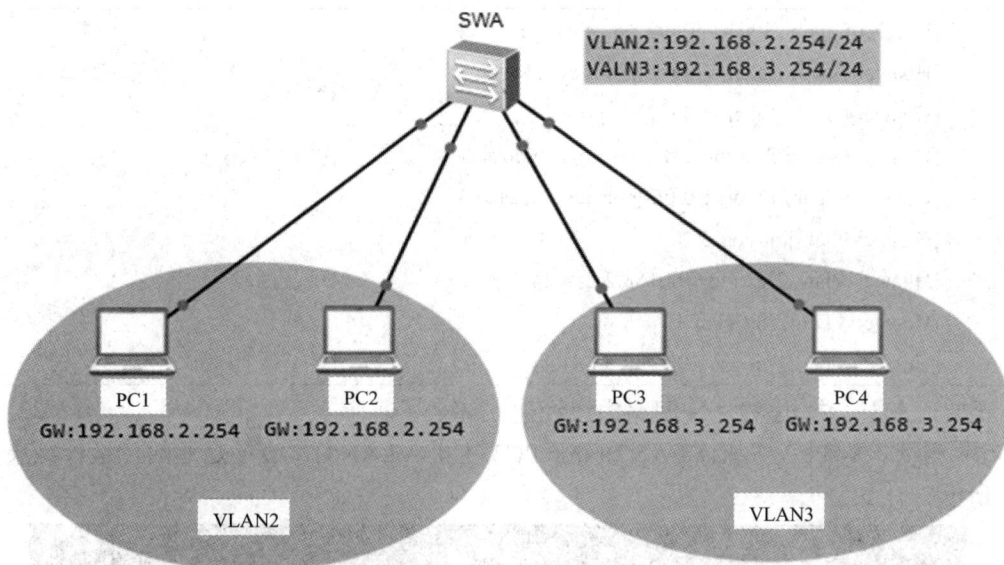

图 4-22 项目网络拓扑结构图

3. IP 地址设计

设备接口地址方案如表 4-8 所示。

表 4-8 项目设备接口 IP 地址表

设备	接口	IP 地址	子网掩码	默认网关(GW)
SWA	VLAN 2	192.168.2.254	255.255.255.0	不适用
	VLAN 3	192.168.3.254	255.255.255.0	不适用
PC1	Ethernet 0/0/1	192.168.2.1	255.255.255.0	192.168.2.254
PC2	Ethernet 0/0/1	192.168.2.2	255.255.255.0	192.168.2.254
PC3	Ethernet 0/0/1	192.168.3.1	255.255.255.0	192.138.3.254
PC4	Ethernet 0/0/1	192.168.3.2	255.255.255.0	192.138.3.254

4.7.3 项目实施

1. 三层交换机 VLAN 间路由建立

首先按照拓扑图和设备接口分配表完成网络连接，注意使用正确的接口。下面开始配置网络。

三层交换机配置

(1) 为计算机设置地址。按照地址表为 PC1、PC2 和 PC3 设置地址，并测试网络连通

性。由于此时网络是不同的，现在应该是不通的。

(2) 在交换机上创建 VLAN 并将端口接入相应的 VLAN。具体命令如下：

```
[Huawei]vlan batch 2 3
```

(3) 启用三层交换机路由功能并设置 VLAN 地址。具体命令如下：

```
[Huawei-GigabitEthernet0/0/2]port link-type access
[Huawei-GigabitEthernet0/0/2]port default vlan 2
[Huawei-GigabitEthernet0/0/2]int g0/0/3
[Huawei-GigabitEthernet0/0/3]port link-type access
[Huawei-GigabitEthernet0/0/3]port default vlan 3
[Huawei-vlan3]int vlan 2
[Huawei-Vlanif2]ip add 192.168.2.254 24
[Huawei-Vlanif2]int vlan 3
[Huawei-Vlanif3]ip add 192.168.3.254 24
```

至此，三层交换机 VLAN 间路由已经建立起来了。

(4) 测试。从 PC2 主机(VLAN2)ping PC3 主机(VLAN3)，应该是通的，运行结果如图 4-23 所示。

```
PC>ping 192.168.3.1

Ping 192.168.3.1: 32 data bytes, Press Ctrl_C to break
From 192.168.3.1: bytes=32 seq=1 ttl=127 time=63 ms
From 192.168.3.1: bytes=32 seq=2 ttl=127 time<1 ms
From 192.168.3.1: bytes=32 seq=3 ttl=127 time<1 ms
From 192.168.3.1: bytes=32 seq=4 ttl=127 time=47 ms
From 192.168.3.1: bytes=32 seq=5 ttl=127 time=15 ms

--- 192.168.3.1 ping statistics ---
  5 packet(s) transmitted
  5 packet(s) received
  0.00% packet loss
  round-trip min/avg/max = 0/25/63 ms
```

图 4-23 ping 测试的运行结果

4.7.4 项目总结

本项目介绍了三层交换机的配置和应用。三层交换机就是具有部分路由器功能的交换机，是二层交换机和路由器的结合，三层交换机上可以配置路由协议。

三层交换机的 VLAN 接口属于三层接口，可以设置 IP 地址，该地址即 VLAN 的默认网关；利用三层交换机实现 VLAN 间路由只需用全局命令 ip routing 启用路由功能即可。

三层交换机的静态路由和动态路由配置与路由器的配置是完全相同的，所有适用于路由器的路由配置命令几乎都适用于三层交换机。

根据本节见容完成下面的实训报告。

项目 4.7 三层交换机配置实训报告

实训日期：_____年_____月_____日　　　　实训地点：_____

班级：_____　　　　组号：_____　　　　参与成员学号：_____

实训名称	三层交换机配置	
拓扑图及要求	拓扑图： 要求：配置三层交换机实现 VLAN 间路由。	
实训目的	① 理解三层交换机实现路由原理。 ② 掌握三层交换机 VLAN 间路由的配置。	
拓扑设计： 拓扑图绘制 地址规划 环境搭建 设备连线		项目负责人： 司线员：
	□小组自评 □各组互评 □教师评价 评价：	评价人：
设备配置： 关键步骤 重要命令		配置人员：
	□小组自评 □各组互评 □教师评价 评价：	评价人：
功能验证： 验证方法 故障排除		调试验证人员：
	□小组自评 □各组互评 □教师评价 评价：	评价人：
实训总结		书记员：

第 5 章　网络设备安全配置

🔖 **教学目标**

本章介绍主流网络安全设备的基本配置方法、路由器端到端的 VPN 和防火墙的主要配置方法。

📋 **知识目标**

➤ 掌握 AAA 的基本概念。
➤ 掌握端到端的 VPN 功能。
➤ 配置 USG 防火墙。

⚙️ **技能目标**

➤ 掌握和 AAA 的认证、授权的配置。
➤ 了解华为系列路由器上支持配置哪些 AAA 方案。
➤ 掌握端到端的 VPN 功能及相关配置。
➤ 掌握 USG 防火墙安全策略及相关配置命令。

5.1　路由器 AAA 安全

5.1.1　项目背景

1. 需求分析

某公司为了实现对内部员工的上网行为进行管理，在公司内部架设一台华为安全访问控制服务器。该服务器可以在用户访问 Internet 时对用户进行认证和授权，并控制员工访问 Internet。目前，ARG3 系列路由器只支持配置认证和授权。

路由器 AAA 安全

2. 环境准备

(1) 硬件环境一览表如表 5-1 所示。

表 5-1　硬件环境一览表

设备类型	设备型号	设备数量	备　注
路由器	华为路由器设备	1 台	含电源线、配置线
三层交换机	S5700	1 台	含电源线、配置线
计算机	双核 CPU、内存 4 GB、硬盘 80 GB 以上	4 台	已安装 Windows XP SP3
双绞线	超 5 类	5 条	1 条交叉线，4 条直通线

(2) 软件环境一览表如表 5-2 所示。

表 5-2　软件环境一览表

软件名称	数量	备注
Windows XP Pro SP2 (中文版)	1	系统平台
VMware Workstation 7.1.4	1	虚拟机
Microsoft Office 2007 (中文版)	1	文档编辑
Windows Server 2003 R2 (中文版)	1	服务器平台
Cisco Secure ACS 4.2 for Windows	1	安全访问控制服务
jre-6u2-Windows-i586 或更高版本	1	Java 运行环境

3. 技能准备

AAA 是一种提供认证、授权和计费的安全技术。该技术可以用于验证用户账户是否合法，授权用户可以访问的服务，并记录用户使用网络资源的情况。

AAA 的含义如下：

(1) Athentication (认证)：对用户的身份进行验证，决定是否允许该用户访问网络。

(2) Authorization (授权)：给不同的用户分配不同的权限，限制每个用户可使用的网络服务。

(3) Accounting (计费)：对用户的行为进行审计和计费。

例如，企业总部需要对服务器的资源访问进行控制，只有通过认证的用户才能访问特定的资源，并对用户使用资源的情况进行记录。在这种需求下，可以按照图 5-1 所示的应用场景进行 AAA 部署，NAS 为网络接入服务器，负责集中收集和管理用户的访问请求。

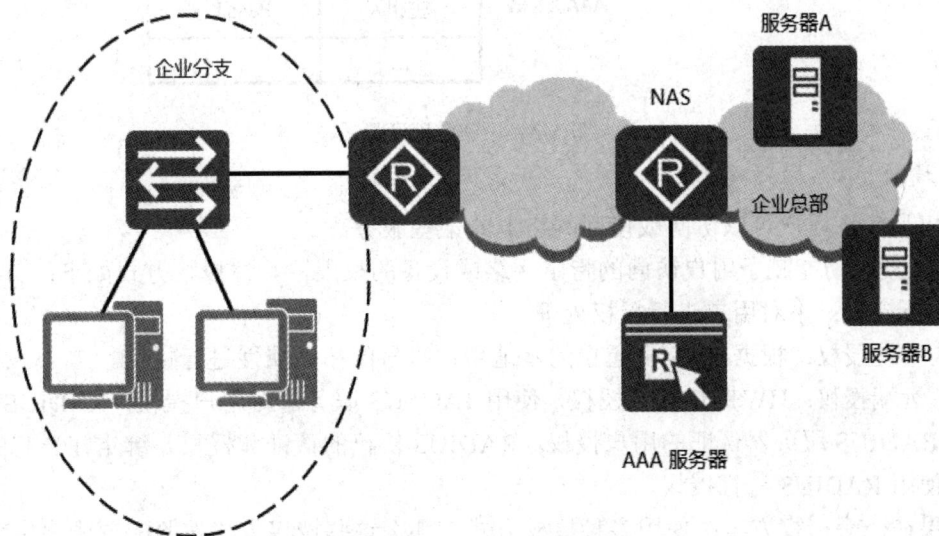

图 5-1　AAA 的应用场景

1) 认证

认证是验证用户是否可以获得网络访问的权限。AAA 支持的认证方式有不认证、本地认证和远端认证，具体如下：

(1) 不认证：完全信任用户，不对用户身份进行合法性检查。鉴于安全考虑，这种认证方式很少被采用。

(2) 本地认证：将本地用户信息(包括用户名、密码和各种属性)配置在 NAS 上。本地认证的优点是处理速度快、运营成本低；缺点是存储信息量受设备硬件条件限制。

(3) 远端认证：将用户信息(包括用户名、密码和各种属性)配置在认证服务器上。AAA 支持通过 RADIUS 协议或 HWTACACS 协议进行远端认证。NAS 作为客户端，与 RADIUS 服务器或 HWTACACS 服务器进行通信。如果一个认证方案采用多种认证方式，那么这些认证方式按配置顺序生效。

例如，先配置了远端认证，随后配置了本地认证，那么在远端认证服务器无响应时，会转入本地认证方式。如果只在本地设备上配置了登录账号，没有在远端服务器上配置，那么 AR2200 认为账号没有通过远端认证，不再进行本地认证，如图 5-2 所示。

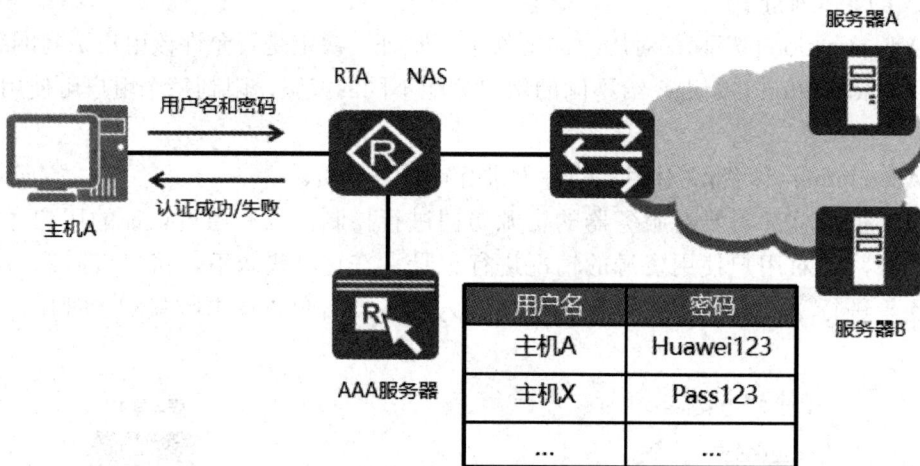

图 5-2　认证应用场景

2) 授权

授权是允许用户可以访问或使用网络上的某些服务。

AAA 授权功能赋予用户访问的特定网络或设备的权限，具体授权方式如下：

(1) 不授权：不对用户进行授权处理。

(2) 本地授权：根据 NAS 上配置的本地用户账号的相关属性进行授权。

(3) 远端授权：HWTACACS 授权，使用 TACACS 服务器对用户授权。RADIUS 授权，对通过 RADIUS 服务器认证的用户授权。RADIUS 协议的认证和授权是绑定在一起的，不能单独使用 RADIUS 进行授权。

如果在一个授权方案中使用多种授权方式，那么这些授权方式按照配置顺序生效，不授权方式最后生效，如图 5-3 所示。

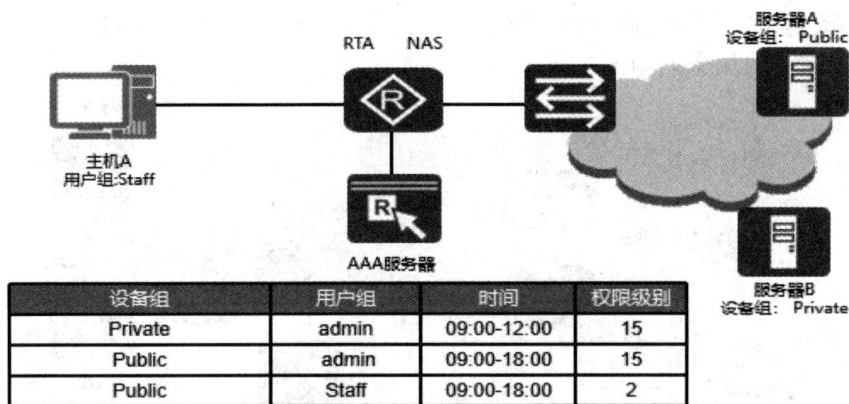

图 5-3　授权应用场景

3) 计费

计费功能用于监控授权用户的网络行为和网络资源的使用情况。

AAA 支持以下两种计费方式：

(1) 不计费：为用户提供免费上网服务，不产生相关活动日志。

(2) 远端计费：通过 RADIUS 服务器或 HWTACACS 服务器进行远端计费。

RADIUS 服务器或 HWTACACS 服务器具备充足的储存空间，可以储存各授权用户的网络访问活动日志，支持计费功能。

本示例中展示了用户计费日志中记录的典型信息，如图 5-4 所示。

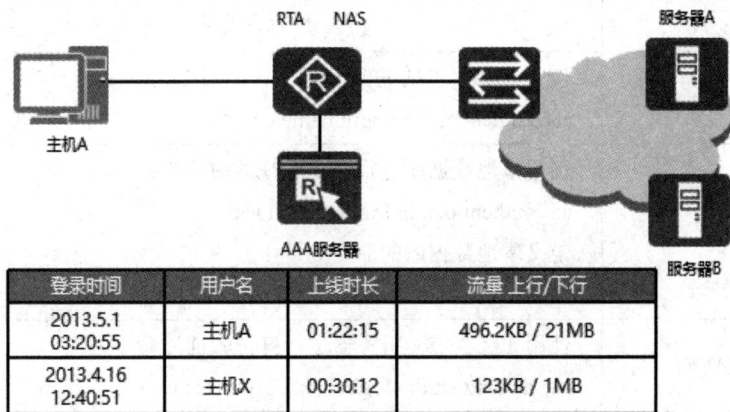

图 5-4　用户计费日志记录信息

4) AAA 域

AAA 可以通过域来对用户进行管理，不同的域可以关联不同的认证、授权和计费方案。设备基于域来对用户进行管理，每个域都可以配置不同的认证、授权和计费方案，用于对该域下的用户进行认证、授权和计费。每个用户都属于某一个域。用户属于哪个域是由用户名中的域名分隔符@后的字符串决定。例如，如果用户名是 user@huawei，则用户属于 huawei 域。如果用户名后不带有@，则用户属于系统缺省域 default。ARG3 系列路由设备支持两种缺省域：default 域为普通用户的缺省域；default_admin 域为管理用户的缺省域。

用户可以修改但不能删除这两个缺省域。默认情况下，设备最多支持 32 个域，包括两个缺省域，AAA 域应用场景如图 5-5 所示。

图 5-5　AAA 域应用场景

AAA 服务器表示远端的 Radius 或 HWTACACS 服务器，负责制定认证、授权和计费方案。如果企业分支的员工希望访问总部的服务器，远端的 Radius 或 HWTACACS 服务器会要求员工发送正确的用户名和密码，之后会进行验证，通过后则执行相关的授权策略，接下来，该员工就可以访问特定的服务器了。如果还需要记录员工访问网络资源的行为，网络管理员则可以在 Radius 或 HWTACACS 服务器上配置计费方案。

表 5-3 所列为常见的认证方法。

表 5-3　常见的认证方法

认证方法	解释与命令示例
enable	使用 enable 口令进行身份验证的命令为： aaa authentication login name enable
local	使用本地数据库进行身份验证的命令为： aaa authentication login name local 定义本地数据库的命令为： Username username password password
TACACS+	使用 TACACS+ 服务器进行身份验证的命令为： aaa authentication login name group tacacs+
RADIUS	使用 RADIUS 服务器进行身份验证的命令为： aaa authentication login name group radius
none	不进行身份验证的命令为： aaa authentication login name none

ACS 包含多种身份验证方法，可以确保在第一种方法失效时，设备可以使用备用的身份验证系统，例如：

```
aaa authentication login example group tacacs+ group radius
```

5.1.2 项目设计

1. 配置需求

客户单位需要对用户上网行为进行安全访问控制，用户连接 Internet 必须经过认证、授权和审计过程进行验证，且验证通过才能上网。

2. 拓扑设计

项目实施拓扑 5-6 所示，按照该图完成 AAA 配置。

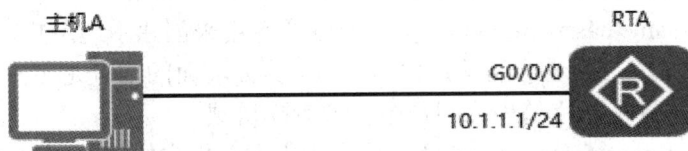

图 5-6 项目实施拓扑

3. IP 地址设计

设备接口 IP 地址方案如表 5-4 所示。

表 5-4 设备接口 IP 地址表

设备	接口	IP 地址	子网掩码	默认网关
RTA	G0/0/0	10.1.1.1	255.255.255.0	不适用
主机 A	网卡	10.1.1.2	255.255.255.0	10.1.1.1

5.1.3 项目实施

1. AAA 配置

路由器 RTA 的 AAA 配置信息如下：

```
[RTA]aaa
[RTA-aaa]authentication-scheme auth1
[RTA-aaa-authen-auth1]authentication-mode local
[RTA-aaa-authen-auth1]quit
[RTA-aaa]local-user huawei@huawei password cipher huawei123
[RTA-aaa]local-user huawei@huawei service-type telnet
[RTA-aaa]local-user huawei@huawei privilege level 15
[RTA]user-interface vty 0 4
[RTA-ui-vty0-4]authentication-mode aaa
[RTA-aaa]domain huawei
[RTA-aaa-domain-huawei]authentication-scheme auth1
[RTA-aaa-domain-huawei]authorization-scheme auth2
[RTA-aaa-domain-huawei]quit
```

authentication-scheme authentication-scheme-name 命令用来配置域的认证方案。缺省情况下，域使用名为"default"的认证方案。

authentication-mode {hwtacacs | radius | local}命令用来配置认证方式，local 指定认证模方式为本地认证。缺省情况下，认证方式为本地认证。

authorization-scheme authorization-scheme-name 命令用来配置域的授权方案。缺省情况下，域下没有绑定授权方案。authorization-mode{ [hwtacacs | if-authenticated | local] * [none] }命令用来配置当前授权方案使用的授权方式。缺省情况下，授权模式为本地授权方式。

domain domain-name 命令用来创建域，并进入 AAA 域视图。

local-user user-name password cipher password 命令用来创建本地用户，并配置本地用户的密码。如果用户名中带域名分隔符，如@，则认为@前面的部分是用户名，后面部分是域名。如果没有@，则整个字符串为用户名，域为默认域。

local-user user-name privilege level 命令用来指定本地用户的优先级。

免责申明：设备支持通过 Telnet 协议和 Stelnet 协议登录。使用 Telnet、Stelnet v1 协议存在安全风险，建议您使用 STelnet v2 登录设备。

2. 配置验证

验证路由器配置的结果如下：

```
[RTA]display domain name huawei
Domain-name                              : huawei
Domain-state                             : Active
Authentication-scheme-name               : auth1
Accounting-scheme-name                   : default
Authorization-scheme-name                : auth2
Service-scheme-name                      :-
RADIUS-server-template                   :-
HWTACACS-server-template User-group      :-
User-group                               :-
```

display domain [name domain-name]命令用来查看域的配置信息。Domain-state 为 Active 表示激活状态。Authentication-scheme-name 表示域使用的认证方案为 auth1。缺省情况下，域使用系统自带的 default 认证方案。Authorization-scheme-name 表示域使用的授权方案为 auth2。

5.1.4 项目总结

本项目介绍了在华为路由器上配置 AAA 安全认证方法，还介绍了路由器的认证代理配置。

经过项目实施，可以了解配置路由器 AAA 安全认证，掌握配置 AAA 的基本方法，以及如何配置路由器认证代理和实现对局域网用户的上网验证。

根据本节内容完成下面的实训报告。

项目 5.1 路由器 AAA 安全配置实训报告

实训日期：＿＿＿年＿＿＿月＿＿＿日　　　　　实训地点：＿＿＿＿＿＿＿＿＿＿＿＿＿

班级：＿＿＿＿　　　　　组号：＿＿＿＿　　　参与成员学号：＿＿＿＿＿＿＿＿＿＿

实训名称	路由器 AAA 安全配置	
拓扑图及要求	拓扑图： 要求： ① 按照拓扑图完成网络拓扑的连接，并进行路由器的基本配置。 ② 完成路由器 AAA 的基本配置。 ③ 设置路由器的认证代理功能，实现局域网用户的上网验证。	
实训目的	① 掌握路由器 AAA 认证的方法。 ② 理解 AAA 的基本原理。 ③ 掌握 AAA 的配置方法。	
拓扑设计： 拓扑图绘制 地址规划 环境搭建 设备连线		项目负责人： 司线员：
	□小组自评 □各组互评 □教师评价 评价：	评价人：
设备配置： 关键步骤 重要命令		配置人员：
	□小组自评 □各组互评 □教师评价 评价：	评价人：
功能验证： 验证方法 故障排除		调试验证人员：
	□小组自评 □各组互评 □教师评价 评价：	评价人：
实训总结		书记员：

5.2　路由器端到端的 VPN

5.2.1　项目背景

某公司总部设在中国香港，在北京和上海分别设有分公司，分公司需要访问总部的各种服务器资源，如 OA 系统等。分公司各自分别连接Internet，由于在 Internet 上传输信息数据存在安全隐患，公司希望通过部署 IPSec VPN 技术实现公司间的数据安全传输。其中中国香港总部与北京分公司之间使用数字证书的方式来配置 IPSec VPN，而北京分公司与上海分公司之间采用预共享密钥的方式来配置 IPSec VPN，且上海分公司不与中国香港总部直接连接，而是通过北京分公司与总部建立连接。

路由器端到端的
VPN

1. 需求分析

首先需要在北京分公司与上海分公司之间建立一条预共享密钥的 IPSec VPN 隧道实现端到端的连接，然后在中国香港总部的路由器建立一台路由器 CA 认证服务器，北京分公司作为 CA 用户端，与总部建立 IPSec VPN 隧道实现端到端的连接，从而实现分公司之间以及分公司与总部之间的信息安全传输。

2. 环境准备

表 5-5 列出了本项目的硬件环境。

表 5-5　项目所需硬件环境列表

设备类型	设备型号	设备数量	备　注
路由器	AR 设备	4 台	含电源线、配置线
计算机	双核、4 GB、80 GB 以上	3 台	已安装 Windows XP SP3
双绞线	超 5 类	3 条	交叉线
广域网模块	1T 或 2T	6 个	与路由器配套使用
广域网线缆	CAB-V35MT 和 CAB-V35FC	3 对	实现路由器广域网接口的对接

表 5-6 列出了本项目所需的软件环境。

表 5-6　项目所需软件环境列表

软件名称	数　量	备　注
Windows XP Pro SP2 (中文版)	1	系统平台
VMware Workstation 7.1.4	1	虚拟机
Microsoft Office 2007 (中文版)	1	文档编辑
Windows Server 2003 R2 (中文版)	1	服务器平台

3. 技能准备

企业对网络安全性的需求日益提升，而传统的 TCP/IP 协议缺乏有效的安全认证和保密机制。IPSec(Internet Protocol Security)作为一种开放标准的安全框架结构，可以用来保证 IP 数据报文在网络上传输的机密性、完整性和防重放。

　　IPSec 协议标准集提供了 TCP/IP 网络中 IP 层的安全性，可以为 IP 分组提供许多防护措施，如数据完整性(Data Integrity)、数据可用性(Data Availability)、数据机密性(Data Confidentiality)、授权(Authorization)、鉴别(Authentication)以及避免重放攻击(Replay Avoidance)等。

　　IPSec VPN 的主要目的是利用加密技术在公共网络上构建通信双方之间安全的信息传输通道，以提供类似专用网络的功能。IPSec 通信双方通过密钥管理协议进行相互身份认证，并协商信息加密或完整性保护所需算法及其他有关参数，以此构建安全的访问方式。

　　IPSec 协议有两种封装模式：传输模式和隧道模式。

　　IPSec 传输模式如图 5-7 所示。

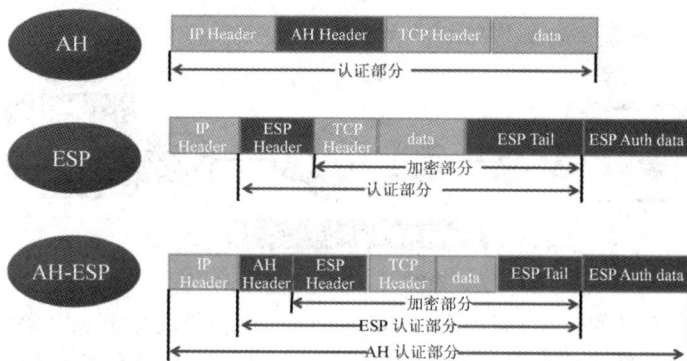

图 5-7　IPSec 传输模式

　　传输模式中，在 IP 报文头和高层协议之间插入 AH 或 ESP 头。AH 或 ESP 主要用于对上层协议数据提供保护。其中：

　　(1) 传输模式中的 AH：在 IP 头部之后插入 AH 头，对整个 IP 数据包进行完整性校验。

　　(2) 传输模式中的 ESP：在 IP 头部之后插入 ESP 头，在数据字段后插入尾部以及认证字段。对高层数据和 ESP 尾部进行加密，对 IP 数据包中的 ESP 报文头、高层数据和 ESP 尾部进行完整性校验。

　　(3) 传输模式中的 AH+ESP：在 IP 头部之后插入 AH 和 ESP 头，在数据字段后插入尾部以及认证字段。

　　IPSec 隧道模式如图 5-8 所示。

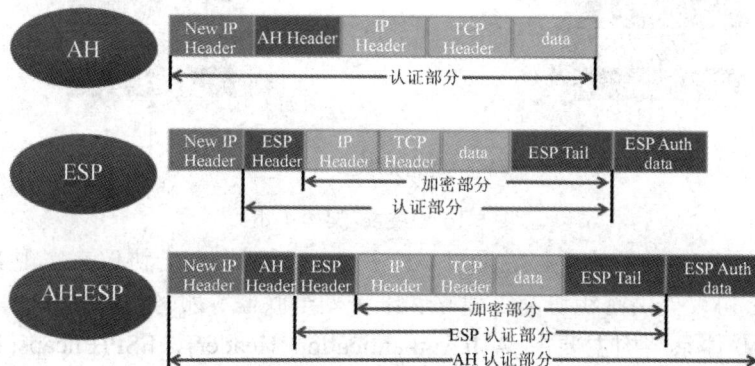

图 5-8　IPSec 隧道模式

隧道模式中，AH 或 ESP 头封装在原始 IP 报文头之前，并另外生成一个新的 IP 头封装到 AH 或 ESP 之前。隧道模式可以完全地对原始 IP 数据报进行认证和加密，而且可以使用 IPSec 对等体的 IP 地址来隐藏客户机的 IP 地址。其中：

(1) 隧道模式中的 AH：对整个原始 IP 报文提供完整性检查和认证，认证功能优于 ESP。但 AH 不提供加密功能，所以通常和 ESP 联合使用。

(2) 隧道模式中的 ESP：对整个原始 IP 报文和 ESP 尾部进行加密，对 ESP 报文头、原始 IP 报文和 ESP 尾部进行完整性校验。

(3) 隧道模式中的 AH + ESP：对整个原始 IP 报文和 ESP 尾部进行加密，AH、ESP 分别会对不同部分进行完整性校验。

1) IPSec VPN 应用场景

IPSec VPN 应用场景拓扑如图 5-9 所示。

图 5-9　IPSec VPN 应用场景拓扑

IPSec 是 IETF 定义的一个协议组。通信双方在 IP 层通过加密、完整性校验、数据源认证等方式，保证了 IP 数据报文在网络上传输的机密性、完整性和防重放。机密性指对数据进行加密保护，用密文的形式传送数据。完整性(Data integrity)指对接收的数据进行认证，以判定报文是否被篡改。防重放指防止恶意用户通过重复发送捕获到的数据包所进行的攻击，即接收方会拒绝旧的或重复的数据包。企业远程分支机构可以通过使用 IPSec VPN 建立安全传输通道，接入到企业总部网络。

2) IPSec 架构

IPSec 架构拓扑如图 5-10 所示。

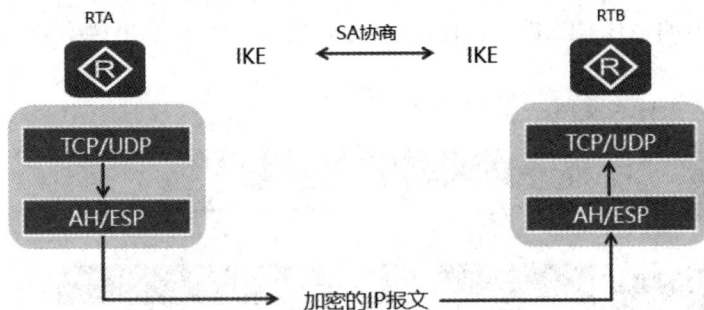

图 5-10　IPSec 架构拓扑

IPSec 不是一个单独的协议，它通过 AH 和 ESP 这两个安全协议来实现 IP 数据报文的安全传送。IKE 协议提供密钥协商，建立和维护安全联盟等服务。

IPSec VPN 体系结构主要由 AH(Authentication Header)、ESP(Encapsulating Security Payload)和 IKE(Internet Key Exchange)协议套件组成，具体如下：

(1) AH 协议：主要提供的功能有数据源验证、数据完整性校验和防报文重放功能。然而，AH 并不加密所保护的数据报文。

(2) ESP 协议：提供 AH 协议的所有功能外(其数据完整性校验不包括 IP 头)，还可提供对 IP 报文的加密功能。

(3) IKE 协议：用于自动协商 AH 和 ESP 所使用的密码算法。

3) 安全联盟

安全联盟(Security Association，SA)定义了 IPSec 对等体间将使用的数据封装模式、认证和加密算法、密钥等参数。SA 是单向的，两个对等体之间的双向通信，至少需要两个 SA，如图 5-11 所示。

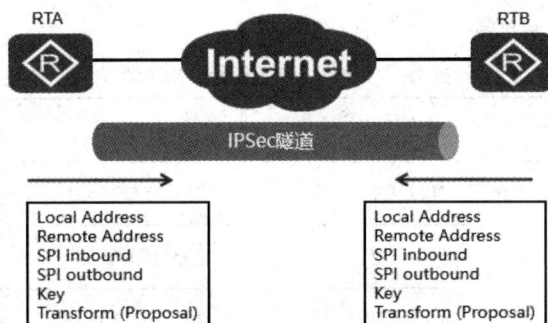

图 5-11 安全联盟

SA 由一个三元组来唯一标识，这个三元组包括安全参数索引 SPI(Security Parameter Index)、目的 IP 地址、安全协议(AH 或 ESP)。如果两个对等体希望同时使用 AH 和 ESP 安全协议来进行通信，则对等体针对每一种安全协议都需要协商一对 SA。

建立 SA 的方式有以下两种：

(1) 手工方式：安全联盟所需的全部信息都必须手工配置。手工方式建立比较复杂，但优点是可以不依赖 IKE 而单独实现 IPSec 功能。当对等体设备数量较少时，或是在小型静态环境中，手工配置是可行的。

(2) IKE 动态协商方式：只需要通信对等体间配置好 IKE 协商参数，由 IKE 自动协商来创建和维护 SA。动态协商方式建立安全联盟相对简单些。对于中、大型的动态网络环境中，推荐使用 IKE 协商建立。

5.2.2 项目设计

1. 配置需求

网络公司技术支持工程师需要为客户配置 IPSec VPN。客户公司分布在中国香港、北京和上海 3 个城市，为了实现公司内部资源的安全访问和信息传输，需要在北京分公司和上海分公司之间的路由器配置预共享密钥 IPSec VPN，实现两个分公司的链路安全连接。而中国香港总部路由器设置为 CA 服务器，北京分公司的路由器设置为 CA 客户端，两者之间使用基于 CA 数字证书的 IPSec VPN 建立连接，实现安全数据通信。

2. 拓扑设计

IPSec VPN 配置拓扑如图 5-12 所示，按照该图完成 IPSec VPN 配置。

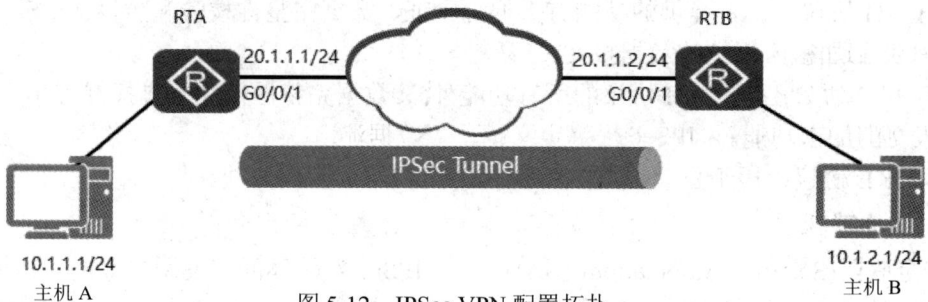

图 5-12　IPSec VPN 配置拓扑

3. IP 地址设计

设备接口 IP 地址方案如表 5-7 所示。

表 5-7　设备接口 IP 地址表

设备	接口	IP 地址	子网掩码	默认网关
RTA	G0/0/1	20.1.1.1	255.255.255.0	不适用
RTB	G0/0/1	20.1.1.2	255.255.255.0	不适用
主机 A	网卡	10.1.1.2	255.255.255.0	10.1.1.1
主机 B	网卡	10.1.2.2	255.255.255.0	10.1.2.1

5.2.3　项目实施

1. IPSec VPN 配置步骤

IPSec VPN 配置步骤如图 5-13 所示。

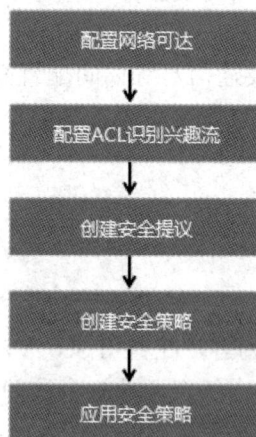

图 5-13　IPSec VPN 配置

配置 IPSec VPN 的步骤如下：

(1) 配置网络可达。检查报文发送方和接收方之间的网络层可达性，确保双方只有建立 IPSec VPN 隧道才能进行 IPSec 通信。

（2）配置 ACL 识别兴趣流。因为部分流量无需满足完整性和机密性的要求，所以需要对流量进行过滤，选择需要进行 IPSec 处理的兴趣流。可以通过配置 ACL 来定义和区分不同的数据流。

（3）创建安全提议。IPSec 提议定义了保护数据流所用的安全协议、认证算法、加密算法和封装模式。安全协议包括 AH 和 ESP，两者可以单独使用或一起使用。AH 支持 MD5 和 SHA-1 认证算法；ESP 支持两种认证算法(MD5 和 SHA-1)和三种加密算法(DES、3DES 和 AES)。为了能够正常传输数据流，安全隧道两端的对等体必须使用相同的安全协议、认证算法、加密算法和封装模式。如果要在两个安全网关之间建立 IPSec 隧道，建议将 IPSec 封装模式设置为隧道模式，以便隐藏通信使用的实际源 IP 地址和目的 IP 地址。

（4）创建安全策略。IPSec 策略中会应用 IPSec 提议中定义的安全协议、认证算法、加密算法和封装模式。每一个 IPSec 安全策略都使用唯一的名称和序号来标识。IPSec 策略可分成两类：手工建立 SA 的策略和 IKE 协商建立 SA 的策略。

（5）应用安全策略。在一个接口上应用 IPSec 安全策略。

2. IPSec 配置

IPSec 功能的详细配置命令如下：

```
[RTA]ip route-static 10.1.2.0 24 20.1.1.2
[RTA]acl number 3001
[RTA-acl-adv-3001]rule 5 permit ip source 10.1.1.0 0.0.0.255 destination 10.1.2.0 0.0.0.255
[RTA]ipsec proposal tran1
[RTA-ipsec-proposal-tran1]esp authentication-algorithm sha1
[RTA]interface GigabitEthernet o/o/1
[RTA-GigabitEthernet0/0/1]ipsec policy P1
[RTA-GigabitEtherneto/o/1]quit
```

本示例中的 IPSec VPN 连接是通过配置静态路由建立的，下一跳指向 RTB。需要配置两个方向的静态路由确保双向通信可达。建立一条高级 ACL，用于确定哪些兴趣流需要通过 IPSec VPN 隧道。高级 ACL 能够依据特定参数过滤流量，继而对流量执行丢弃、通过或保护操作。执行 ipsec proposal 命令，可以创建 IPSec 提议并进入 IPSec 提议视图。配置 IPSec 策略时，必须引用 IPSec 提议来指定 IPSec 隧道两端使用的安全协议、加密算法、认证算法和封装模式。缺省情况下，使用 ipsec proposal 命令创建的 IPSec 提议采用 ESP 协议、MD5 认证算法和隧道封装模式。在 IPSec 提议视图下执行下列命令可以修改这些参数。

执行 transform [ah | ah-esp | esp]命令，可以重新配置隧道采用的安全协议。执行 encapsulation-mode {transport | tunnel} 命令，可以配置报文的封装模式。执行 esp authentication-algorithm [md5 | sha1 | sha2-256 | sha2-384 | sha2-512]命令，可以配置 ESP 协议使用的认证算法。执行 esp encryption-algorithm [des | 3des | aes-128 | aes-192 | aes-256]命令，可以配置 ESP 加密算法。

执行 ah authentication-algorithm [md5 | sha1 | sha2-256 | sha2-384 | sha2-512]命令，可以配置 AH 协议使用的认证算法。ipsec policy policy-name 命令用来在接口上应用指定的安全策略组。手工方式配置的安全策略只能应用到一个接口。

3. 配置验证

查看 IPSec 提议配置信息如下：

```
[RTA]display ipsec proposal
Number of proposals: 1
IPSec proposal name: tran1
Encapsulation mode: Tunnel
Transform      : esp-new
ESP protocol    : Authentication SHA1-HMAC-96
                  Encryption        DES
```

执行 display ipsec proposal [name <proposal-name>]命令，可以查看 IPSec 提议中配置的参数。Number of proposals 字段显示的是已创建的 IPSec 提议的个数。IPSec proposal name 字段显示的是已创建 IPSec 提议的名称。Encapsulation mode 字段显示的指定提议当前使用的封装模式，其值可以为传输模式或隧道模式。Transform 字段显示的是 IPSec 所采用的安全协议，其值可以是 AH、ESP 或 AH-ESP。ESP protocol 字段显示的是安全协议所使用的认证和加密算法。

查看 IPSec 的策略信息如下：

```
[RTA]display ipsec policy
===============================================

IPSec policy group: "p1"
Using interface: GigabitEthernet 0/0/1
===============================================

        Sequence number: 10
        Security data flow: 3001
        Tunnel local address: 20.1.1.1
        Tunnel remote address: 20.1.1.2
        Qos pre-classify: Disable
        Proposal name:tranl
...
```

执行 display ipsec policy [brief | name policy-name[seq-number]]命令，可以查看指定 IPSec 策略或所有 IPSec 策略。命令的显示信息中包括策略名称、策略序号、提议名称、ACL、隧道的本端地址和隧道的远端地址等。

5.2.4　项目总结

本项目介绍了配置 IPSec VPN 的方法。通过项目引入，使读者能够掌握 VPN 连接的正确性，确保认证数据完整性和机密性的协议，以及配置 IPSec VPN 所遵循的步骤。同时还介绍了在路由器上配置数字证书 IPSec VPN 的方法，通过连接 CA 服务实现 VPN 认证连接的过程，以及配置路由器预共享密钥 IPSec VPN 和数字证书 IPSec VPN 的方法等。

根据本节内容完成下面的实训报告。

项目 5.2 路由器端到端的 VPN 配置实训报告

实训日期：_____年_____月_____日　　　　实训地点：_____

班级：_____　　　　　　组号：_____　　　　参与成员学号：_____

实训名称	路由器端到端的 VPN 配置	
拓扑图及要求	拓扑图： 要求： ① 按照上图完成网络拓扑的连接，并进行路由器的基本配置，连通网络。 ② 完成路由器 RTA 到 RTB 之间的预共享密钥 IPSec VPN 的基本配置及验证测试。 ③ 完成路由器 RTA 到 RTB 之间的 IPSec VPN 的基本配置及验证测试。	
实训目的	① 了解路由器预共享密钥 IPSec VPN 基本原理。 ② 掌握路由器预共享密钥 IPSec VPN 的配置方法。 ③ 了解路由器数字证书 IPSec VPN 基本原理。 ④ 掌握路由器数字证书 IPSec VPN 的配置方法。	
拓扑设计： 　拓扑图绘制 地址规划 环境搭建 设备连线		项目负责人： 司线员：
	□小组自评 □各组互评 □教师评价 评价：	评价人：
设备配置： 　关键步骤 重要命令		配置人员：
	□小组自评 □各组互评 □教师评价 评价：	评价人：
功能验证： 　验证方法 故障排除		调试验证人员：
	□小组自评 □各组互评 □教师评价 评价：	评价人：
实训总结		书记员：

5.3　USG 防火墙

5.3.1　项目背景

1．需求分析

某公司在办公地点的中心机房部署有一台 USG 防火墙，为更好地实现管理，将防火墙分为 3 个区域，其中内网区域接公司局域网，DMZ 区域接公司对外 Web 服务器和 ACS 认证服务器，外网区域连接 Internet，公司内网用户上网通过防火墙地址转换功能来实现，局域网用户使用 DHCP 自动获取 IP，并通过公司 ACS 服务器的认证后才能访问 Internet。公司有一台 Web 服务器需要对内外网提供 WWW 服务。为了使员工出差时也能够访问公司内部资源，要求提供远程 VPN 功能。

USG 采用三区域路由模式结构，DMZ 区域采用静态 IP NAT 的方式对 Web 服务器提供服务，Inside(内网)区域采用 DHCP 方式获取 IP，USG 充当 DHCP 服务器，Client 需要采用 PAT 方式访问 Internet，并需要通过 AAA 认证。Client 访问内部服务器采用直接路由的方式，Web 服务器对外发布服务需要映射到防火墙外网接口，并拒绝外部到 Outside 接口的任何 ICMP 通信，内部 Inside 到 DMZ 和 Internet 可以采用 ICMP 测试连通性，内部 Inside 到 DMZ 采用路由方式直接进行访问，不做 NAT/PAT，并在防火墙上启用 SSL VPN 提供远程用户连接服务。

某公司在网络边界处部署了 NGFW 作为安全网关。为了使私网中 10.1.1.0/24 网段的用户可以正常访问 Internet，需要在 NGFW 上配置源 NAT 策略。除了公网接口的 IP 地址外，公司还向 ISP 申请了 2 个 IP 地址(1.1.1.10～1.1.1.11)作为私网地址转换后的公网地址。

2．环境准备

表 5-8 列出了本项目的硬件环境。

表 5-8　项目所需硬件环境列表

设备类型	设备型号	设备数量	备　注
防火墙	USG5500	1 台	含电源线、配置线
二层交换机	S3700	1 台	含电源线、配置线
计算机	双核、4 GB、80 GB 以上	4 台	已安装 Windows XP SP3
双绞线	超 5 类	6 条	1 条交叉线，5 条直通线

表 5-9 列出了本项目的软件环境。

表 5-9　项目所需软件环境列表

软件名称	数　量	备　注
Windows XP Pro SP2 (中文版)	1	系统平台
VMware Workstation 7.1.4	1	虚拟机
Microsoft Office 2007 (中文版)	1	文档编辑
Windows Server 2003 R2 (中文版)	1	服务器平台
jre-6u2-Windows-i586 或更高版本	1	Java 运行环境
USG802-k8.bin	1	USG 系统文件
asdm-524.bin	1	USG 设置管理工具
sslclient-win-1.1.3.173.pkg	1	VPN 客户端软件
asdm50-install.msi	1	ASDM 管理软件

3. 技能准备

(1) 华为防火墙产品如图 5-14 所示。

图 5-14　华为防火墙产品

(2) USG 防火墙作为 PIX 的升级产品,是一款集防火墙、入侵检测(IDS)和 VPN 集中器于一体的安全产品。"防火墙"一词起源于建筑领域,用来隔离火灾,阻止火势从一个区域蔓延到另一个区域。引入到通信领域,防火墙这一具体设备通常用于两个网络之间有针对性的、逻辑意义上的隔离。当然,这种隔离是高明的,既能阻断网络中的各种攻击又能保证正常通信报文的通过。用通信语言来定义,防火墙主要用于保护一个网络区域免受来自另一个网络区域的网络攻击和网络入侵行为。因其隔离、防守的属性,灵活应用于网络边界、子网隔离等位置,具体如企业网络出口、大型网络内部子网隔离、数据中心边界等。

(3) 安全区域与安全级别如表 5-10 所示。

表 5-10　安全区域与安全级别

安全区域	安全级别	说　明
Local	100	设备本身,包括设备的各接口本身
Trust	85	通常用于定义内网络端用户所在区域
DMZ	50	通常用于定义内网服务器所在区域
Untrust	5	通常用于定义 Internet 等不安全的网络

　　不同的网络受信任的程度不同,在防火墙上用安全区域来表示网络后,怎么来判断一个安全区域的受信任程度呢?在华为防火墙上,每个安全区域都有一个唯一的安全级别,用 1~100 的数字表示,数字越大,则代表该区域内的网络越可信。对于默认的安全区域,它们的安全级别是固定的:Local 区域的安全级别是 100,Trust 区域的安全级别是 85,DMZ区域的安全级别是 50,Untrust 区域的安全级别是 5。因此,Local 区域的受信任程度最高,Trust 区域次之,DMZ 区域再次之,Untrust 区域则最低。

　　(4) 安全域间、安全策略与报文流动的方向。

　　"安全域间"是两个安全区域之间的唯一"道路";"安全策略"是在"道路"上设立的"安全关卡"。

　　任意两个安全区域都构成一个安全域间(Interzone),并具有单独的安全域间视图,大部分的安全策略都需要在安全域间视图下配置,如图 5-15 所示。

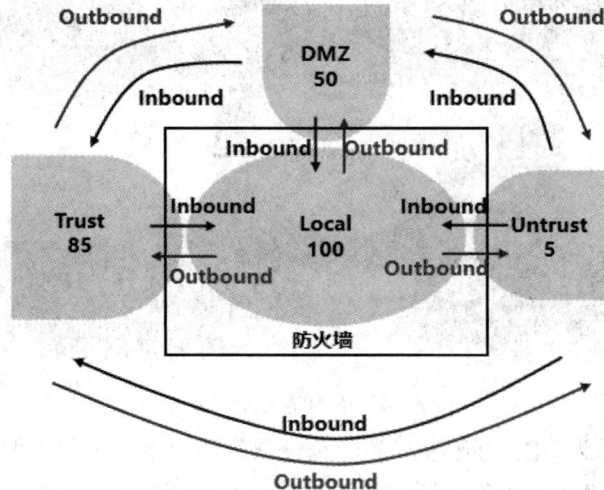

图 5-15　防火墙管控

　　我们规定:报文从低级别的安全区域向高级别的安全区域流动时为入方向(Inbound),报文从由高级别的安全区域向低级别的安全区域流动时为出方向(Outbound)。报文在两个方向上流动时,将会触发不同的安全检查。图 5-15 中标明了 Local 区域、Trust 区域、DMZ区域和 Untrust 区域间的方向。通常情况下,通信双方一定会交互报文,即安全域间的两个方向上都有报文的传输。而判断一条流量的方向应以发起该条流量的第一个报文为准。通过设置安全区域,防火墙上的各个安全区域之间有了等级明确的域间关系。不同的安全区域代表不同的网络,防火墙成为连接各个网络的节点。以此为基础,防火墙就可以对各个网络之间流动的报文实施管控。

　　防火墙通过安全区域来划分网络、标识报文流动的"路线"。为了在防火墙上区分不同的网络，在防火墙上引入了一个重要的概念：安全区域(Security Zone)，简称为区域(Zone)。安全区域是一个或多个接口的集合，是防火墙区别于路由器的主要特性。防火墙通过安全区域来划分网络、标识报文流动的"路线"，一般来说，当报文在不同的安全区域之间流动时，才会受到控制。防火墙通过接口来连接网络，将接口划分到安全区域后，通过接口就把安全区域和网络关联起来。通常说某个安全区域，就可以表示该安全区域中接口所连接的网络。接口、网络和安全区域的关系如图 5-16 所示。

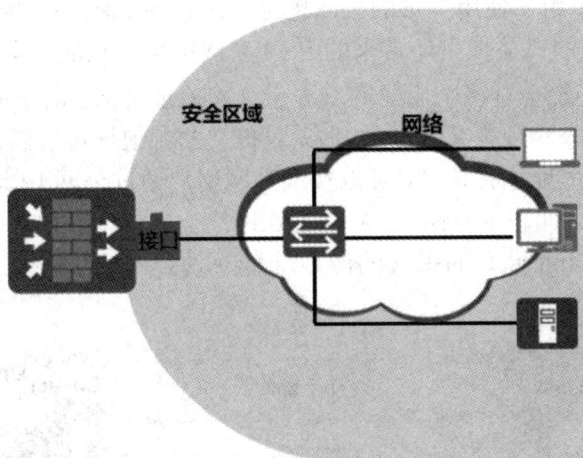

图 5-16　接口、网络和安全区域示意图

　　华为防火墙产品上默认已经提供了 3 个安全区域，分别是 Trust、DMZ 和 Untrust。Trust 区域内网络的受信任程度高，通常用来定义内部用户所在的网络。DMZ 区域内网络的受信任程度中等，通常用来定义内部服务器所在的网络。Untrust 区域代表不受信任的网络，通常用来定义 Internet 等不安全的网络。在网络数量较少、环境简单的场合中，使用默认提供的安全区域就可以满足划分网络的需求。在网络数量较多的场合，还可以根据需要创建新的安全区域，如图 5-17 所示。

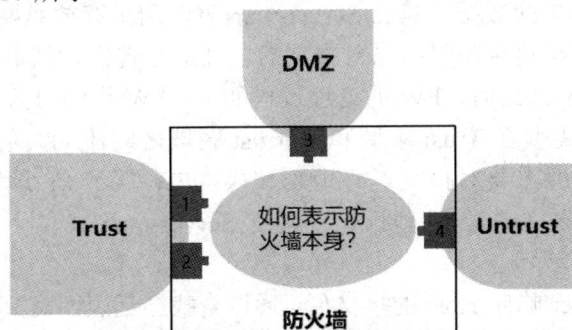

图 5-17　防火墙的安全区域

　　假设接口 1 和接口 2 连接的是内部用户，那我们就把这两个接口划分到 Trust 区域中；接口 3 连接内部服务器，将它划分到 DMZ 区域；接口 4 连接 Internet，将它划分到 Untrust 区域。当内部网络中的用户访问 Internet 时，报文在防火墙上的路线从 Trust 区域到 Untrust

区域；当 Internet 上的用户访问内部服务器时，报文在防火墙上的路线从 Untrust 区域到 DMZ 区域。DMZ(Demilitarized Zone)起源于军方，是介于严格的军事管制区和松散的公共区域之间的一种部分管制的区域。防火墙引用了这一术语，指代一个与内部网络和外部网络分离的安全区域。除了在不同网络之间流动的报文之外，还存在从某个网络到达防火墙本身的报文(例如我们登录到防火墙上进行配置)，以及如何在防火墙上标识从防火墙本身发出的报文的路线？

(5) 私网用户访问 Internet 场景。NAT 是一种地址转换技术，可以将 IPv4 报文头中的地址转换为另一个地址。利用 NAT 技术将 IPv4 报文头中的私网地址转换为公网地址，可以实现位于私网的多个用户使用少量的公网地址同时访问 Internet。因此，NAT 技术常用来解决随着 Internet 规模的日益扩大而带来的 IPv4 公网地址短缺的问题。

在学校、公司中经常会有多个用户共享少量公网地址访问 Internet 的需求，通常情况下可以使用源 NAT 技术来实现。源 NAT 技术只对报文的源地址进行转换。通过源 NAT 策略对 IPv4 报文头中的源地址进行转换，可以实现私网用户通过公网 IP 地址访问 Internet 的目的。图 5-18 为防火墙的部署示意图，FW 部署在网络边界处，通过部署源 NAT 策略，可以将私有网络用户访问 Internet 的报文的源地址转换为公网地址，从而实现私网用户接入 Internet 的目的。

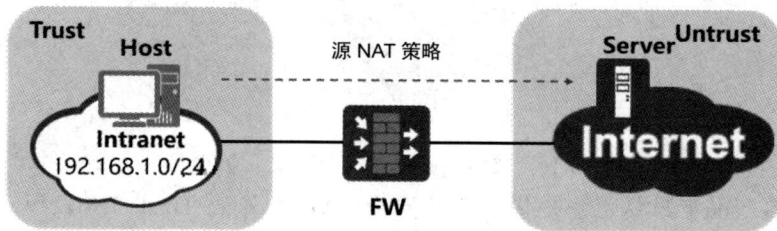

图 5-18　防火墙的部署示意图

NAT No-PAT 也可以称为"一对一地址转换"，只对报文的地址进行转换，不转换端口。NAT No-PAT 方式通过配置 NAT 地址池来实现，NAT 地址池中可以包含多个公网地址。转换时只转换地址，不转换端口，实现私网地址到公网地址一对一的转换。配置 NAT No-PAT 后，设备会为有实际流量的数据流建立 Server-map 表，用于存放私网 IP 地址与公网 IP 地址的映射关系。设备根据这种映射关系对报文的地址进行转换，然后进行转发。

当 Host 访问 Web Server 时，FW 的处理过程如下：FW 收到 Host 发送的报文后，根据目的 IP 地址判断报文需要在 Trust 区域和 Untrust 区域之间流动，通过安全策略检查后继而查找 NAT 策略，发现需要对报文进行地址转换。FW 从 NAT 地址池中选择一个空闲的公网 IP 地址，替换报文的源 IP 地址，并建立 Server-map 表和会话表，然后将报文发送至 Internet。

FW 收到 Web Server 响应 Host 的报文后，通过查找会话表匹配到上一步骤中建立的表项，将报文的目的地址替换为 Host 的 IP 地址，然后将报文发送至 Intranet。此方式下，公网地址和私网地址属于一对一转换。如果地址池中的地址已经全部分配出去，则剩余内网主机访问外网时不会进行 NAT 转换，直到地址池中有空闲地址时才会进行 NAT 转换，如图 5-19 所示。

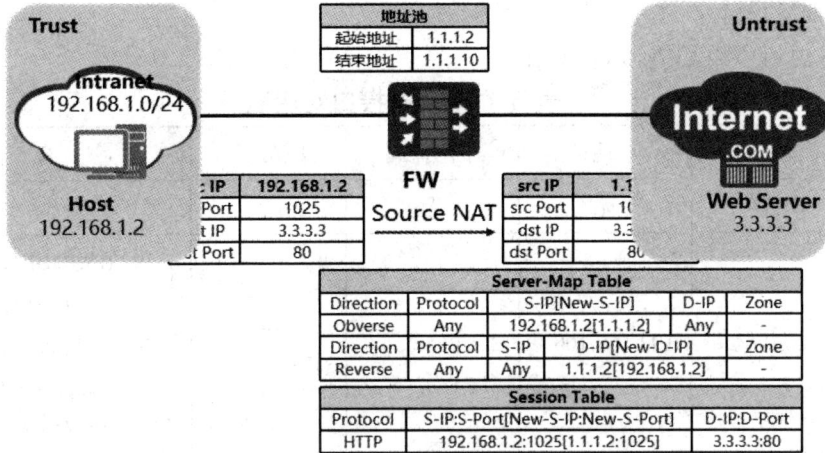

图 5-19　Host 访问 Web Server 防火墙处理过程

5.3.2　项目设计

1. 配置需求

1）Trust 区域

（1）PC1 通过 DHCP 自动获取 192.168.100.0/24 段地址。

（2）Client1 通过静态 IP 配置为 192.168.1.0/24 段地址。

（3）将 Client1 和 PC1 加入 Trust 区域。

2）DMZ 区域

（1）将 Server1 通过静态 IP 配置为 172.16.100.0/24 段地址。

（2）将 Server1 加入 DMZ 区域。

3）Untrust 区域

（1）LSW1 普通交换机使用。

（2）Server2 作为 Internet 的 Web 服务器端，其 IP 地址为 1.1.1.1/24。

（3）Client2 作为 Internet 访问内网 Web 服务的客户端。

2. 拓扑设计

项目拓扑如图 5-20 所示，按照该图完成相关配置。

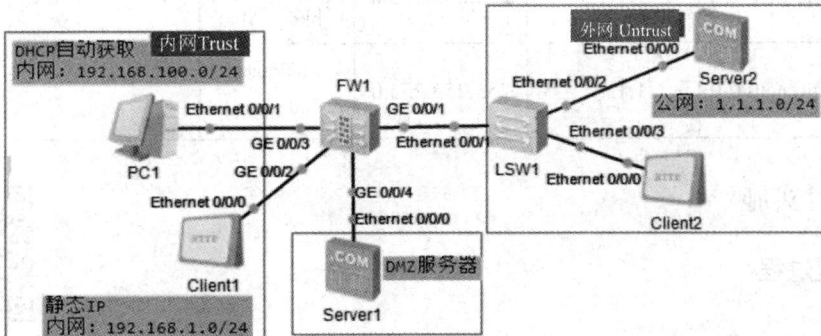

图 5-20　项目拓扑

3. IP 地址设计

设备接口对应表如表 5-11 所示。

表 5-11   设备接口对应表

设备	接口	IP 地址	子网掩码	所属区域	备 注
FW1	GE0/0/1	无	无	无	
	GE0/0/2	192.168.100.1	255.255.255.0	Trust (内网 Trust)	192.168.100.0/24，IP 地址范围是 192.168.100.0～192.168.100.255，子网掩码是 255.255.255.0 客户端通过 DHCP 自动下发的方式获取地址
	GE0/0/3	192.168.1.1	255.255.255.0	Trust (内网 Trust)	192.168.1.0/24，IP 地址范围是 192.168.1.0～192.168.1.255，子网掩码是 255.255.255.0 客户端手动设置地址
	GE0/0/4	172.16.100.1	255.255.255.0	DMZ	172.16.100.0/24，IP 地址范围是 172.16.100.0～172.16.100.255，子网掩码是 255.255.255.0
PC1	Ethernet0/0/1	192.168.100.2	255.255.255.0	Trust (内网 Trust)	
Client1	Ethernet0/0/0	192.168.1.3	255.255.255.0	Trust (内网 Trust)	
Server1	Ethernet0/0/0	172.16.100.2	255.255.255.0	DMZ	
LSW1	Ethernet0/0/1	1.1.1.2	255.255.255.0	无	1.1.1.0/24，IP 地址范围是 1.1.1.0～1.1.1.255，子网掩码是 255.255.255.0
	Ethernet0/0/2	无	无	uTrust (外网 uTrust)	
	Ethernet0/0/3	无	无		
Client2	Ethernet0/0/0	1.1.1.3	255.255.255.0	uTrust (外网 uTrust)	
Server2	Ethernet0/0/0	1.1.1.1	255.255.255.0	uTrust (外网 uTrust)	

5.3.3 项目实施

1. 配置过程

1) PC 终端

步骤 1：按照图 5-21 所示完成 PC1 的配置。

USG 防火墙配置

图 5-21　PC1 配置示意图

步骤 2：按照图 5-22 的配置信息查看 PC1 的 IP 地址。

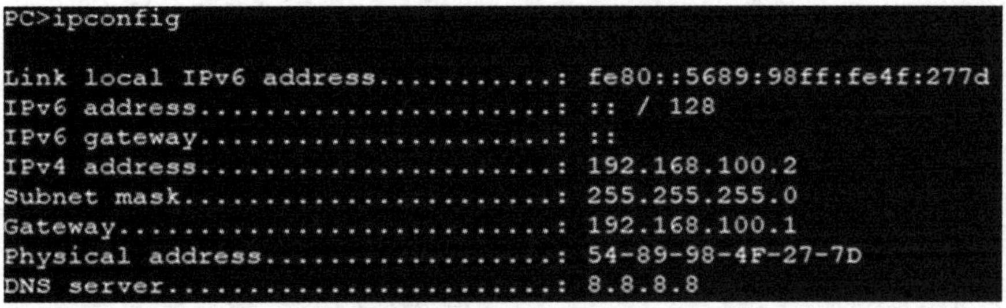

图 5-22　查看 PC1 的 IP 地址

步骤 3：按照图 5-23 对 Client1 计算机进行配置。

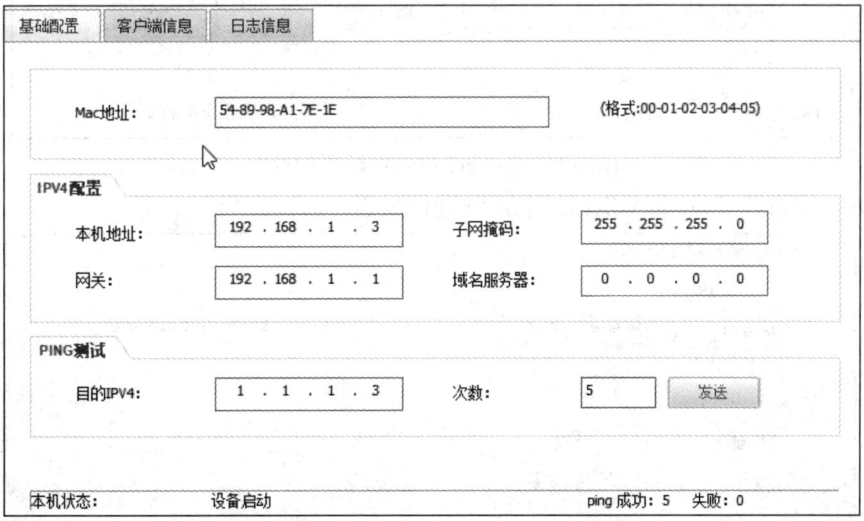

图 5-23　Client1 计算机配置示意图

步骤 4：按照图 5-24 对 Server1 服务器进行配置。

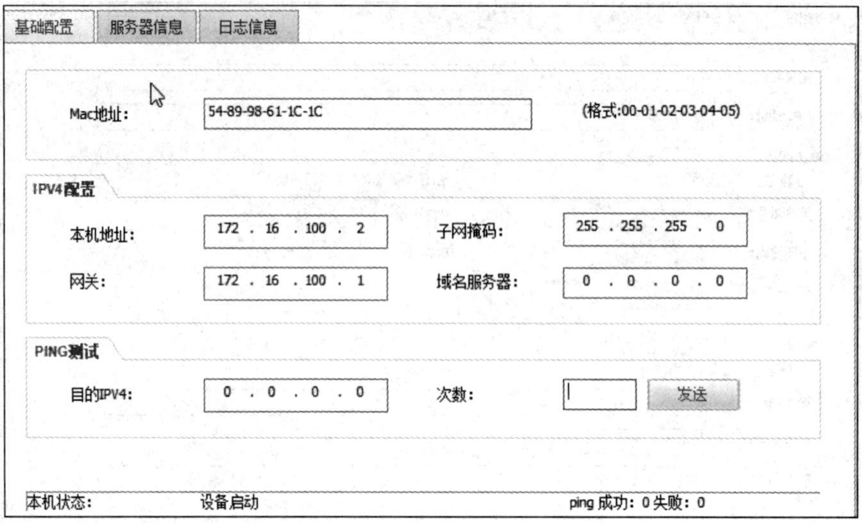

图 5-24　Server1 服务器配置示意图

步骤 5：按照如图 5-25 对 Server2 服务器进行配置。

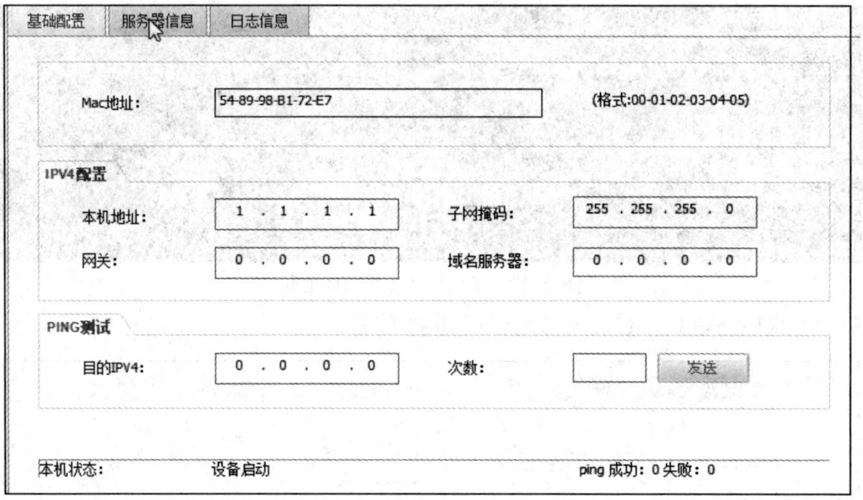

图 5-25　Server2 服务器配置示意图

步骤 6：按照图 5-26 对 Client2 计算机进行配置。

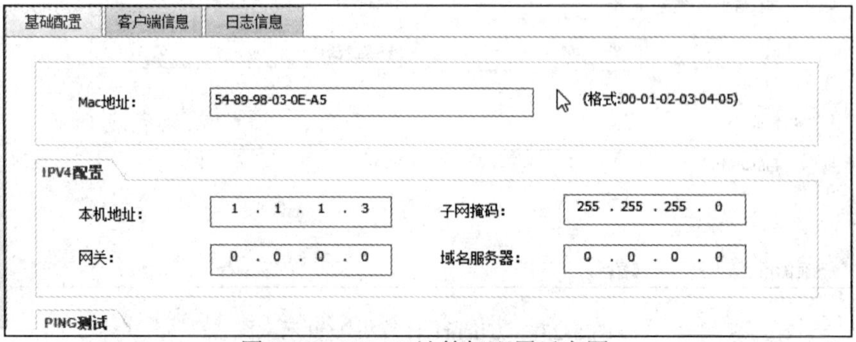

图 5-26　Client2 计算机配置示意图

2) FW1 端

防火墙 FW1 的配置信息如下：

```
#
vlan batch 1 100
#
interface Vlanif100
 alias Vlanif100
 ip address 192.168.100.1 255.255.255.0
 dhcp select interface
 dhcp server gateway-list 192.168.100.1
 dhcp server dns-list 8.8.8.8
#
interface GigabitEthernet0/0/0
 alias GE0/MGMT
 ip address 192.168.0.1 255.255.255.0
 dhcp select interface
 dhcp server gateway-list 192.168.0.1
#
interface GigabitEthernet0/0/1
 ip address 1.1.1.2 255.255.255.0
#
interface GigabitEthernet0/0/2
 ip address 192.168.1.1 255.255.255.0
#
interface GigabitEthernet0/0/3
 portswitch
 port link-type access
 port access vlan 100
#
interface GigabitEthernet0/0/4
 ip address 172.16.100.1 255.255.255.0
#
firewall zone trust
 set priority 85
 add interface GigabitEthernet0/0/0
 add interface GigabitEthernet0/0/2
 add interface GigabitEthernet0/0/3
 add interface Vlanif100
#
firewall zone untrust
 set priority 5
 add interface GigabitEthernet0/0/1
#
```

```
firewall zone dmz
  set priority 50
  add interface GigabitEthernet0/0/4
#
  ip route-static 0.0.0.0 0.0.0.0 1.1.1.1
#
  nat server 1 zone untrust protocol tcp global 1.1.1.2 www inside 172.16.100.2 w
#
policy interzone trust untrust outbound
  policy 1
    action permit
    policy source 192.168.1.0 0.0.0.255
#
policy interzone trust dmz outbound
  policy 1
    action permit
    policy source 192.168.100.0 0.0.0.255
#
policy interzone dmz untrust inbound
  policy 1
  description 172.16.100.0 0.0.0.255
    action permit
    policy service service-set http
    policy source 1.1.1.0 0.0.0.255
#
nat-policy interzone trust untrust outbound
  policy 1
    action source-nat
    easy-ip GigabitEthernet0/0/1
#
```

2. 配置结果验证

对配置结果进行如下验证，来确认配置是否成功。

(1) PC1 与 Server1 间的测试结果，如图 5-27 所示。

```
PC>ping 172.16.100.2

Ping 172.16.100.2: 32 data bytes, Press Ctrl_C to break
From 172.16.100.2: bytes=32 seq=1 ttl=254 time=32 ms
From 172.16.100.2: bytes=32 seq=2 ttl=254 time=31 ms
From 172.16.100.2: bytes=32 seq=3 ttl=254 time=15 ms
From 172.16.100.2: bytes=32 seq=4 ttl=254 time=62 ms
From 172.16.100.2: bytes=32 seq=5 ttl=254 time=32 ms

--- 172.16.100.2 ping statistics ---
  5 packet(s) transmitted
  5 packet(s) received
  0.00% packet loss
  round-trip min/avg/max = 15/34/62 ms
```

图 5-27　ping 测试运行结果

(2) PC1 无法 ping 通互联网的任意 IP 地址，如图 5-28 所示。

图 5-28　ping 测试运行结果

(3) Client1 无法访问内网 Server1 的 Web 页面的测试结果，如图 5-29 所示。

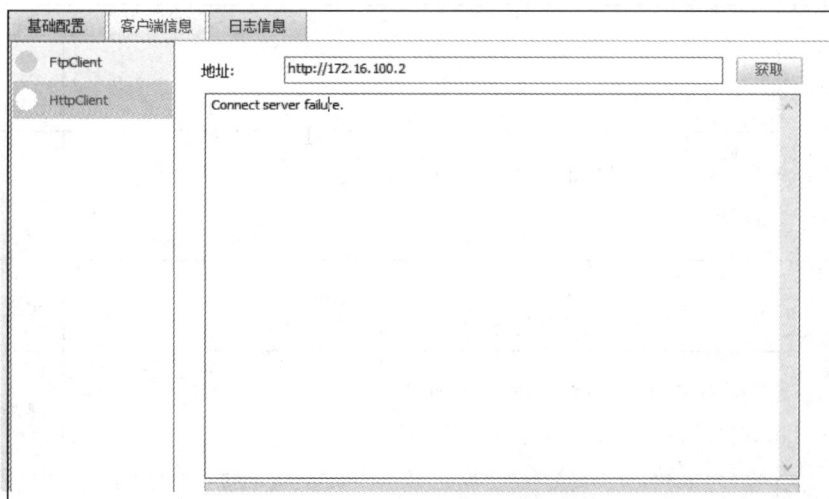

图 5-29　Web 访问测试运行结果

5.3.4　项目总结

本项目介绍了配置 USG 系列防火墙的方法，从防火墙的安全区域、安全策略等技术中使读者了解网络会话的工作过程。读者在研读时要读懂防火墙，不但要掌握配置 USG 系列防火墙的方法，还要对防火墙的会话信息进一步探索，这样才能够更好地掌握防火墙配置这项非常实用的技能。

根据本节内容完成下面的实训报告。

项目 5.3 USG 防火墙配置实训报告

实训日期：_____ 年 _____ 月 _____ 日　　　　　　实训地点：_____

班级：_____　　　　　　组号：_____　　　　参与成员学号：_____

实训名称	USG 防火墙配置		
拓扑图及要求	拓扑图： 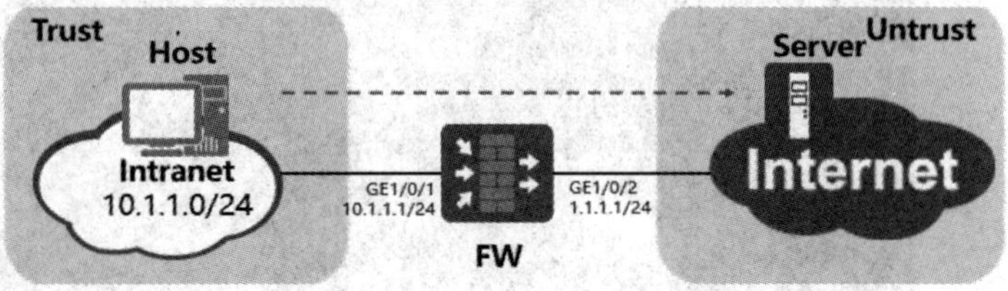 要求： ① 按上图完成网络拓扑的连接。 ② 进行路由器和服务器的基本配置。 ③ 连通网络。		
实训目的	① 掌握防火墙基础知识。 ② 掌握华为防火墙设备的基本原理。 ③ 进行防火墙的基础配置。		
拓扑设计： 　拓扑图绘制 　地址规划 　环境搭建 　设备连线		项目负责人： 司线员：	
	□小组自评　□各组互评　□教师评价 评价：	评价人：	
设备配置： 　关键步骤 　重要命令		配置人员：	
	□小组自评　□各组互评　□教师评价 评价：	评价人：	
功能验证： 　验证方法 　故障排除		调试验证人员：	
	□小组自评　□各组互评　□教师评价 评价：	评价人：	
实训总结		书记员：	

第6章 无线设备配置

📖 教学目标

本章通过介绍无线网络的应用概况，使读者掌握有线连接方式登录 Web 网管，以及无线连接方式登录 Web 网管的方法。本项目案例介绍中型企业无线局域网络的组建与配置，可以提高网络部署的便捷性。

📋 知识目标

➢ 了解无线协议标准。
➢ 理解无线 AP 的种类。
➢ 掌握无线路由器的类型。
➢ 掌握无线路由器基本原理。

⚙ 技能目标

➢ 能够组建无线个人局域网。
➢ 能够通过有线连接方式、无线连接方式登录 Web 网管。

6.1 登录 Web 网管

6.1.1 项目背景

1. 需求分析

为了方便用户对无线接入点的维护和使用，无线接入点内置一个 Web 服务器，与无线接入点相连的终端(以下均以 PC 为例)可以通过 Web 浏览器访问。

登录 Web 网管

Web 网管的运行环境如图 6-1 所示。

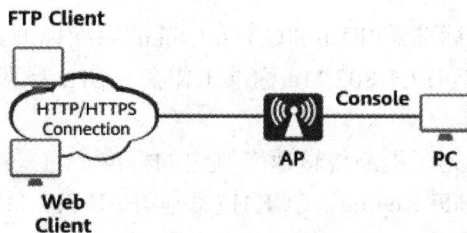

图 6-1 Web 网管运行环境

2. 环境准备

(1) 华为 AP 设备 1 台, PC 1 台, 智能手机 1 部。

(2) 每组 2 名学生, 操作 1 台 PC, 协同进行实训。

3. 技能准备

1) 无线局域网基础

无线局域网(Wireless Local Area Network, WLAN)利用电磁波在自由空间中发送和接收信号, 而无需线缆介质。一般情况下, WLAN 是指利用微波扩频通信技术进行联网, 在各主机和设备之间采用无线连接和通信的局域网。它不受有线介质的束缚, 可移动, 能解决因布线困难、电缆接插件松动、短路等带来的问题, 省去了一般局域网中布线和变更线路费时、费力的麻烦, 大幅降低了组建网络的开销。WLAN 能够满足各类便携机的入网要求, 实现了计算机局域联网和远端接入、图文传真、电子邮件、即时通信等多种功能, 为用户提供了方便。

作为传统有线网络的一种补充和延伸, WLAN 把员工从办公桌边解放了出来, 使他们可以随时随地获取信息, 提高了员工的办公效率。

2) WLAN 的特点

(1) 安装便捷。WLAN 最大的优势就是免去或减少了网络布线的工作量。

(2) 使用灵活。一旦 WLAN 建成, 无线网络信号覆盖区域内的任何一个位置都可以接入网络。

(3) 成本降低。一旦某个单位的局域网的发展超出了设计规划, 就要花费较多费用进行网造, WLAN 可以避免或减少这种情况发生。

(4) 扩展方便。WLAN 能胜任从只有几个用户的小型 LAN 到上千千用户的大型网络, 并且提供诸如漫游(Roaming)等有线网络无法提供的功能。

3) WLAN 标准

目前支持无线网络的技术与标准主要有 IEEE 802.11X 系列标准、家庭射频(Home Radio Frequency, Home RF)技术、蓝牙(Bluetooth)技术等。

(1) IEEE 802.11X 系列标准。IEEE 802.11 标准是第一代 WLAN 标准之一。该标准定义了物理层和 MAC 子层的规范, 物理层定义了数据传输的信号特征和调制方法, 还定义了两种射频(Radio Frequency, RF)传输方法和一种红外线传输方法。IEEE 802.11 标准速率只能达到 2 Mb/s。此后这一标准逐渐完善, 形成了 IEEE 802.11X 系列标准。

IEEE 802.11b 标准是所有 WLAN 标准演进的基石, 未来许多系统大都需要与 IEEE 802.11b 标准向后兼容。

IEEE 802.11a (WiFi5)标准是 IEEE 802.11b 标准的后续标准。它工作在 5 GHz 频段, 传输速率可达 54 Mb/s。由于 IEEE 802.11a 标准工作在 5 GHz 频段, 因此它与 IEEE 802.11、IEEE 802.11b 标准不兼容。

IEEE 802.11g 标准是为了提高传输速率制定的标准, 它采用了 2.4 GHz 频段, 使用补码键控(Complementary Code Keying, CCK)技术与 IEEE 802.11b 标准向后兼容, 同时, 它通过采用 OFDM 技术支持速率高达 54 Mb/s 的数据流。

IEEE 802.11n 标准可以将 WLAN 的传输速率由 IEEE 802.11a 标准及 IEEE 802.11g 标

准的 54 Mb/s 提高到 300 Mb/s，甚至提高到 600 Mb/s。IEEE 802.11n 标准提高了无线传输质量，也使传输速率得到了极大的提升。和以往的 IEEE 802.11 标准不同，IEEE 802.11n 标准为双频工作模式(包含 2.4 GHz 和 5 GHz 两个工作频段)，这样 IEEE 802.11n 标准保证了与以往的 IEEE 802.11b、IEEE 802.11a 和 IEEE 802.11g 标准兼容。

(2) Home RF 技术。Home RF 技术是一种专门为家庭用户设计的小型 WLAN 技术。它是 IEEE 802.11 标准与数字增强无绳通信(Digital Enhanced Cordless Telecommunications，DECT)系统标准相结合的产物，旨在降低语音数据的成本。使用 Home RF 技术进行数据通信时，采用了 IEEE 802.11 标准中的 TCP/IP。进行语音通信时，采用了数字增强无绳通信标准。

Home RF 技术的工作频率为 2.4 GHz。其原来的最大数据传输速率为 2 Mb/s，2000 年 8 月，美国联邦通信委员会(Federal Communications Commission，FCC)批准了 Home RF 技术的传输速率可以提高到 8～11 Mb/s。Home RF 技术可以实现最多 5 个设备之间的互联。

(3) 蓝牙技术。蓝牙技术实际上是一种短距离无线数字通信的技术，工作在 2.4 GHz 频段，最高数据传输速率为 1 Mb/s(有效传输速率为 721 kb/s)，传输距离为 10 cm～10 m，通过增加发射功率可达到 100 m。

蓝牙技术主要应用于手机、笔记本电脑等移动数字终端设备之间的通信和这些设备与 Internet 的连接。

4) 无线网络接入设备

常用的无线网络接入设备有无线网卡、无线接入点(Wireless Access Point，WAP)、无线路由器(Wireless Router)和天线(Antenna)。

(1) 无线网卡。无线网卡提供与有线网卡一样丰富的系统接口，如 PCI、PCMCIA、USB、MINI-PCI 等。在有线 LAN 中，网卡是网络操作系统与网线之间的接口。在 WLAN 中，网卡是操作系统与天线之间的接口，用来创建透明的网络连接。

(2) 无线接入点。无线接入点是一个无线网络的接入点，俗称"热点"。无线接入点的作用相当于 LAN 集线器。

它在 WLAN 和有线网络之间接收、缓冲、存储和传输数据，以支持一组无线用户设备。无线接入点通常是通过标准以太网线连接到有线网络的，并通过天线与无线设备进行通信。在有多个无线接入点时，用户可以在无线接入点之间漫游切换。无线接入点的覆盖范围是 20～500 m。根据技术、配置和使用情况，一个无线接入点可以支持 15～250 个用户，通过添加更多的无线接入点，可以比较轻松地扩充 WLAN，从而减少网络拥塞并扩大网络的覆盖范围。

(3) 无线路由器。无线路由器集成了 WAP 和宽带路由器的功能。它不仅具备接入点(Access Point，AP)的无线接入功能，通常还支持 DHCP、防火墙、有线等效保密(Wired Equivalent Privacy，WEP) 等功能，并具有网络地址转换(Network Address Translation，NAT)功能，可支持 LAN 用户的网络连接共享。

绝大多数的无线宽带路由器拥有 1 个 WAN 口和 4 个 LAN 口，可作为有线宽带路由器使用。

(4) 天线。天线是一种变换器。它把传输线上传播的导行波(导行波是全部或绝大部分电磁能量被约束在有限横截面内，沿确定方向传输的电磁波)变换成在无界介质(通常是自由空间)中传播的电磁波,或者进行相反的变换,是在无线电设备中用来发射或接收电磁波的部件。无线电通信、广播、电视、雷达、导航、电子对抗、遥感、射电天文等工程系统,凡是利用电磁波来传递信息的,都依靠天线来进行工作。此外,在用电磁波传送能量方面,非信号的能量辐射也需要天线。一般而言,天线具有可逆性,即同一副天线既可用作发射天线,又可用作接收天线。同一天线作为发射或接收天线的基本特性参数是相同的。这就是天线的互易定理。

在无线网络中,天线可以起到增强无线信号的作用,可以把它理解为无线信号的放大器。天线对空间的不同方向具有不同的辐射或接收能力。根据方向性的不同,可将天线分为全向天线(Omnidirectional Antenna)和定向天线(Directional Antenna)两种。

6.1.2　项目设计

1. 配置需求

用户可以通过有线连接方式登录 Web 网管,如果是普通 FAT AP,用户还可以通过无线连接方式登录 Web 网管。当使用无线连接方式时,无线终端在 AP 的无线信号覆盖范围内搜索默认 SSID 为 HUAWEI-stu,无须输入密码,仅需正常关联后即可接入到 WLAN 无线网络中。

掌握 AP 设备配置功能的要点如下:

(1) 完成 Web 登录。

(2) 熟悉 Web 窗口的界面及相关功能按钮。

(3) 掌握普通云 AP Web 网管功能。

(4) 熟悉云中心 AP Web 网管功能。

2. 拓扑设计

(1) 有线连接的 Web 网管拓扑图如图 6-2 所示。

图 6-2　有线连接的 Web 网管拓扑图

使用有线连接的 Web 方式登录设备前,需完成以下任务:

① 设备的接入端口已配置 IP 地址。

② PC 终端和设备网络互通。

③ 设备正常运行,HTTP 服务和 HTTPS 服务已正确配置。

④ PC 终端已安装浏览器软件。

(2) 无线连接的 Web 网管拓扑图如图 6-3 所示。

图 6-3　无线连接的 Web 网管拓扑图

使用无线连接的 Web 方式登录设备前，需完成以下任务：

① PC 终端和设备网络互通。

② 设备正常运行，HTTP 服务和 HTTPS 服务已正确配置。

③ PC 终端已安装浏览器软件。

3. 数据准备

按照表 6-1 所示配置参数进行数据准备。

表 6-1 配 置 参 数

项　目	数　据
STA 业务 VLAN	VLAN1100
STA 地址池	10.100.101.1～10.100.101.254/24
SSID 模板	名称：wlan-stu SSID 名称：wlan-stu
安全模板	名称：wlan-net 安全策略：WPA-WPA2 + PSK + AES 密码：stu12345678
AP 模板	名称：wlan-stu 业务 VLAN：VLAN101

6.1.3 项目实施

1. 登录 Web 网管

(1) PC 终端打开浏览器软件(以 Windows IE10.0 为例)，在地址栏中输入"http://169.254.1.1"或"https://169.254.1.1"(169.254.1.1 为示例，应以实际配置的接入端口 IP 地址为准)，按下回车键，显示 Web 网管的登录页面。

(2) 输入登录信息。

① 选择语言。目前支持中文和英文，默认根据浏览器的语言自动选择。

② 输入用户名和密码。

③ 单击"登录"，进入操作页面。首次登录 Web 网管时，为确保 Web 网管安全性，会提示用户修改密码，重新登录。

(3) 退出当前登录，单击页面右上角的"注销"，重新返回到登录页面。

(4) 用户登录成功后，在固定时间内未进行任何操作(缺省超时时间为 10 min)，系统将自动注销当前登录。单击"确定"后，重新返回到登录页面。

2. Web 界面介绍

1) 界面区域表

Web 网管的界面布局，主要包含以下几个区域，如图 6-4 所示。

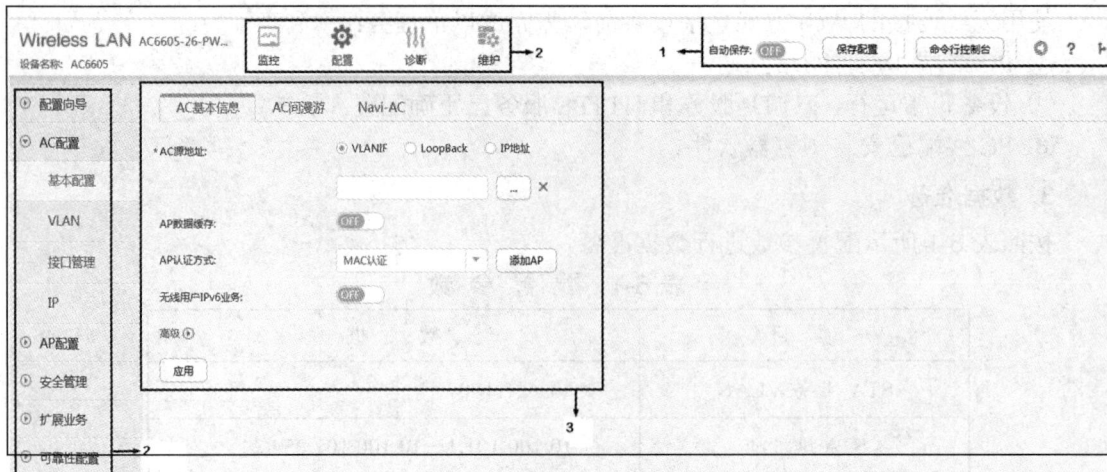

图 6-4　界面区域示例图

界面区域表如表 6-2 所示。

表 6-2　界面区域表

区域	名　称	说　　明
1	操作按钮	用户可以通过此区域，快速保存当前配置、获取帮助和退出登录的功能
2	菜单导航	以导航树的模式显示各标签下的具体功能分类，一级菜单导航位于界面左上侧，二级菜单导航位于界面左侧
3	操作区	用户可在此区域进行具体的功能配置，或者查看功能状态

2) 操作按钮

操作按钮位于界面的右上方，其功能如表 6-3 所示。

表 6-3　操作按钮表

按　钮	功　　能
保存配置	通过 Web 界面对设备配置信息进行更改后，需要单击"保存配置"，将配置信息保存到设备的配置文件中，未保存的配置信息将在设备重启后失效
命令行控制台	单击"命令行控制台"，用户可以通过命令行对设备进行管理和维护
告警&事件	打开"告警&事件"页面快捷按钮
注销	注销本次登录 单击注销按钮，将安全退出本次登录，如果希望重新进入 Web 界面，需要再次输入用户名和密码
语言	单击 English 后，Web 网管界面将以英文显示 单击中文后，Web 网管界面将以中文显示

3) Web 网管常用按钮

Web 网管页面中存在一些常用的按钮，了解这些按钮的作用有助于了解 Web 网管的操作，如表 6-4 所示。

表 6-4　Web 网管常用按钮

按　钮	功 能 说 明
新建	用于进入新建表项、模板等的界面
删除	用于删除选择的表项、模板
清空	用于清空表项、模板
刷新	用于刷新当前页面的显示信息
自动刷新	用于自动刷新当前页面的显示信息
应用	用于使当前的页面配置生效
确定	用于完成当前的页面配置并关闭配置窗口
展示模板引用关系	用于展示当前模板引用到其他模板的信息
搜索	用于搜索筛选的结果

3. 普通云 AP Web 网管功能

普通云 AP Web 网管主要功能描述如表 6-5 所示。

表 6-5　普通云 AP Web 网管功能描述

一级菜单	二级菜单	功 能 描 述
首页	概览	展示设备上行连接详情和开局配置信息 连接详情主要展示接口名称、IP 地址获取方式、IP 地址、掩码、首选和备用 DNS 服务器 开局配置主要包含 AP 工作模式、网络连接配置、VLAN 配置、云管理控制器配置和证书导入配置
首页	AP 接口	展示 AP 接口的基本信息，如接口名称、状态、协商速率、收发包数和字节数、STP 状态等
首页	用户	展示用户的基本信息，如用户名、MAC 地址、IP 地址、设备名、连接的 SSID、频段、信号强度、速率、上下线记录，并提供强制用户下线功能
首页	路由表	展示路由基本信息，如目的 IP 地址、子网掩码、路由类型、下一跳、出接口等
诊断	一键信息采集	一键信息采集功能可以将设备当前运行的启动配置、当前配置、接口信息、时间和系统版本等大量诊断信息输出到 web_diaginfo.txt 文件中
诊断	ping	通过使用 ping 工具，用户可以检查指定 IP 地址或主机名的设备是否可达，测试网络连接是否出现故障
诊断	Trace Route	通过使用 Trace Route 工具，用户可以查看报文从源设备传送到目的设备所经过的转发路径。当网络出现故障时，用户可以使用该功能定位出现故障的网络节点。Trace Route 的执行对象可以是目的设备的 IP 地址或者主机名
诊断	RF-Ping	通过使用 RF-Ping 工具，用户可以检查 AP 和 STA 之间的无线链路质量
诊断	ARP 表项	展示设备的 ARP 信息，如目的 IP、MAC 地址、VLAN ID、接口名称、超时时间等

续表

一级菜单	二级菜单	功 能 描 述
维护	基本信息	展示云 AP 的基本信息，如设备名称、型号、MAC 地址、序列号、版本信息、重启次数、最大支持用户数、系统时间运行时间、并提供版本升级、配置文件导出、重启次数清零等功能
	告警&事件	展示当前和历史告警数据，如告警的级别、OID、告警内容、模块、时间、助记符，并提供清除告警信息功能
	日志	支持日志主机管理的配置，支持保存和清空日志功能、展示日志信息，如时间、级别、模块、摘要、内容等
	管理员记录	展示管理员下线记录和用户会话记录，如用户名、IP 地址、认证类型、域名、下线原因、上线时间、下线时间、会话创建时间，并提供强制下线功能
	恢复出厂配置	恢复出厂配置操作是指将设备中当前的和历史的用户配置清除，然后恢复到 AP 出厂时的缺省配置

4. 云中心 AP Web 网管功能

云中心 AP Web 网管主要功能描述如表 6-6 所示。

表 6-6　云中心 AP Web 网管功能描述

一级菜单	二级菜单	功 能 描 述
首页	概览	展示设备连接详情和开局配置信息 连接详情主要展示接口名称、IP 地址获取方式、IP 地址、掩码、首选和备用 DNS 服务器、远端接入单元 开局配置主要包含 AP 工作模式、网络连接配置、VLAN 配置、云管理控制器配置和证书导入配置
	中心 AP 接口	展示 AP 接口的基本信息，如接口名称、状态、协商速率、收发包数和字节数、STP 状态等
	远端接入单元	展示远端接入单元的基本信息，如设备名称、状态、MAC 地址、IP 地址、类型、版本、序列号、流量、用户数、用户掉线率和接入失败率、上线时长、重启和断电重启次数、上下线记录等
	用户	展示用户的基本信息，如用户名、MAC 地址、IP 地址、设备名、连接的 SSID、频段、信号强度、速率、上下线记录，并提供强制用户下线功能
	路由表	展示路由基本信息，如目的 IP 地址、子网掩码、路由类型、下一跳、出接口等

续表

一级菜单	二级菜单	功 能 描 述
诊断	一键信息采集	一键信息采集功能可以将设备当前运行的启动配置、当前配置、接口信息、时间和系统版本等大量诊断信息输出到 web_diaginfo.txt 文件中
	ping	通过使用 ping 工具，用户可以检查指定 IP 地址或主机名的设备是否可达，测试网络连接是否出现故障
	Trace Route	通过使用 Trace Route 工具，用户可以查看报文从源设备传送到目的设备所经过的转发路径 当网络出现故障时，用户可以使用该功能定位出现故障的网络节点 Trace Route 的执行对象可以是目的设备的 IP 地址或者主机名
	RF-Ping	通过使用 RF-Ping 工具，用户可以检查 AP 和 STA 之间的无线链路质量
	ARP 表项	展示设备的 ARP 信息，如目的 IP、MAC 地址、VLAN ID、接口名称、超时时间等
维护	基本信息	展示云中心 AP 的基本信息，如设备名称、型号、MAC 地址、序列号、版本信息、重启次数、最大支持用户数、系统时间运行时间、并提供版本升级、配置文件导出、重启次数清零等功能
	告警&事件	展示当前和历史告警数据，如告警的级别、OID、告警内容、模块、时间、助记符，并提供清除告警信息功能
	日志	支持日志主机管理的配置，支持保存和清空日志功能、展示日志信息，如时间、级别、模块、摘要、内容等
	管理员记录	展示管理员下线记录和用户会话记录，如用户名、IP 地址、认证类型、域名、下线原因、上线时间、下线时间、会话创建时间，并提供强制下线功能
	恢复出厂配置	恢复出厂配置操作是指将设备中当前的和历史的用户配置清除，然后恢复到 AP 出厂时的缺省配置

6.1.4　项目总结

本项目介绍用户可以通过有线连接方式登录 Web 网管，如果是普通 FAT AP，用户还可以通过无线连接方式登录 Web 网管。在无线连接方式中，若无线终端在 AP 的无线信号覆盖范围内搜索默认 SSID 为 HUAWEI-stu，则无须输入密码，只需正常关联后即可接入到 WLAN 无线网络中。

根据本节内容完成下面的实训报告。

项目 6.1 登录 Web 网管实训报告

实训日期：_____年_____月_____日　　　　实训地点：_____

班级：_____　　　　组号：_____　　　　参与成员学号：_____

实训名称	登录 Web 网管		
拓扑图	有线连接的 Web 网管拓扑图： 无线连接的 Web 网管拓扑图：		
实训目的	掌握通过有线连接方式、无线连接方式登录 Web 网管		
拓扑设计： 　拓扑图绘制 　地址规划 　环境搭建 　设备连线			项目负责人： 司线员：
	□小组自评　□各组互评　□教师评价 评价：		评价人：
设备配置： 　关键步骤 　重要命令			配置人员：
	□小组自评　□各组互评　□教师评价 评价：		评价人：
功能验证： 　验证方法 　故障排除			调试验证人员：
	□小组自评　□各组互评　□教师评价 评价：		评价人：
实训总结			书记员：

6.2　配置 FAT AP 二层组网

6.2.1　项目背景

1. 需求分析

某企业分支机构为了保证工作人员可以随时访问公司网络,需要通过部署 WLAN 基本业务实现移动办公。

2. 环境准备

(1) 华为 FAT AP 设备 1 台,STA 终端 2 台。

(2) 每组 2 名学生,各操作 1 台 STA,协同进行实训。

3. 技能准备

1) 无线协议标准

(1) IEEE 802.11a。IEEE 802.11a 使用了 OFDM 技术,采用了 BPSK、QPSK、16-QAM 和 64-QAM 调制方式,其最大数据速率为 54 Mb/s,而实际的净吞吐量在 20 Mb/s 左右。根据不同的接收电平值,数据速率可自适应调整为 48 Mb/s、36 Mb/s、24 Mb/s、18 Mb/s、12 Mb/s、9 Mb/s 或者 6 Mb/s。

IEEE 802.11a 工作在 5 GHz 频段,它让 IEEE 802.11a 受到的干扰更小。然而,高载波频率也带来了一些负面效果。由于高频段信号衰耗较快,同等发射功率下,IEEE 802.11a 的有效覆盖范围比 IEEE 802.11b 略微小一些。IEEE 802.11a 的穿透力也不如 IEEE 802.11b,因为它更容易被传输路径上的墙壁或其他障碍物吸收。

(2) IEEE 802.11b。IEEE 802.11b 有点对点模式(AD-HOC Mode)和基本模式(Infrastructure Mode)两种运作模式,采用了 CCK、DBPSK 和 DQPSK 调制方式。其最大数据速率为 11 Mb/s,根据不同的接收电平值,数据速率可自适应调整为 5.5 Mb/s、2 Mb/s 或者 1 Mb/s。

IEEE 802.11b 工作在 2.4 GHz 频段,相对于 5 GHz,其信号具有较强的传输距离,在室外的传输距离为 300 m,在办公环境中最远为 100 m。

(3) IEEE 802.11g。与以前的 IEEE 802.11 协议标准相比,IEEE 802.11g 标准有以下两个特点:①在 2.4 GHz 频段使用正交交频分复用(OFDM)调制技术,使数据传输速率提高到 54 Mb/s 以上;②能够与 IEEE 802.11b 的 WiFi 系统互联互通,可共存于同一 AP 的网络里,从而保障了向后兼容性,这样原有的 WLAN 系统可以平滑地向高速 WLAN 过渡,延长了 IEEE 802.11b 产品的使用寿命,降低了用户的投资费用。

(4) IEEE 802.11n。IEEE 802.11n 是在 IEEE 802.11g 和 IEEE 802.11a 的基础上发展起来的一项技术,其最大的特点是速率的提升,理论速率最高可达 600 Mb/s。IEEE 802.11n 可工作在 2.4 GHz 和 5 GHz 两个频段,可兼容 IEEE 802.11a/b/g。

(5) IEEE 802.11ac。IEEE 802.11ac 是 IEEE 802.11n 的继承者,它采用并扩展了源自 IEEE 802.11n 的空中接口(Air Interface)的概念,包括更宽的 RF(Radio Frequency)带宽(提升至 160 MHz)、更多的 MIMO 空间流(Spatial Stream)(增加到 8)、多用户的 MIMO,以及更高阶的调制(Modulation)(达到 256QAM)。

2) 射频基础知识

(1) 2.4 GHz 频段。当 AP 工作在 2.4 GHz 频段的时候，AP 工作的频率范围为 2.4～2.4835 GHz。在此频率范围内又划分出 14 个信道。每个信道的中心频率相隔 5 MHz，每个信道可供占用的带宽为 22 MHz，如图 6-5 所示，Channel 1 的中心频率为 2412 GHz，Channel6 的中心频率为 2437 GHz，Channel 11 的中心频率为 2462 GHz，3 个信道理论上是不相互干扰的，如图 6-5 所示。

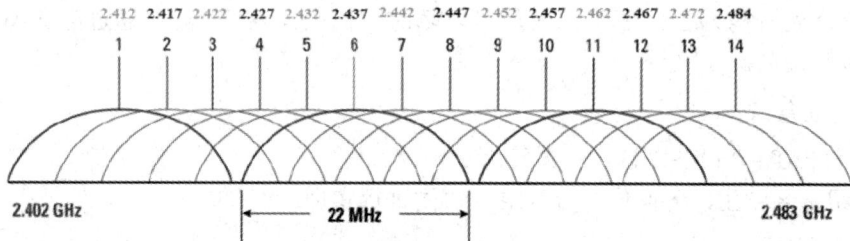

图 6-5　2.4 GHz 频段的各信道频率范围

(2) 5.8 GHz 频段。当 AP 工作在 5.8 GHz 频段的时候，我国 WLAN 工作的频率范围为 5.725～5.845。在此频率范围内又划分出 5 个信道，每个信道的中心频率相隔 20 MHz，如图 6-6 所示(Lower Band Edge 为频带下限频率，Upper Band Edge 为频率带上限频率)。

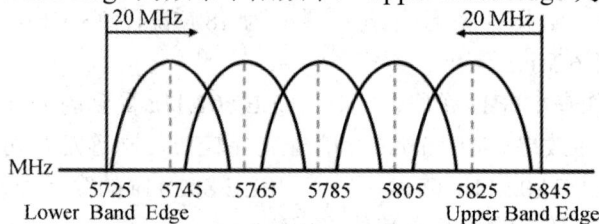

图 6-6　5.8 GHz 频段的各信道频率范围

在 5.8 GHz 频段以 5 MHz 为补进划分信道，信道编号 n = [信道中心频率(GHz) − 5GHz] × 1000/5。因此，中国 IEEE 802.11a 的 5 个信道编号分别为 149、153、157、161、165，如表 6-7 所示。

表 6-7　5.8 GHz 频段信道与频率表

信道编号	中心频率/GHz
149	5.745
153	5.765
157	5.785
161	5.805
165	5.825

3) AP 天线类型

(1) 全向天线。全向天线在水平方向图上表现为 360°都均匀辐射。

(2) 定向天线。定向天线在水平方向图上表现为在一定角度范围内辐射。

(3) 室内吸顶天线。室内吸顶天线的尺寸很小，但能很好地满足非常宽的工作频带内的驻波比要求。

(4) 室外全向天线。室外全向天线一般部署在楼宇中部，可实现楼宇间或楼宇内走廊区域的覆盖。

(5) 抛物面天线。抛物面天线是由抛物面反射器和位于其焦点处的馈源组成的面状天线，其主要优势是它的高方向性。

4) 无线传输质量

(1) 无线与距离的关系。当无线信号与用户之间距离越来越远时，无线信号强度会越来越弱，可以根据用户需求调整无线设备。

(2) 干扰源主要类型。无线信号干扰源主要是无线设备间的同频干扰，例如蓝牙和无线 2.4 GHz 频段。

(3) 无线信号的传输方式。AP 的无线信号传递主要有两种方式，即辐射和传导。

AP 无线信号辐射是指 AP 的信号通过天线将信号传递到空气中，该 AP 的信号直接通过六根天线传输无线数据。

AP 无线信号的传导是指无线信号在线缆等介质内进行无线信号传递，在室内分布系统中，无线 AP 和天线间通过同轴电缆连接，无线信号从天线接收后将通过电缆传导到 AP。

5) FAT AP 组网模式

AP 通过有线网络接入园区网，每个 AP 都是一个单独的节点，需要独立配置其信道、功率、安全策略。常见的应用场景有家庭无线网络、办公室无线网络等。

6) AP 配置步骤

AP 的配置主要涉及 IP 的配置、上联接口的配置、无线 SD 的配置、天线的配置等。

(1) AP BVI 接口的配置。为了实现远程管理 AP 设备，需要在管理 VLAN 中给 BVI 接口配置 IP 地址。当无线用户接入 WLAN 时，会从该 VLAN 关联的 DHCP 地址池中获取所需要的 IP 地址。

(2) AP 以太网接口的配置。AP 以太网接口为上联接口，通过封装相应的 VLAN，使这些 VLAN 中的数据可以通过以太网接口转发到上联设备。

(3) AP WLAN ID 的配置。完成 AP WALN ID 的配置需要在创建 WLAN 中配置 SSID，用户可以通过搜索 SSID 找到对应的 WLAN 并加入其中。

为 WLAN 接入配置加密可以通过 WLAN SEC 选配项，WLAN 加密后，用户需要通过输入预共享密钥才能加入 WLAN 中。WLAN SEC 为选配项，若不进行配置，则为开放式网络。

(4) AP 天线的配置。配置 AP 的天线必须先关联相匹配的 WLAN 和 VLAN，并放射出对应 WLAN 的 SSID，然后 AP 才能开始对外提供无线接入服务，终端用户关联到 SSID 后会通过关联的 VLAN 获取 IP 地址。

6.2.2 项目设计

1. 配置需求

某企业分支机构为了保证工作人员可以随时访问公司网络，需要通过部署 WLAN 基本业务实现移动办公。FAT AP 通过有线方式接入 Internet，通过无线方式连接终端。

(1) 具体要求如下：

① 提供名为 "wlan-net" 的无线网络。

② Router 作为 DHCP 服务器为工作人员分配 IP 地址，FAT AP 做 DHCP 报文的二层

透明传输。

(2) 配置 FAT AP 的步骤可分为以下 4 步：

① 配置路由器为 DHCP 服务。

② 完成 WLAN 的基本配置。

③ 配置 AP 的信道及其相关功能。

④ 检查项目配置情况。

2. 拓扑设计

按照图 6-7 所示的拓扑图完成二层网络 WLAN 基本业务示例的组网。

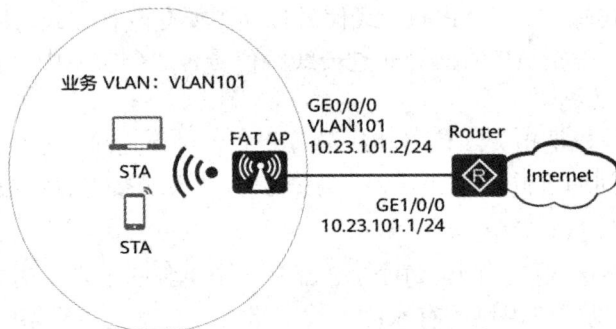

图 6-7　配置二层网络 WLAN 基本业务示例组网图

3. 数据准备

按照表 6-8 所示配置参数进行数据准备。

表 6-8　配 置 参 数

项　目	数　据
STA 业务 VLAN	VLAN101
DHCP 服务器	Router 作为 STA 的 DHCP 服务器
STA 地址池	10.23.101.3～10.23.101.254/24
SSID 模板	名称：wlan-net SSID 名称：wlan-net
安全模板	名称：wlan-net 安全策略：WPA-WPA2 + PSK + AES 密码：a1234567
VAP 模板	名称：wlan-net 业务 VLAN：VLAN101 引用模板：SSID 模板 wlan-net、安全模板 wlan-net

6.2.3　项目实施

进行 WLAN 配置的思路如下：

首先，配置 Router 作为 DHCP 服务器，为 STA 分配 IP 地址。

然后，使用 WLAN 配置向导，配置 WLAN 基本业务。接下来，

配置 FAT AP 二层组网

配置 AP 的信道和功率。最后，STA 关联 WLAN 网络，完成业务验证。

1. 配置 Router 作为 DHCP 服务器，为 STA 分配 IP 地址

配置基于接口地址池的 DHCP 服务器，GE1/0/0 为 STA 提供 IP 地址，配置信息如下：

```
[Router] dhcp enable

[Router] interface gigabitethernet 1/0/0

[Router-GigabitEthernet1/0/0] ip address 10.23.101.1 24

[Router-GigabitEthernet1/0/0] dhcp select interface

[Router-GigabitEthernet1/0/0] dhcp server excluded-ip-address 10.23.101.2

[Router-GigabitEthernet1/0/0] quit
```

2. 配置 WLAN 基本业务

配置 WLAN 基本业务的步骤如下：

(1) 单击"向导→配置向导"，进入"WiFi 信号设置"页面。

(2) 配置 WiFi 信号。

(3) 单击"新建"，进入"基本信息配置"页面。

(4) 配置 SSID 基本信息，如图 6-8 所示。

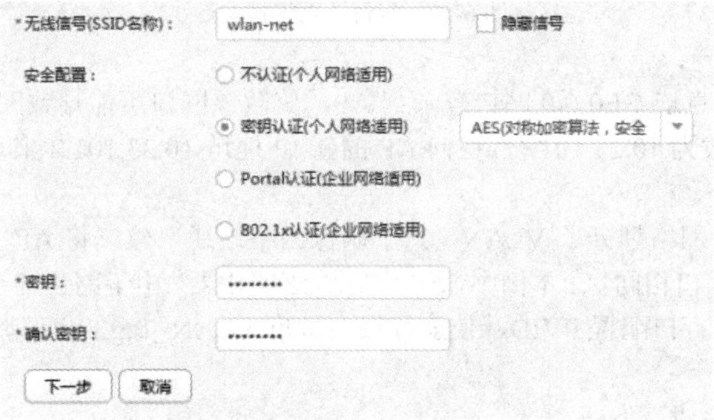

图 6-8　配置 SSID 基本信息

(5) 单击"下一步"按钮，进入"地址及速率配置"页面。

(6) 配置地址参数，如图 6-9 所示。

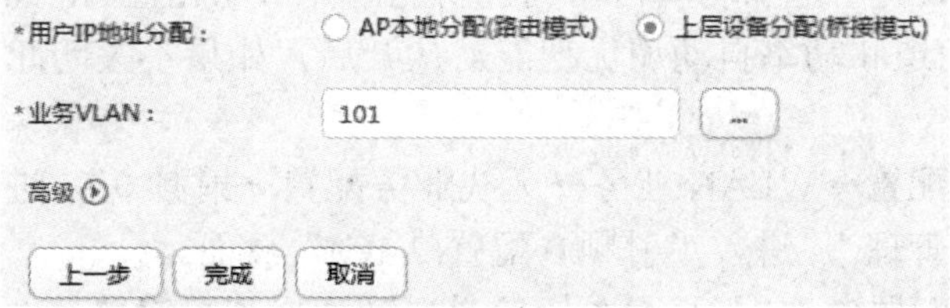

图 6-9　配置地址参数

(7) 单击"完成"按钮。

(8) 单击"下一步"按钮，进入"上网连接设置"页面，如图 6-10 所示。

(9) 将接口以 Tagged 方式加入 VLAN101。

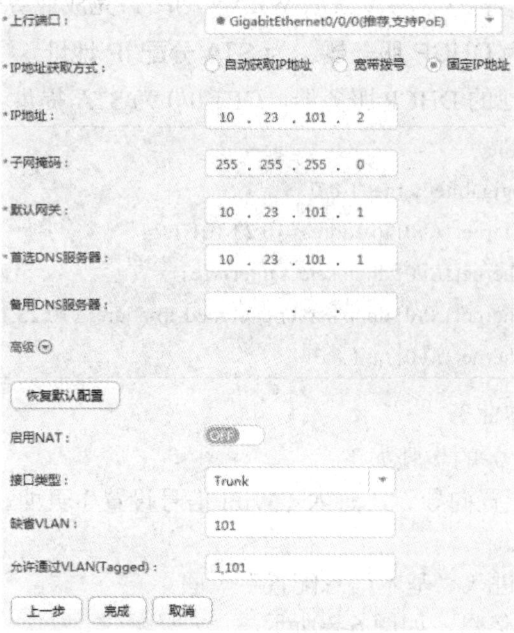

图 6-10　配置上网连接参数

说明：

如果 PC 通过直连 GE0/0/0 网口登录到 AP，修改该网口可能导致网络断开。此时需要将 PC 的 IP 地址改为 10.23.101.*，访问 AP 的新 IP 地址 10.23.101.2 来重新登录到 AP，并继续执行后续操作。

如果 AP 上行网络划分了 VLAN，为了确保网络连通，建议将 AP 上行口的 VLAN 参数规划为与对端网口相同。在本例中，AP 上行直连路由器，由于路由器一般不划分 VLAN，故而需要在 AP 上行口配置 PVID，使上行报文剥离 VLAN Tag，也可以将 AP 上行口配置为 Access。

(10) 单击"完成"按钮。

3. 配置 AP 的信道和功率

配置 AP 信道和功率的步骤如下：

(1) 关闭 AP 射频的信道和功率自动调优功能，并手动配置 AP 的信道和功率。

说明：射频的信道和功率自动调优功能默认开启，如果不关闭此功能则会导致手动配置不生效。

(2) 依次单击"配置→WLAN 业务→无线业务配置→射频 0"，进入"射频 0"页面。

(3) 单击"射频管理"，进入"射频 0 配置(2.4G)"页面。

(4) 在"射频 0 配置(2.4G)"页面关闭信道自动调优和功率自动调优功能，并设置信道带宽为 20 MHz，信道为 6，发送功率为 127 dBm，如图 6-11 所示。

(5) 在"射频 1"上关闭信道自动调优和功率自动调优功能，并设置信道带宽为 20 MHz，信道为 149，发送功率为 127 dBm，其步骤与"射频 0"类似，此处不再赘述。

(6) 单击"应用"按钮，在弹出的提示对话框中单击"确定"按钮，完成配置。

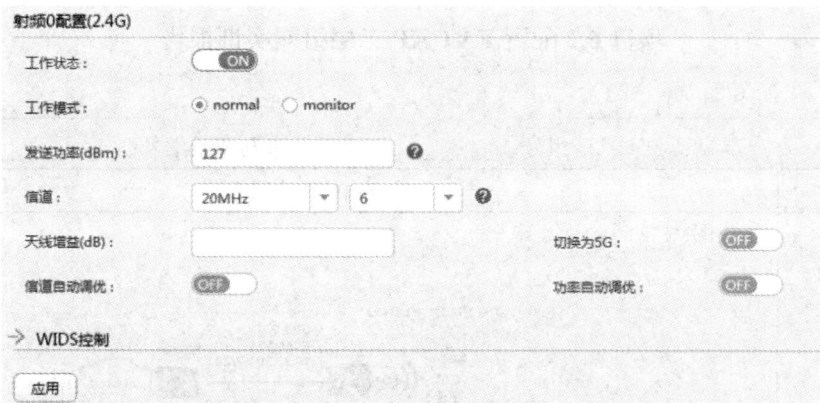

图 6-11 射频 0 配置页面

4. 配置结果验证

验证配置结果的步骤如下：

(1) 无线用户可以搜索到 SSID 为"wlan-net"的无线网络。

(2) 无线用户可以关联到无线网络中，获取的 IP 地址为 10.23.101.x/24。

(3) 单击"监控→终端管理→终端用户管理"。在"终端用户列表"中可以看到 STA 正常上线，并且获得 IP 地址，图 6-12 所示。

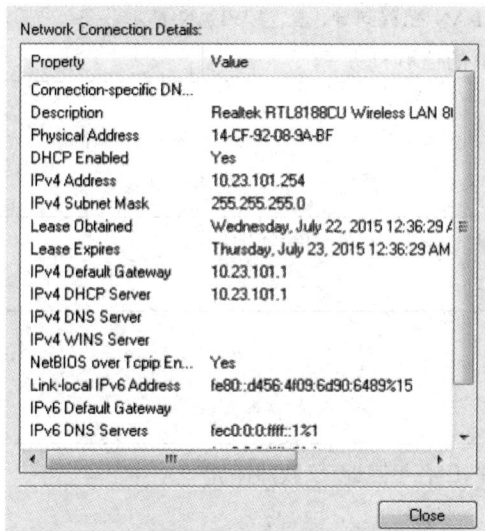

图 6-12 终端用户列表

6.2.4 项目总结

本项目介绍了 FAT AP 二层组网的配置步骤，FAT AP 通过有线方式接入 Internet，通过无线方式连接终端。该企业网提供名为"wlan-net"的无线网络，由 Router 作为 DHCP 服务器为工作人员分配 IP 地址，FAT AP 作为 DHCP 报文的二层透明传输。这样保证了工作人员可以随时通过 WLAN 访问公司网络。

根据本节内容完成下面的实训报告。

项目 6.2 配置 FAT AP 二层组网实训报告

实训日期：＿＿＿＿年＿＿＿＿月＿＿＿＿日　　　　　　实训地点：＿＿＿＿＿＿＿＿＿＿＿＿＿＿＿

班级：＿＿＿＿＿＿　　　　　　组号：＿＿＿＿＿　　　　　　参与成员学号：＿＿＿＿＿＿＿＿＿＿＿＿＿

实训名称	配置 FAT AP 二层组网	
拓扑图及要求	拓扑图： 要求： ① 提供名为"wlan-net"的无线网络。 ② Router 作为 DHCP 服务器为工作人员分配 IP 地址，FAT AP 作为 DHCP 报文的二层透传。	
实训目的	① 配置 Router 作为 DHCP 服务器，为 STA 分配 IP 地址。 ② 使用 WLAN 配置向导，配置 WLAN 基本业务。 ③ 配置 AP 的信道和功率。	
拓扑设计： 　拓扑图绘制 　地址规划 　环境搭建 　设备连线		项目负责人： 司线员：
	□小组自评 □各组互评 □教师评价 评价：	评价人：
设备配置： 　关键步骤 　重要命令		配置人员：
	□小组自评 □各组互评 □教师评价 评价：	评价人：
功能验证： 　验证方法 　故障排除		调试验证人员：
	□小组自评 □各组互评 □教师评价 评价：	评价人：
实训总结		书记员：

6.3　中型企业无线网络组建

6.3.1　项目背景

1. 需求分析

一般而言，中型企业人员相对较多，生产和办公场所分布相对较广。企业对构建网络的需求也非常典型，既要组建企业的有线网络，又要组建企业无线网络。考虑到能随时随地方便接入网络，使用 IEEE 802.11g/n 无线 AP，减少无线 AP 的部署数量，降低成本和管理的难度，又能保证较高的无线传输速率。

2. 环境准备

2 台终端 STA、1 台无线 AP、1 台交换机和 1 台无线控制器 AC。

3. 技能准备

1) SSID 概述

通俗地说，SSID(Service Set Identifier)就是无线网络的名称，单个 AP 可以有多个 SSID。SSID 技术可以将一个无线局域网分为几个需要不同身份验证的子网络，每一个子网络都需要独立的身份验证，只有通过身份验证的用户才可以进入相应的子网络，从而防止未被授权的用户进入本网络。

无线 AP 一般都会把 SSID 广播出去，如果不想让自己的无线网络被别人搜索到，那么可以设置禁止 SSID 广播，此时无线网络仍然可以使用，只是不会出现在其他人所搜索到的可用网络列表中，要想连接该无线网络就只能手工设置 SSID。

2) AP 的种类

无线 AP 从功能上可分为 FAT AP 和 FIT AP 两种。其中，FAT AP 拥有独立的操作系统，可以进行单独配置和管理，而 FIT AP 则无法单独进行配置和管理操作，需要借助无线网络控制器进行统一的管理和配置。

(1) FAT AP 可以自主完成包括无线接入、安全加密、设备配置等在内的多项任务，不需要其他设备的协助，适合用于构建中、小型规模无线局域网。FAT AP 组网的优点是无需改变现有有线网络结构，配置简单；缺点是无法统一管理和配置，因为需要对每台 AP 单独进行配置，费时、费力，当部署大规模的 WLAN 网络时，部署和维护成本高。

(2) FIT AP 又称轻型无线 AP，必须借助无线网络控制器进行配置和管理。而采用无线网络控制器加 FIT AP 的架构，可以将密集型的无线网络和安全处理功能从无线 AP 转移到几种无线控制器中统一实现，无线 AP 只作为无线数据的收发设备，大大简化了 AP 的管理和配置功能，甚至可以做到"零"配置。

(3) AP 密度。AP 密度是指在固定面积的建筑物环境下部署无线 AP 的数量。每台无线 AP 可接入的用户数量是相对固定的，因此，无线 AP 的部署数量不仅需要考虑无线信号在建筑物的覆盖质量，还要根据无线用户的接入数量来确定 AP 的部署数量。

(4) AP 功率。无线 AP 有一个常见的参数，即发射功率(或简称功率)。在 AP 选型中，AP 功率是个重要的指标，因为它与 AP 的信号强度有关。

AP 通过天线发射无线信号，通常，AP 的发射功率越大，信号就越强，其覆盖范围就越广。典型的两种类型为室内型 AP 和室外型 AP。室内型 AP 的功率普遍比室外型 AP 的功率小，室外型 AP 的功率基本都在 500 mW 以上，而室内型 AP 的发射功率通常不高于 100 mW。需要注意的是：功率越大，辐射也就越强，所以在满足信号覆盖的情况下，不建议一味地选择大功率的 AP，而且 AP 信号的强弱不仅与功率有关，还与频段干扰、摆放位置、天线增益等有关。

3) 无线网络涉及的主要产品

(1) 无线控制器 AC。无线控制器(Wreless Access Point Contoller)是一种网络设备，用来集中化控制无线 AP，是一个无线网络的核心，负责管理无线网络中的所有无线 AP。对 AP 的管理包括下发配置、修改相关配置参数、射频智能管理、接入安全控制等。

(2) 无线 AP。无线 AP 包括放装型无线 AP、墙面型无线 AP、智分型无线 AP。

① 放装型无线 AP。放装型无线 AP 是 WLAN 市场上通用性最强的产品，该产品的主要特点为接入带宽高、接入用户数量大，是典型的高密度场景部署产品。因此，放装型无线 AP 适用于建筑结构较简单、无特殊阻挡物、用户相对集中的场合及对容量需求较大的区域，如会议室、图书馆、教室、酒吧和休闲中心等场景，该类型设备可根据不同环境灵活实施分布。

② 墙面型无线 AP。墙面型无线 AP 又称 Wall AP，是一款胖瘦一体化迷你型无线接入点。它采用国标 86 mm 面板设计，可以安装到满足此国标的底盒上。

③ 智分型无线 AP。智分型无线 AP 常应用在小开间、高密度、多隔断的场景中，能充分满足宿舍网超高性能和超高并发需求，已被广泛应用在学生宿舍、酒店客房和行政办公的无线网络部署方案中。智分型无线 AP 提供 5 m、10 m 和 15 m 这 3 种规格的馈线，天线安装在各个房间内并通过馈线连接 AP。智分型无线 AP 的信号收发通过天线完成，由于天线在各个房间内，走廊无线信号将变得很弱，传输距离非常有限，因此即使有多个 AP 也不会相互干扰。

④ 室外无线 AP。室外无线 AP 一般采用全密闭防水、防尘、阻燃外壳设计，适合在极端的室外环境中使用，可有效避免室外恶劣天气和环境影响，可高度适应中国北方寒冷天气和南方潮湿天气环境对设备的苛刻要求。室外 AP 适合部署在体育场、校园、企业园区和运营热点等室外环境中，它一般采用抱杆式安装，设备安装包括 AP 主机、馈线、AP 天线和防雷器。室外 AP 可以部署在楼顶或者楼宇中部，与全向天线和定向天线一起使用。

(3) POE 供电设备，包括 POE 交换机、POE 适配器。在无线网络建设中，常常会遇到一些单位已经部署了有限网络，由于无线网络的部署也需要进行综合布线工程，施工较为麻烦，且有可能破坏原有的室内外装饰，因此，很多用户都希望利用原有的有线网络进行无线扩容，这既能满足增加无线覆盖的需求，也能确保原有有线网络的正常使用。

POE (Power Over Ethernet，有源以太网)也被称为基于局域网的供电系统，他可以利用已有以太网线缆传送数据，同时还能提供直流供电。由于它在部署弱电系统时可以避免部署强电，因此，被广泛应用于 IP 电话、网络摄像机、无线 AP 等基于 IP 的终端。

由此，基于 POE 技术，可以利用原有有线网络来部署，整个安装过程只需要 3 个步骤就能快速实现无线网络覆盖，具体如下：

① 更换楼层配线间的交换机为 POE 交换机或者增加 POE 适配器。

② 拆去房间内原有的有线网络的接口面板。

③ 将原有网线插在墙面型无线 AP 上。

它打破了以往无线网络建设的老旧方式，无须再部署新的网线，而是有效利用了既有的网络，将网络新建对酒店、办公等实际环境的影响降到最低。

6.3.2　项目设计

1. 配置需求

在办公楼部署多个 AP，AP 通过接入交换机 Switch_A 和 AC 相连，用来为用户提供无线业务。由于 AP 数量较多，逐一手工配置信道等射频参数将会非常烦琐，客户 IT 部门希望 AC 能够根据无线网络环境，自动为 AP 分配信道，提高网络部署的便捷性。

按照配置需求完成无线网的配置工作，配置要点如下：

(1) 完成项目中所需交换机的配置。

(2) 完成 AC 设备的配置。

(3) 配置结果检查及配置命令总结。

2. 拓扑设计

企业园区无线网络的拓扑结构图如图 6-13 所示。

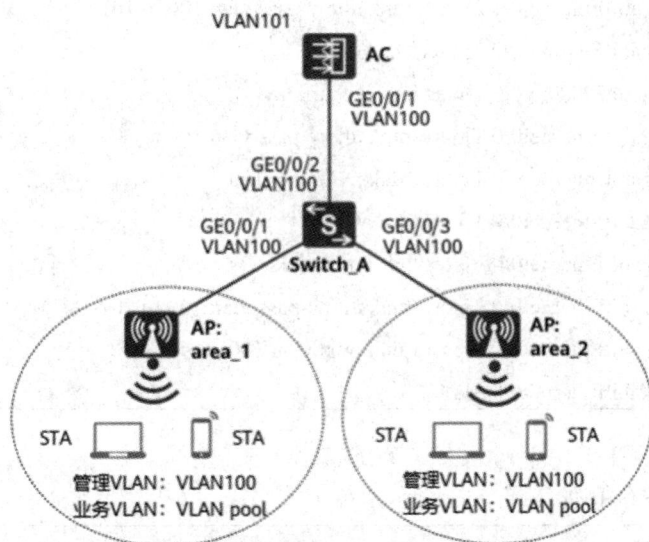

图 6-13　企业园区无线网络的拓扑结构图

3. IP 地址规划

根据拓扑进行 IP 地址规划，如表 6-9 所示。

表 6-9　IP 地址规划

设　备	接　口	IP 地址
AC6005	VLAN100	192.168.100.1/24 设备管理地址网关
	VLAN101	192.168.101.1/24 无线用户网段网关
		192.168.101.1-253/24 DHCP 分配给无线用户
AP6050	VLAN100	AP 管理地址

6.3.3　项目实施

1. 交换机配置

交换机的配置信息如下:

```
<Huawei>system-view
[Huawei]undo info-center enable
Info: Information center is disabled.
[Huawei]vlan batch 100 to 101
[Huawei]interface g0/0/2
[Huawei-GigabitEthernet0/0/2]port link-type trunk
[Huawei-GigabitEthernet0/0/2]port trunk allow-pass vlan 100 to 101
[Huawei-GigabitEthernet0/0/2]interface g0/0/1
[Huawei-GigabitEthernet0/0/1]port link-type trunk
[Huawei-GigabitEthernet0/0/1]port trunk allow-pass vlan 100 to 101
[Huawei-GigabitEthernet0/0/1]port trunk pvid vlan 100
[Huawei-GigabitEthernet0/0/1]interface g0/0/3
[Huawei-GigabitEthernet0/0/3]port link-type trunk
[Huawei-GigabitEthernet0/0/3]port trunk allow-pass vlan 100 to 101
[Huawei-GigabitEthernet0/0/3]port trunk pvid vlan 100
[Huawei-GigabitEthernet0/0/3]q
```

2. AC 配置

AC 设备的配置信息如下:

```
<AC6005>system-view
[AC6005]vlan batch 100 to 101
[AC6005]interface g0/0/1
[AC6005-GigabitEthernet0/0/1]port link-type trunk
```

[AC6005-GigabitEthernet0/0/1]port trunk allow-pass vlan 100 to 101

[AC6005-GigabitEthernet0/0/1]q

[AC6005]dhcp enable

[AC6005]int vlan 100

[AC6005-Vlanif100]ip add 192.168.100.1 24

[AC6005-Vlanif100]dhcp select interface

[AC6005-Vlanif100]int vlan 101

[AC6005-Vlanif101]ip add 192.168.101.1 24

[AC6005-Vlanif101]dhcp select interface

[AC6005-Vlanif101]q

[AC6005]vlan pool wlan

[AC6005-vlan-pool-wlan]vlan 101

[AC6005-vlan-pool-wlan]q

[AC6005]capwap source interface Vlanif 100

[AC6005]wlan

[AC6005-wlan-view]ap-group name ap-group1

[AC6005-wlan-ap-group-ap-group1]regulatory-domain-profile default

Warning: Modifying the country code will clear channel, power and antenna gain configurations of the radio and reset the AP. Continue?[Y/N]:y

[AC6005-wlan-ap-group-ap-group1]q

[AC6005-wlan-view]ap auth-mode mac-auth

[AC6005-wlan-view]ap-id 0 ap-mac 00e0-fc4b-2090

[AC6005-wlan-ap-0]ap-name area_1

[AC6005-wlan-ap-0]ap-group ap-group1

Warning: This operation may cause AP reset. If the country code changes, it will clear channel, power and antenna gain configurations of the radio, Whether to continue? [Y/N]:y

[AC6005-wlan-ap-0]q

[AC6005-wlan-view]ap-id 1 ap-mac 00e0-fc89-2700

[AC6005-wlan-ap-1]ap-name area_2

[AC6005-wlan-ap-1]ap-group ap-group1

Warning: This operation may cause AP reset. If the country code changes, it will clear channel, power and antenna gain configurations of the radio, Whether to continue? [Y/N]:y

[AC6005-wlan-ap-1]q

[AC6005-wlan-view]security-profile name wlan-net

[AC6005-wlan-sec-prof-wlan-net]security wpa-wpa2 psk pass-phrase 12345678 aes

```
    Warning: The current password is too simple. For the sake of security, you are advised to set a password
containing at least two of the following: lowercase letters a to z, uppercase letters A to Z, digits, and
special characters. Continue? [Y/N]:y
    [AC6005-wlan-sec-prof-wlan-net]q
    [AC6005-wlan-view]ssid-profile name wlan-net
    [AC6005-wlan-ssid-prof-wlan-net]ssid wifi
    [AC6005-wlan-ssid-prof-wlan-net]q
    [AC6005-wlan-view]vap-profile name wlan-net
    [AC6005-wlan-vap-prof-wlan-net]forward-mode direct-forward
    [AC6005-wlan-vap-prof-wlan-net]service-vlan vlan-pool wlan
    [AC6005-wlan-vap-prof-wlan-net]security-profile wlan-net
    [AC6005-wlan-vap-prof-wlan-net]ssid-profile wlan-net
    [AC6005-wlan-vap-prof-wlan-net]q
    [AC6005-wlan-view]ap-group name ap-group1
    [AC6005-wlan-ap-group-ap-group1]vap-profile wlan-net wlan 1 radio 0
    Info: This operation may take a few seconds, please wait...done.
    [AC6005-wlan-ap-group-ap-group1]vap-profile wlan-net wlan 1 radio 1
    Info: This operation may take a few seconds, please wait...done.
    [AC6005-wlan-ap-group-ap-group1]q
    [AC6005-wlan-view]q
```

3. 配置结果验证

验证配置结果的步骤如下：

(1) STA2 的配置结果如图 6-14 所示。

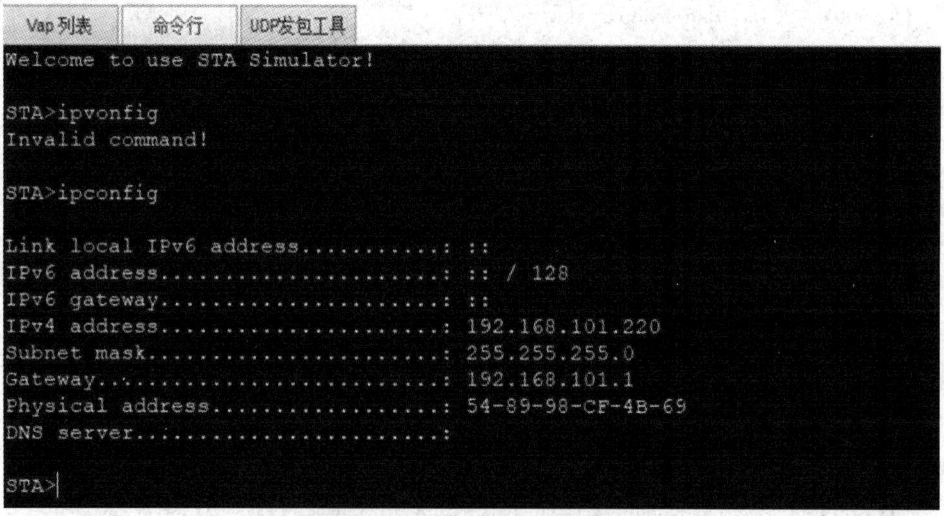

图 6-14　STA2 的配置结果

(2) STA1 ping STA2 的运行结果如图 6-15 所示。

Vap 列表　命令行　UDP发包工具

```
Welcome to use STA Simulator!

STA>ping 192.168.101.220

Ping 192.168.101.220: 32 data bytes, Press Ctrl_C to break
From 192.168.101.220: bytes=32 seq=1 ttl=128 time=235 ms
From 192.168.101.220: bytes=32 seq=2 ttl=128 time=234 ms
From 192.168.101.220: bytes=32 seq=3 ttl=128 time=234 ms
From 192.168.101.220: bytes=32 seq=4 ttl=128 time=219 ms
From 192.168.101.220: bytes=32 seq=5 ttl=128 time=218 ms

--- 192.168.101.220 ping statistics ---
  5 packet(s) transmitted
  5 packet(s) received
  0.00% packet loss
  round-trip min/avg/max = 218/228/235 ms

STA>
```

图 6-15　STA1 ping STA2 的运行结果

(3) 查看 WLAN 网络的基本配置，并进行命令总结，如表 6-10 所示。

表 6-10　查看 WLAN 网络的基本配置

检 查 项	命　令	数　据
查看 AP 所属的 AP 组	display ap all	AP 组：ap-group1
查看 AP 组引用的所有模板	display ap-group name ap-group1	VAP 模板：wlan-net
查看 VAP 模板下引用的所有模板	display vrf name wlan-net	SSID 模板：wlan-net

6.3.4　项目总结

本项目主要解决中型企业无线局域网络的组建与配置，由于 AP 数量较多，逐一手工配置信道等射频参数将会非常烦琐。在本项目中，AC 能够根据无线网络环境，自动为 AP 分配信道，提高网络部署的便捷性。

根据本节内容完成下面的实训报告。

项目 6.3 中型企业无线网络组建实训报告

实训日期：＿＿＿年＿＿＿月＿＿＿日　　　　　　　实训地点：＿＿＿＿＿＿＿＿＿＿＿＿＿

班级：＿＿＿＿　　　　　　组号：＿＿＿＿　　　　参与成员学号：＿＿＿＿＿＿＿＿＿＿

实训名称	中型企业无线网络组建	
拓扑图及要求	拓扑图： 要求： ① 完成中型企业网络的无线局域网组建。 ② 解决 AC 能够根据无线网络环境，自动为 AP 分配信道的问题。	
实训目的	① 认识无线局域网的主要设备。 ② 中型企业无线网络的组建方法及要注意的主要问题。 ③ AC 动态分配 IP 地址。	
拓扑设计： 　拓扑图绘制 　地址规划 　环境搭建 　设备连线		项目负责人：
		司线员：
	□小组自评　□各组互评　□教师评价 评价：	评价人：
设备配置： 　关键步骤 　重要命令		配置人员：
	□小组自评　□各组互评　□教师评价 评价：	评价人：
功能验证： 　验证方法 　故障排除		调试验证人员：
	□小组自评　□各组互评　□教师评价 评价：	评价人：
实训总结		书记员：

第三部分
网络技术综合应用

第 7 章 综合实训项目

教学目标

本章通过综合实训项目的实施,进一步加深读者对网络组建方案和网络设备的了解,提高配置能力。使读者从最初的了解网络项目需求分析、设备选型、现场勘查等基本的入门工作到网络设备配置、调试等全过程的网络技术工作中来。

通过完成本项目,使读者进一步掌握网络技术的选择、网络接入的方式、组网模式的选择、网络设备的选择和网络设备的配置,进一步提高局域网布线和组建的能力,以及相互交流、团队协作和分析问题的能力。

知识目标

➢ 了解校园网建设的需求。
➢ 掌握构建安全网络的策略。
➢ 理解防火墙的作用。

技能目标

➢ 熟悉防火墙的配置内容。
➢ 能够进行 OSPF 配置。
➢ 能够进行 VRRP 配置。

7.1 校园网升级改造项目

7.1.1 项目需求分析

校园网的建设目的是给老师和学生提供相应的网络服务。在网络搭建的过程中需要对网络进行 VLAN 的划分,从而减小广播风暴的影响,保证教室、办公室的网络安全性。为方便 IP 地址配置,在整个网络中实现 IP 的自动分配等基本功能。一个基本的校园网应具有高速的局域网连接、信息结构多样化、安全可靠和经济实用的特点。

校园网升级
改造项目

校园网应以宽带 IP 网为目标,具有数据、语音、图形、图像等多种信息媒体传递功能,具备性能优越的资源共享功能。校园网主干传输带宽应达到 1000 Mb/s 要求,楼宇之间千兆连接。建设校园网的同时必须考虑网络安全、资源共享和带宽的要求。校园网建设的具体需求如下:

(1) 支持全校现有的计算机,连接校园内实验大楼、行政大楼、电教大楼、图书馆和

成教大楼等，将本校现有的及将来要配置的各种 PC、工作站和终端通过高性能的网络设备连接起来，组成分布式、开放性的网络环境，以提高教育科研水平。

(2) 充分利用原有的主干光缆和楼内布线系统，将目前的百兆主干以太网升级到千兆主干以太网、百兆以太网接入到桌面的。同时，保护原有网络设备投资，将目前运行的网络产品有效地集成到升级系统中。

(3) 在 Internet 互连网络系统平台上，以数据库系统、Web 平台、电子邮件平台为基础，构建内部 Intranet 系统，与已有系统实现互联。

(4) 网络与数据安全是目前计算机信息技术所面临的重要挑战，解决安全问题的技术与方案有很多，通过防火墙、WebCache 服务器确定完整统一的安全策略(Security Policy)也是校园网可靠运行的保证。

(5) 考虑与其他学校、科学教育网络相连，可通过 CERNET 与国内外其他网络相连接、实现远程教学。

7.1.2　项目设计

1. 拓扑结构

目前的校园网大多数是纯三层的交换网络。由于交换机都具有三层功能，汇聚层一般已经可以与接入层归纳为一个层次。各楼层和各楼之间的交换设备都直接上连到核心设备上。

校园网的简明拓扑图如图 7-1 所示。

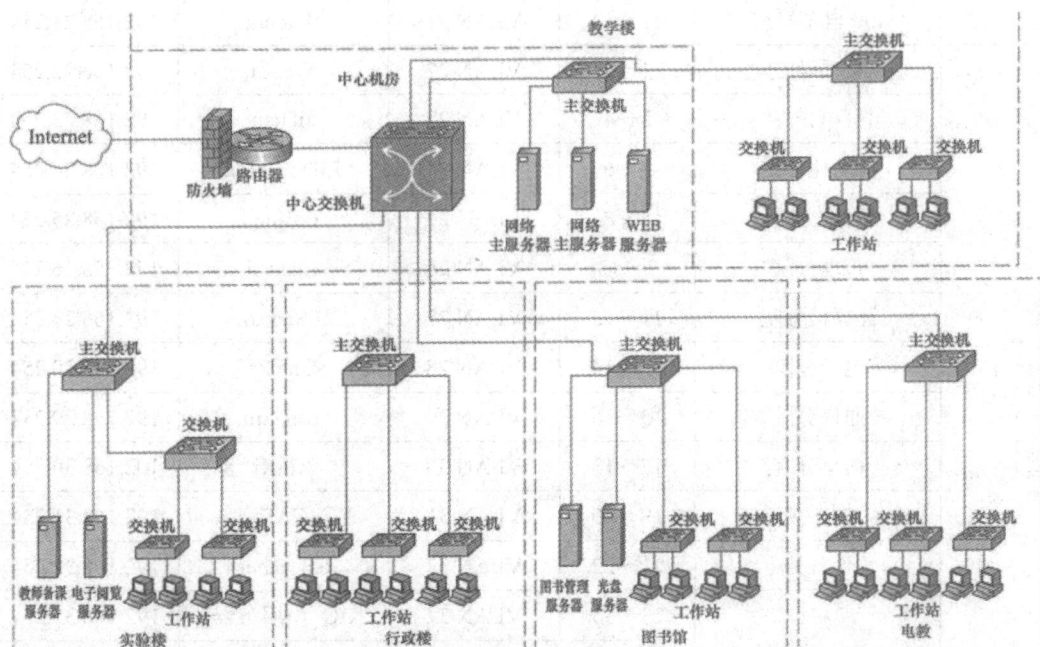

图 7-1　校园网简明拓扑图

其中校园局域网以三层交换机为交换核心，即网络中心，下设二层交换机若干，如图 7-1 中所示两台交换机进行模拟，形成汇聚层。汇聚层交换机用作模拟校园中各个楼宇的网络节点，在同一个楼宇，如教学楼、学生宿舍楼中依据需求划分 VLAN，隔离网络风暴，提升网络安全性和效率。

2. IP 地址设计

本项目中 IP 地址规划如表 7-1 所示。

表 7-1　项目 7.1 中 IP 地址规划列表

楼幢	机构	端口分配	VLANID	VLAN 命名	网关
行政楼	党政办领导	1～18	VLAN 10	DangZheng	192.168.10.254
	人事处	19～24	VLAN 11	RenShi	192.168.11.254
	教务处	25～27	VLAN 12	JiaoWu	192.168.12.254
	科研、财务	28～32	VLAN 13	Xz_1_west	192.168.13.254
	研究所	33～36	VLAN 14	YanjiuSheng	192.168.14.254
	组织、宣传、综合	37～42	VLAN 15	XuanChuan	192.168.15.254
	离休等				192.168.16.254
	纪监、后勤、高教等	43～46	VLAN 17	Xz_2_west	192.168.17.254
电教	CAD	1～2	VLAN 18	Cad	192.168.18.254
	电教	3～4	VLAN 19	DianJiao	192.168.19.254
	计算中心	5～10	VLAN 20	Computer Center	192.168.20.254
	408 自备机房	11～14	VLAN 21	Student	192.168.21.254
实验楼	文理学院	1～2	VLAN 22	WenLi	192.168.22.254
	机电分院	3～4	VLAN 23	JiDian	192.168.23.254
	自动化分院	5～6	VLAN 24	ZiDongHua	192.168.24.254
	财经分院	7～8	VLAN 25	Caijing	192.168.25.254
	管理分院	9～10	VLAN 26	GuanLi	192.168.26.254
	计算机分院	11～12	VLAN 27	JiSuanJi	192.168.27.254
	电子分院	13～14	VLAN 28	DianZi	192.168.28.254
	通信分院	15～16	VLAN 29	Tongxin	192.168.29.254
	信息分院	17～18	VLAN 30	XinXi	192.168.30.254
	CAE 所	19～20	VLAN 31	CAE	192.168.31.254
	设备处	21～22	VLAN 32	SB_other	192.168.32.254
	网管	23～35	VLAN 37	NIC_1 (服务器)	192.168.37.254
		37～42	VLAN 33	NIC_2 (备用)	192.168.33.254
		43～48	VLAN 46	NIC_3 (学生)	192.168.46.254
图书馆	服务器		VLAN 45	LIB server	192.168.45.254
	客户端	1～24	VLAN 36	Lib_1	192.168.36.254

7.1.3　项目实施

1. HUAWEI S5700

HUAWEI 5700 是工厂根据用户需求直接安装好标准配置的模块，但电源、路由等尚未安装，所以应先将待安装的各模块拆开，装入 S5700 的电源插槽。

上电检查 S5700 各个模块的工作状态是否正常：接入 S5700 电源，由于 S5700 有两个电源作为冗余，所以最好两个电源分别接入两路 UPS 电源上，这样即使当其中一路电源故障时，不会影响整个 S5700 交换机的正常运行，当 S5700 交换机上电初始化结束后，从面板上 LED 灯的状态可以判断各个模块的工作状态是否正常。

2. 配置 HUAWEI S5700 的系统参数

当 HUAWEI S5700 交换机初始化结束后，就进入系统单机配置阶段，包括机器名、口令和远程登录等部分的配置。

具体配置过程如下：

```
<Huawei>system-view
[Huawei]sysname S5700
[S5700]vlan 1
[S5700-vlan1]description admin_vlan
 [S5700]interface Vlanif 1
[S5700-Vlanif1]ip address 192.168.1.1 24
```

说明：

(1) 配置 S5700 的名字为 S5700。

(2) 配置 vlan 1 的描述信息为"admin_vlan"(管理 vlan)。

(3) 配置 S5700 的管理 IP 地址。

3. 配置 Telnet 服务

在 S5700 上配置 Telnet 服务的具体要求如下：

(1) 配置认证方式为 AAA 认证，认证用户名为 huawei，密码为 huawei。

(2) 配置服务类型为 Telnet，用户命令级别为 15 级。

(3) 在 vty 0 到 vty 4 视图下配置用户采用 AAA 的认证方式。

具体配置过程如下：

```
[S5700] aaa
[S5700-aaa] local-user huawei password simple huawei
[S5700-aaa] local-user huawei service-type telnet
[S5700-aaa] local-user huawei privilege level 15
[S5700-aaa] quit
[S5700] user-interface vty 0 4
[S5700-ui-vty0-4] authentication-mode aaa
```

4. 配置 HUAWEI S2700

HUAWEI S2700 系列是华为公司的提供 100 MB 上行端口的桌面交换机。具体配置过程如下：

```
<Huawei>system-view
[Huawei]sysname S2700
[S2700]vlan 1
[S2700-vlan1]description admin_vlan
[S2700]interface Vlanif 1
[S2700-Vlanif1]ip address 192.168.1.1 24
```

说明：

(1) 配置 S2700 的名字为 S2700。

(2) 配置 vlan 1 的描述信息为 "admin_vlan"（管理 vlan）。

(3) 配置 S2700 的管理 IP 地址。

5. 配置 Telnet 服务

在 S2700 上配置 Telnet 服务的具体要求如下：

(1) 配置认证方式为 AAA 认证，认证用户名为 huawei，密码为 huawei。

(2) 配置服务类型为 Telnet，用户命令级别为 15 级。

(3) 在 vty 0 到 vty 4 视图下配置用户采用 AAA 的认证方式。

```
[S2700] aaa
[S2700-aaa] local-user huawei password simple huawei
[S2700-aaa] local-user huawei service-type telnet
[S2700-aaa] local-user huawei privilege level 15
[S2700-aaa] quit
[S2700] user-interface vty 0 4
[S2700-ui-vty0-4] authentication-mode aaa
```

6. 配置 HUAWEI 防火墙 USG 6000

配置 USG 6000 的基本属性，将 USG 6000 安放至机架，经检测电源系统正常后，接上电源，对主机进行送电。将 Console 口连接到 PC 的串口上，运行 "超级终端"，从 Console 口进入 USG 6000 系统配置接口 IP 地址和安全区域，完成网络基本参数配置。

(1) 配置接口 IP 地址。具体配置如下：

```
<NGFW>system-view
[NGFW] interface GigabitEthernet 1/0/1
[NGFW-GigabitEthernet1/0/1] ip address 10.1.1.1 24
[NGFW-GigabitEthernet1/0/1] quit
[NGFW] interface GigabitEthernet 1/0/2
[NGFW-GigabitEthernet1/0/2] ip address 1.1.1.1 24
[NGFW-GigabitEthernet1/0/2] quit
```

(2) 配置接口加入相应安全区域。具体配置如下：

```
[NGFW] firewall zone trust
[NGFW-zone-trust] add interface GigabitEthernet 1/0/1
[NGFW-zone-trust] quit
[NGFW] firewall zone untrust
[NGFW-zone-untrust] add interface GigabitEthernet 1/0/2
[NGFW-zone-untrust] quit
```

(3) 配置安全策略，允许私有网络指定网段的指定服务与 Internet 进行报文交互。具体配置如下：

```
[NGFW] security-policy
[NGFW-policy-security] rule name policy_sec_1
[NGFW-policy-security-rule-policy_sec_1] source-zone trust
[NGFW-policy-security-rule-policy_sec_1] destination-zone untrust
[NGFW-policy-security-rule-policy_sec_1] source-address 10.1.1.0 24
[NGFW-policy-security-rule-policy_sec_1]service dnsdns-tcp pop3 smtp http
[NGFW-policy-security-rule-policy_sec_1] action permit
[NGFW-policy-security-rule-policy_sec_1] quit
[NGFW-policy-security] quit
```

(4) 配置 NAT 地址池，并允许端口转换，实现公网地址复用。具体配置如下：

```
[NGFW] nat address-group addressgroup1
[NGFW-nat-address-group-addressgroup1] section 0 1.1.1.10 1.1.1.14
[NGFW-nat-address-group-addressgroup1] nat-mode pat
[NGFW-nat-address-group-addressgroup1] quit
```

(5) 配置源 NAT 策略，实现私有网络指定网段访问 Internet 时自动进行源地址转换。具体配置如下：

```
[NGFW] nat-policy
[NGFW-policy-nat] rule name policy_nat_1
[NGFW-policy-nat-rule-policy_nat_1] source-address 10.1.1.0 24
[NGFW-policy-nat-rule-policy_nat_1] source-zone trust
[NGFW-policy-nat-rule-policy_nat_1] destination-zone untrust
[NGFW-policy-nat-rule-policy_nat_1] action nat address-group addressgroup1
[NGFW-policy-nat-rule-policy_nat_1] quit
[NGFW-policy-nat] quit
```

(6) 在 NGFW 上配置缺省路由，使私有网络流量可以正常转发至 ISP 的路由器。具体配置如下：

```
[NGFW] ip route-static 0.0.0.0 0.0.0.0 1.1.1.254
```

(7) 在 NGFW 上配置黑洞路由，避免 NGFW 与 Router 之间产生路由环路。具体配置如下：

```
[NGFW] ip route-static 1.1.1.10 255.255.255.255 Null0
[NGFW] ip route-static 1.1.1.11 255.255.255.255 Null0
[NGFW] ip route-static 1.1.1.12 255.255.255.255 Null0
[NGFW] ip route-static 1.1.1.13 255.255.255.255 Null0
[NGFW] ip route-static 1.1.1.14 255.255.255.255 Null0
[NGFW] ip route-static 1.1.1.15 255.255.255.255 Null0
```

(8) 配置服务器映射功能，创建静态映射，映射内网的 Web 服务器。具体配置如下：

```
[NGFW]nat server protocol tcp global 1.1.1.15 www inside 192.168.45.254 www
```

7.1.4　项目总结

在将整个系统迁移到 10 MB 专线的同时，我们将 USG 6000 防火墙放在系统与外部连接处，以提供网络的安全保障。进入内部系统后，连接到 USG 6000 内部网段的 PC 通过上网计费服务器进入统一管理。对位于 Internet 服务的 Web、DNS、SMTP 和 POP3 服务器接入 USG 6000 的 DMZ 段，用于保护应有服务器的安全和对内外提供服务。

需要注意的几点：

(1) 防火墙上做了地址转换，将内部的私有地址转换成公有地址访问 Internet。

(2) 防火墙上开放了用于 Internet 信息发布所需要的端口，包括 TCP 的 53、23、25、110、80 和 UDP 的 53 端口，分别用于 DNS、SMTP、POP3 和 Web 等服务。

(3) 在防火墙上做了静态的地址映射，将内部地址 192.168.45.254 映射为 1.1.1.15 的外部地址。

(4) 保护应用服务器的安全，当 Internet 上的用户访问这个公有地址时，防火墙将自动将访问请求转给这个公网地址映射的内部私有地址。

7.2　企业网络组建项目

7.2.1　项目需求分析

某企业现有 300 个点，需要建设一个网络以实现该企业内部的相互通信和与外部的联系，通过该网络提高企业的发展和企业内部的办公信息化、办公自动化。该企业有 15 个部门，这 15 个部门能够通过该网络访问 Internet，并能实现部门之间信息化的合作。该网络必须体现办公的方便性、迅速性、高效性、可靠性、科技性、资源共享、相互通信、信息发布及查询等功能，以作为支持企业内部办公自动化、供应链管理以及各应用系统运行的基础设施。

企业网络
组建项目

该网络是一个单核心的网络结构，采用典型的三层结构，包括核心层、汇聚层和接入层。各部门独立成区域，防止个别区域发生问题后影响整个网的稳定运行，若某汇聚交换

机发生问题则只会影响个别部门，该网络使用 VLAN 进行隔离，方便员工调换部门。

核心交换机连接 3 台汇聚交换机，该核心交换机不但对所有数据进行接收还能进行分流，因此核心交换机必须是高质量的、功能齐全的，责任重大的；通过高速转发，提高优化的、可靠的传输结构。通常核心交换机不会承担访问列表检查、数据加密、地址翻译或者其他影响的最快速率分组的任务。

汇聚层交换机位于接入层和核心层之间，该网络有 3 台汇聚层交换机分担 15 个部门的数据交换任务，能帮助定义和分离核心交换机的负载。该层的交换机主要提供一个边界的定义，并在其内进行分组处理；该层将网络分段为多个广播域。汇聚层是将网络问题限制在发生问题的工作组内，防止这些问题影响到核心层。

接入层为网络提供通信，并且实现网络入口控制。最终用户通过接入层访问网络的。作为网络的"前门"，接入层交换机使用访问列表以阻止非授权的用户进入网络。

7.2.2　项目设计

1. 拓扑设计

企业网络拓扑结构图如图 7-2 所示。

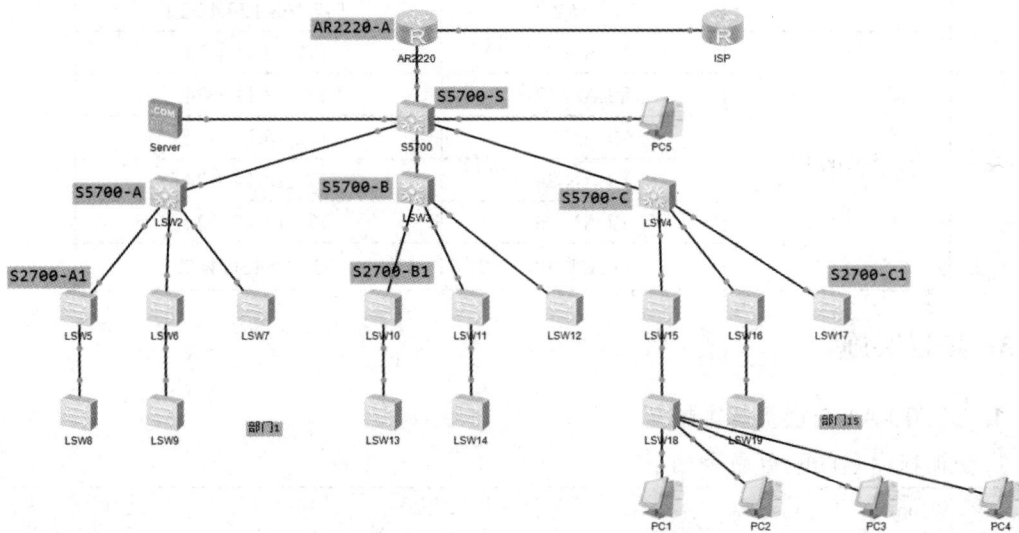

图 7-2　企业网络拓扑结构图

2. IP 地址设计

表 7-2 为各设备的 IP 地址规划列表。

表 7-2　项目 7.2 中各设备的 IP 地址规划列表

设　备	接　口	IP 地址
S5700-S	VLAN 100	192.168.128.45/29
	VLAN 200	192.168.129.45/29
	VLAN 300	192.168.130.45/29
	VLAN 400	192.168.86.17/28

续表

设 备	接 口	IP 地址
AR2220-A	E0	192.168.86.30/28
	El	210.30.80.88/30
S5700-A	VLAN 11	172.16.1.1/24
	VLAN 12	172.16.2.1/24
	VLAN 13	172.16.3.1/24
	VLAN 14	172.16.4.1/24
	VLAN 15	172.16.5.1/24
	VLAN 100	192.168.128.44/29
S5700-B	VLAN 16	172.17.6.1/24
	VLAN 17	172.17.7.1/24
	VLAN 18	172.17.8.1/24
	VLAN 19	172.17.9.1/24
	VLAN 20	172.17.10.1/24
	VLAN 200	192.168.129.44/29
S5700-C	VLAN 21	172.18.11.1/24
	VLAN 22	172.18.12.1/24
	VLAN 23	172.18.13.1/24
	VLAN 24	172.18.14.1/24
	VLAN 25	172.18.15.1/24
	VLAN 300	192.168.130.44/29

7.2.3 项目实施

1. S2700-A1 交换机基本配置

给交换机命名的配置命令如下：

```
<Huawei>system-view
[Huawei]sysname S2700-A1
```

创建 VLAN 配置命令如下：

```
[S2700-A1]vlan batch 11 to 15
```

配置远程登录密码如下：

```
[S2700-A1] aaa
[S2700-A1-aaa] local-user huawei password simple huawei
[S2700-A1-aaa] local-user huawei service-type telnet
[S2700-A1-aaa] local-user huawei privilege level 15
[S2700-A1-aaa] quit
[S2700-A1] user-interface vty 0 4
```

```
[S2700-A1-ui-vty0-4] authentication-mode aaa
```

设置管理 IP 地址如下：

```
[S2700-A1]interface Vlanif 1
[S2700-A1-Vlanif1]ip address 192.168.0.1 24
```

2. S2700-B1 交换机基本配置、S2700-C1 交换机基本配置

与 S2700-A1 交换机基本配置相同，此处不再赘述。

3. S5700-A 的基本配置

更改 S5700-A 设备名称的配置命令如下：

```
<Huawei>system-view
[Huawei]sysname S5700-A
```

创建 VLAN，vlan11～vlan15、vlan100 的配置命令如下：

```
[S5700-A]vlan batch 11 to 15 100
```

按照地址分配表为 VLAN1、VLAN11～VLAN15、VLAN100 分配 IP 地址，以 VLAN1 为例，具体如下：

```
[S5700-A]interface Vlanif 1
[S5700-A-Vlanif1]ip address 192.168.0.16 24
```

4. S3550-24-B 的基本配置、S3550-24-C 的基本配置

同 S5700-A 的基本配置。

5. S5700-S 的基本配置

更改 S5700-S 设备名称的配置命令如下：

```
<Huawei>system-view
[Huawei]sysname S5700-S
```

配置远程登录密码如下：

```
[S5700-S] aaa
[S5700-S-aaa] local-user huawei password simple huawei
[S5700-S-aaa] local-user huawei service-type telnet
[S5700-S-aaa] local-user huawei privilege level 15
[S5700-S-aaa] quit
[S5700-S] user-interface vty 0 4
[S5700-S-ui-vty0-4] authentication-mode aaa
```

按照地址分配表为 VLAN1、VLAN100、VLAN200、VLAN300、VLAN400 分配 IP 地址，以 VLAN1 为例，具体如下：

```
[S5700-S]interface Vlanif 1
[S5700-S-Vlanif1]ip address 192.168.0.254 24
```

6. AR2220-A 的基本配置

更改 AR2220-A 设备名称的配置命令如下：

```
<Huawei>system-view
[Huawei]sysname AR2220-A
```

配置远程登录密[AR2220-A] aaa 的命令如下：

```
[AR2220-A-aaa] local-user huawei password simple huawei
[AR2220-A-aaa] local-user huawei service-type telnet
[AR2220-A-aaa] local-user huawei privilege level 15
[AR2220-A-aaa] quit
[AR2220-A] user-interface vty 0 4
[AR2220-A-ui-vty0-4] authentication-mode aaa:
```

配置以太网的 IP 地址以及 NAT 转换的命令如下：

```
[AR2200-A]ACL 2000
[AR2200-A-acl-basic-2000]rule permit source 172.0.0.0    0.255.255.255
[AR2200-A]interface GigabitEthernet 0/0/1
[AR2200-A-GigabitEthernet0/0/1]ip address 210.96.100.85 255.255.255.252
[AR2200-A-GigabitEthernet0/0/1]nat outbound 2000
```

7.2.4　项目总结

本项目的实施是为了提升读者对企业级网络组建方案中网络设备的配置能力。通过完成本项目，使读者对企业网络中的核心交换、汇聚交换、接入交换的组网模式有了进一步的认识，还能提高对企业及网络布线、组网能力，以及团队协作和分析问题的能力。

7.3　政府上网工程

7.3.1　项目需求分析

某政府机关总部在市中心某区域，分部在另一区域，分部和总部之间有一条线路连接，在总部和分部间运行 OSPF(Open Shortest Path First)路由。在使用网络过程中经常出现由于线路故障导致网络中断的情况，为了实现分部与总部之间的高可用性，在分部的网络中通过配置 VRRP(Virtual Router Redundancy Protocol)路由协议来实现两条线连接到总部，且两条线路互为备份。

政府上网工程

设计要求：

(1) 建立总部和分部之间网络高效稳定。

(2) 链路可实现遇到故障自动切换。

(3) 具有完善的网络安全机制。

7.3.2 项目设计

1. 拓扑设计
该政府机关的网络拓扑结构图如图 7-3 所示。

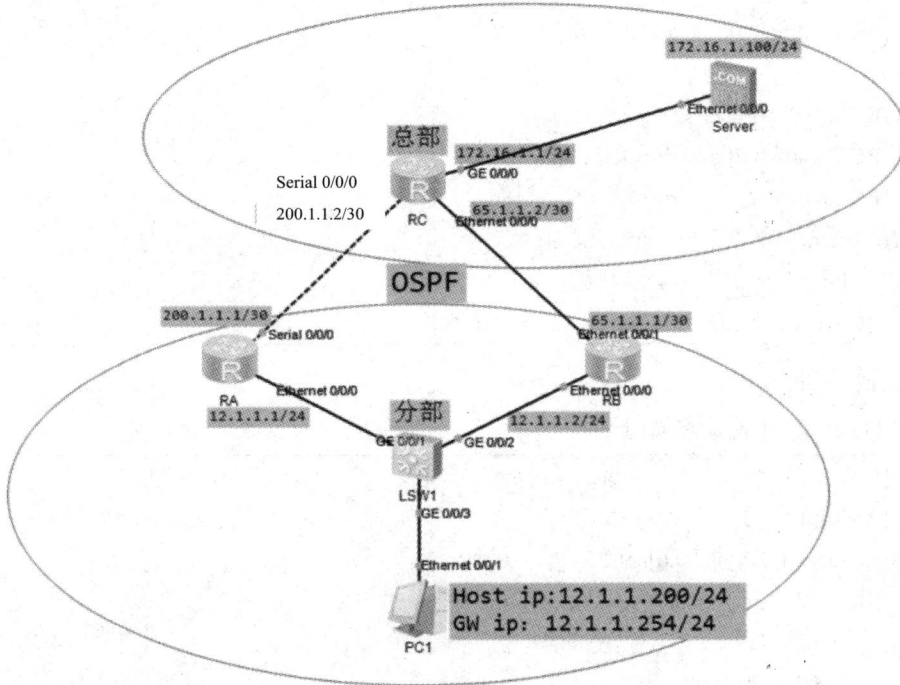

图 7-3 政府网络拓扑结构图

2. IP 地址设计
本项目中 IP 地址规划方案如表 7-3 所示。

表 7-3 项目 7.3 中 IP 地址规划列表

区 域	链路 1	链路 2	设 备
总部	Sl: 200.1.1.2	Fal/0: 172.16.1.1 Fal/1: 65.1.1.2	华为路由器
分部	Sl: 200.1.1.1 Fal/0: 12.1.1.1	Fal/1: 65.1.1.1 Fal/0: 12.1.1.2	华为路由器 2 台

7.3.3 项目实施

1. 在路由器上配置 IP 地址
在路由器上配置 IP 地址的命令如下:

```
[RA]int s0/0/0
[RA-Serial0/0/0]ip ad 200.1.1.1 30
```

```
[RA]int e0/0/0
[RA-Ethernet0/0/0]ip ad 12.1.1.1 24

[RB]int e0/0/1
[RB-Ethernet0/0/1]ip ad 65.1.1.1 30
[RB]int e0/0/0
[RB-Ethernet0/0/0]ip ad 12.1.1.2 24

[RC]int s0/0/0
[RC-Serial0/0/0]ip ad 200.1.1.2 30
[RC]int e0/0/0
[RC-Ethernet0/0/0]ip ad 65.1.1.2 30
[RC]int g0/0/0
[RC-GigabitEthernet0/0/0]ip ad 172.16.1.1 24
```

2. 配置 OSPF

创建 OSPF 的配置命令如下：

```
[RA]ospf
[RA-ospf-1]a 0
[RA-ospf-1-area-0.0.0.0]net 12.1.1.1 0.0.0.0
[RA-ospf-1-area-0.0.0.0]net 200.1.1.1 0.0.0.0

[RB]ospf
[RB-ospf-1]a 0
[RB-ospf-1-area-0.0.0.0]net 12.1.1.2 0.0.0.0
[RB-ospf-1-area-0.0.0.0]net 65.1.1.1 0.0.0.0

[RC]ospf
[RC-ospf-1]a 0
[RC-ospf-1-area-0.0.0.0]net 200.1.1.2 0.0.0.0
[RC-ospf-1-area-0.0.0.0]net 65.1.1.2 0.0.0.0
[RC-ospf-1-area-0.0.0.0]net 172.16.1.1 0.0.0.0
```

3. 配置 VRRP

配置 VRRP 的命令如下：

```
[RA]int e0/0/0
[RA-Ethernet0/0/0]vrrp vrid 1 virtual-ip 12.1.1.254
[RA-Ethernet0/0/0]vrrp vrid 1 priority 120
```

上述配置信息是将 RA 在 VRRP 组 1 中的优先级配置为较高的 120，从而能够成为

Master 路由器。

另外,将 RA 在 VRRP 组 1 中对端口 Serial0/0/0 进行监控,当监控的端口状态为 down 时,路由器优先级降低 30,具体配置命令如下:

```
[RA-Ethernet0/0/0]vrrp vrid 1 track int s0/0/0 reduced 30
```

4. 验证测试

使用 display vrrp brief 命令来验证配置,具体如下:

```
[RA]display vrrp brief
VRID   State        Interface                         Type        Virtual IP
-------------------------------------------------------------
1      Master       Eth0/0/0                          Normal      12.1.1.254
-------------------------------------------------------------
Total:1      Master:1      Backup:0      Non-active:0
```

从 display 命令的输出结果可以看到,RA 路由器在 VRRP 组 1 中,状态为 Master 路由器。在 RC 接口 Serial0/0/0 上用 shutdown 命令关闭该接口,具体如下:

```
[RC]int s0/0/0
[RC-Serial0/0/0]shutdown
```

使用 display vrrp brief 命令来验证配置,具体如下:

```
[RA]display vrrp brief
VRID   State        Interface                         Type        Virtual IP
-------------------------------------------------------------
1      Backup       Eth0/0/0                          Normal      12.1.1.254
-------------------------------------------------------------
Total:1      Master:0      Backup:1      Non-active:0
```

从 display 命令输出结果可以看到,当监控端口状态变为 down 时,路由器 RA 在 VRRP 组 1 中,状态为 Backup 路由器。

7.3.4　项目总结

虚拟路由器冗余协议(VRRP)是一种选择协议,它可以把一个虚拟路由器的责任动态分配到局域网上的 VRRP 路由器中的一台。控制虚拟路由器 IP 地址的 VRRP 路由器称为主路由器,它负责转发数据包到这些虚拟 IP 地址。一旦主路由器不可用,这种选择过程就提供了动态的故障转移机制,这就允许虚拟路由器的 IP 地址可以作为终端主机的默认第 1 跳路由。使用 VRRP 的好处是有更高的默认路径可用,从而无需在每个终端主机上配置动态路由或路由发现协议。

参 考 文 献

[1] 王明昊. 网络设备配置实训教程[M]. 2 版. 北京：高等教育出版社，2018.

[2] 王艳柏，侯晓磊，龚建锋[M]. 计算机网络安全技术. 成都：电子科技大学出版社，2019.

[3] 邱洋，计大威. 网络设备配置与管理[M]. 2 版. 北京：电子工业出版社，2018.

[4] 徐红，曲文尧. 计算机网络技术基础[M]. 2 版. 北京：高等教育出版社，2018.

[5] 梁锦叶. 网络组建与维护[M]. 6 版. 重庆：重庆大学出版社，2022.

[6] 高月芳，谭旭. 网络安全攻防实战[M]. 北京：高等教育出版社，2018.

[7] 张平安. 交换机/路由器配置与管理任务教程[M]. 2 版. 北京：高等教育出版社，2018.

[8] 华为技术有限公司. 网络系统建设与运维(初级) [M]. 北京：人民邮电出版社，2020.

[9] 华为技术有限公司. 网络系统建设与运维(中级) [M]. 北京：人民邮电出版社，2020.

[10] 华为技术有限公司. 网络系统建设与运维(高级) [M]. 北京：人民邮电出版社，2020.

[11] 王明昊. 路由和交换技术[M]. 2 版. 大连：大连理工大学出版社，2019.

[12] 孙秀英，史红彦. 路由交换技术及应用[M]. 3 版. 北京：人民邮电出版社，2017.